新工科建设之路·人工智能系列教材

人工智能基础及应用
（微课版）

兰朝凤　柳长源　韩玉兰　王玉玲　主　编

张　梦　付丽荣　张　磊　副主编

电子工业出版社
Publishing House of Electronics Industry
北京·BEIJING

内 容 简 介

本书以人工智能为主要研究对象，较全面地介绍人工智能的基本原理、常见算法和应用技术。全书分为9章，主要内容包括：绪论、知识图谱与专家系统、智能搜索策略、机器学习、特征选择与提取、人工神经网络、深度学习、深度神经网络在图像处理中的应用、深度神经网络在语音信号处理中的应用。本书深入浅出、层次分明、循环渐进地对人工智能基础及应用进行系统的介绍，使读者学习得更加清晰明了。本书配有PPT、微课视频、习题及习题解答等资源，读者可登录华信教育资源网（www.hxedu.com.cn）免费下载。

本书适合作为本科生教材，也可供研究生和科技人员参考。本书可以作为高等院校电子信息类、测控通信类、自动化类、计算机类等专业及相关专业相关课程的教材，还可以作为大学生课外电子制作、电子设计竞赛和相关工程技术人员的实用参考书与培训教材。

图书在版编目（CIP）数据

人工智能基础及应用：微课版 / 兰朝凤等主编. —北京：电子工业出版社，2023.11

ISBN 978-7-121-47225-1

Ⅰ. ①人… Ⅱ. ①兰… Ⅲ. ①人工智能－高等学校－教材 Ⅳ. ①TP18

中国国家版本馆 CIP 数据核字（2024）第 032757 号

责任编辑：刘 瑕　　　　　特约编辑：田学清

印　　刷：北京建宏印刷有限公司

装　　订：北京建宏印刷有限公司

出版发行：电子工业出版社

　　　　　北京市海淀区万寿路 173 信箱　　　邮编：100036

开　　本：787×1092　　1/16　　印张：19.75　　字数：506 千字

版　　次：2023 年 11 月第 1 版

印　　次：2025 年 4 月第 2 次印刷

定　　价：69.90 元

凡所购买电子工业出版社图书有缺损问题，请向购买书店调换。若书店售缺，请与本社发行部联系，联系及邮购电话：（010）88254888，88258888。

质量投诉请发邮件至 zlts@phei.com.cn，盗版侵权举报请发邮件至 dbqq@phei.com.cn。

本书咨询联系方式：liuy01@phei.com.cn。

前　　言

随着智能化时代的到来，人工智能化产品已经逐渐走进我们生活的方方面面。作为互联网时代最为前沿的基础技术，人工智能如今的发展速度几乎呈指数级提高，各类智能化产品层出不穷，涉及领域日益广泛。

纵观人工智能发展的几度兴衰，其随着时代发展而不断发生新的转变并呈现出新的特点。最近这次的人工智能热潮呈现出五大特点：一是从人工知识表达到大数据驱动的知识学习技术；二是从分类型处理的多媒体数据转向跨媒体的认知、学习、推理；三是从追求智能机器到高水平的人机、脑机相互协同和融合；四是从聚焦个体智能到基于互联网和大数据的群体智能；五是从拟人化的机器人转向更加广阔的智能自主系统。

目前，人工智能已经成为国际竞争的新焦点。2016 年，日本设立"人工智能技术战略会议"，作为国家层面的综合管理机构推进人工智能的技术研发及应用；同年，美国国家科技委连续发布《为人工智能的未来做好准备》和《国家人工智能研究和发展战略计划》两个重要文件，将人工智能提升到国家战略层面；2018 年，欧盟委员会发布主题为"人工智能欧洲造"的《人工智能协调计划》。我国自 2015 年以来也相继出台了多项政策强力推进人工智能的发展。随着相关科技成果不断落地，应用场景更加丰富，人工智能技术与实体经济加速融合，助推传统产业转型升级，为高质量发展注入了强劲动力。

人工智能的发展不断冲击着各行各业，全球各科技巨擘之间的竞争日益加剧，投入力度不断加强。本次人工智能的兴起正在以一种全新的方式改变世界的面貌，推动世界文明的进步和发展。

随着人工智能技术全球化的不断深入和扩大，如何培养高质量的人工智能人才显得尤为重要，而人工智能人才培养离不开对基础理论、算法开发、创新实践等相关知识的学习。为了实现人工智能基础课程的教学目的，本书的编写工作在人工智能发展日益强劲的大背景下开展，希望能够为我国人工智能方向的教育和人才培养提供些许帮助。本书以培养人工智能基础理论知识和方法为前提来构思结构及相应的教学内容，力求使之具有科学性、系统性和实用性。本书注重基础理论和实际应用的紧密结合，以理论知识学习和能力培养为指导，在内容编写过程中结合了大量的人工智能算法案例，清晰地阐述了人工智能相关的概念和算法，从而增强学生学习人工智能相关知识的兴趣。

本书第 1 章介绍了人工智能的定义及主要内容；第 2、3 章介绍了知识图谱、专家系统、智能搜索策略；第 4、5 章介绍了机器学习、特征选择与提取；第 6、7 章介绍了人工神经网络、深度学习；第 8、9 章介绍了深度神经网络在图像处理和语音信号处理中的应用。

本书的主要特色如下：

（1）突出理论，概念齐全，算法原理讲解丰富。本书采用由浅入深的方式对人工智能基础及应用进行多层次介绍，能够帮助读者更加清晰地了解和学习人工智能的相关知识，为日后的深入学习打下扎实的基础。

（2）语言简明，可读性好。本书适用于人工智能课程教学与大学本科学生的自学，力求用通俗的文字深入浅出地讲解概念、理论和技术，特别是将人工智能技术与生活中的相关案例结合，使学生能够有兴趣、有耐心、系统地阅读本书，掌握人工智能的基本思想与基本方法。

（3）内容先进，注重应用。本书覆盖了人工智能的主要应用领域，体系完整，精选了人工智能技术的一些前沿热点。本书以浅显易懂的语言、简洁清晰的公式，配合生动有趣的案例、微课视频启迪算法理解，诠释人工智能的精髓，让学生能较容易地理解人工智能技术；使学生能够学以致用，提升创新实践能力。

（4）精心编排，便于学习。每章开篇设置了思维导图，使读者在每章开篇就能够知道本章要讨论的主要内容，设定学习目标；同时，每章最后都给出了本章小结。

（5）突出实用性和实践性。本书紧密把握人工智能领域的发展前沿及实际应用，围绕人工智能基础的能力培养要求，将理论与实际应用相结合，以丰富的案例加深读者对人工智能方法的理解。

（6）结构合理，方便教学。本书各章内容相对独立，教师可以根据课程计划学时，以及根据专业需要自由选择和组合相关内容，以保持课程体系结构的完整性。在每一章的最后都配有相应的习题，答案以电子资源方式呈现，同时，书中针对一些知识点配有微课视频讲解，便于理论教学和考核，也适用于现代产业学院授课。

本书配有丰富的教学资源，任课教师或读者可登录华信教育资源网（www.hxedu.com.cn）进行免费下载。

本书建议总学时为 42 学时。其中，课堂教学 38 学时，实验 4 学时（实验内容可由任课教师根据需要和条件确定）。

本书由兰朝凤主编。第 1、9 章和 8.1 节及附录部分由兰朝凤编写，第 2、5 章由王玉玲编写，第 3、4 章及 8.3 节由韩玉兰编写，第 6、7 章和 8.2 节及部分习题由柳长源编写。本书的配套资源由张梦、付丽荣、张磊协助完成，由兰朝凤负责全书的统稿工作。本书的编写工作得到了哈尔滨理工大学测控技术与通信工程学院、黑龙江省高等教育学会课题（No.23GJYBF032）和黑龙江省新一代信息技术产业学院的大力支持，在此表示感谢。本书在编写时也参考了许多同行专家的相关文献，在此向这些文献的作者深表感谢。

由于作者水平有限，加之时间仓促，书中难免有错误与不足之处，恳请各位专家和读者批评指正。

兰朝凤
于哈尔滨

目　　录

第1章　绪论 2

　1.1　人工智能概述 2

　　1.1.1　智能的定义 2

　　1.1.2　人工智能的定义 3

　　1.1.3　人工智能的起源、现状及发展 3

　1.2　人工智能研究的主要内容 7

　　1.2.1　模式识别 7

　　1.2.2　专家系统 7

　　1.2.3　知识库系统 8

　　1.2.4　自然语言理解 8

　　1.2.5　自动定理证明 9

　　1.2.6　计算机视觉 9

　　1.2.7　自动程序设计 10

　　1.2.8　自然语言生成 10

　　1.2.9　机器人学 10

　　1.2.10　分布式人工智能 11

　　1.2.11　计算机博弈 11

　　1.2.12　智能控制 12

　　1.2.13　软计算 12

　　1.2.14　智能规划 12

　1.3　人工智能的主要技术 13

　　1.3.1　逻辑推理与定理证明 13

　　1.3.2　自然语言处理 13

　　1.3.3　智能机器人 13

　　1.3.4　最优解算法 13

　　1.3.5　智能信息检索技术 14

　　1.3.6　专家系统 14

　　1.3.7　智能控制技术 14

　　1.3.8　机器学习 15

　　1.3.9　生物特征识别 15

　　1.3.10　人工神经网络 15

　　1.3.11　虚拟现实技术与增强现实技术 16

1.3.12　知识图谱 16

1.3.13　数据挖掘与知识发现 16

1.3.14　人机交互技术 16

1.4　人工智能的应用领域 17

1.4.1　机器视觉 17

1.4.2　语音识别 19

1.4.3　智能机器人 20

1.5　人工智能的发展趋势与应用前景 21

1.5.1　人工智能的发展趋势 21

1.5.2　人工智能的应用前景 24

本章小结 26

习题 26

第2章　知识图谱与专家系统 28

2.1　知识概述 28

2.1.1　知识 28

2.1.2　数据、信息、知识和智能 28

2.1.3　知识的特征 29

2.1.4　知识的分类 30

2.2　知识表示方法 30

2.2.1　逻辑表示法 30

2.2.2　产生式表示法 33

2.2.3　语义网络表示法 38

2.2.4　框架表示法 43

2.3　知识获取与管理 46

2.3.1　知识获取的概述 46

2.3.2　知识获取的任务 47

2.3.3　知识获取的方式 48

2.3.4　知识管理 50

2.4　知识图谱 52

2.4.1　知识图谱的概述 52

2.4.2　知识图谱的表示 53

2.4.3　知识图谱的推理 53

2.4.4　知识图谱的构建 54

2.4.5　知识图谱的分类 55

2.4.6　知识图谱的特点 56

2.5　专家系统 56

2.5.1　专家系统概述 56

2.5.2 专家系统的结构及构建步骤 57
2.5.3 专家系统的工作原理 59
2.5.4 专家系统的优点 60
2.6 知识图谱与专家系统应用及案例 60
2.6.1 知识图谱的应用及案例 60
2.6.2 专家系统的应用及案例 61
本章小结 66
习题 67

第3章 智能搜索策略 70
3.1 搜索概述 70
3.2 状态空间搜索 71
3.2.1 状态空间表示 71
3.2.2 启发式信息与估价函数 74
3.2.3 A 算法 75
3.2.4 A*算法 77
3.3 与或树搜索 79
3.3.1 与或树表示 79
3.3.2 解树的代价 82
3.3.3 与或树的有序搜索 83
3.4 博弈 86
3.4.1 博弈树 86
3.4.2 极大极小过程 88
3.4.3 $\alpha\text{-}\beta$ 过程 90
3.5 遗传算法 93
3.5.1 基本过程 93
3.5.2 遗传编码 95
3.5.3 适应度函数 97
3.5.4 遗传操作 99
3.6 智能搜索应用案例 108
本章小结 110
习题 111

第4章 机器学习 113
4.1 机器学习概述 113
4.1.1 什么是机器学习 113
4.1.2 机器学习的发展历程 114
4.1.3 机器学习方法分类 115

4.2　K最近邻域 116

4.3　决策树 118

　　4.3.1　决策树结构 119

　　4.3.2　构造决策树 120

　　4.3.3　随机森林 128

4.4　贝叶斯学习 129

　　4.4.1　贝叶斯法则 129

　　4.4.2　贝叶斯网络 130

　　4.4.3　朴素贝叶斯方法 131

4.5　支持向量机 134

　　4.5.1　线性可分数据二元分类问题 134

　　4.5.2　线性不可分数据二元分类问题 139

　　4.5.3　非线性可分数据二元分类问题 141

4.6　聚类分析 142

　　4.6.1　聚类分析概述 143

　　4.6.2　K均值聚类 144

　　4.6.3　K中心点聚类 146

4.7　基于K均值聚类算法实现鸢尾花聚类 148

本章小结 150

习题 150

第5章　特征选择与提取 153

5.1　特征选择与提取概述 153

5.2　降维 153

5.3　特征提取 155

　　5.3.1　主成分分析 155

　　5.3.2　线性判别分析 160

5.4　特征选择 162

　　5.4.1　过滤法 163

　　5.4.2　包装法 165

　　5.4.3　嵌入法 165

5.5　特征选择与提取应用及案例 166

本章小结 167

习题 168

第6章　人工神经网络 170

6.1　产生和发展 170

　　6.1.1　人工神经网络概述 170

　　6.1.2　感知机 173

6.2 BP 神经网络 177
6.2.1 BP 神经网络概述 178
6.2.2 BP 神经网络结构 178
6.2.3 BP 神经网络算法 179
6.2.4 BP 多层前馈网络的主要能力 181
本章小结 181
习题 182

第 7 章 深度学习 184
7.1 卷积神经网络 184
7.1.1 CNN 概述 184
7.1.2 CNN 结构 184
7.2 深度学习的基本框架 189
7.2.1 概述 189
7.2.2 几种深度学习框架 190
7.3 循环神经网络 192
7.3.1 RNN 概述 193
7.3.2 RNN 结构 193
7.4 长短时记忆网络 199
7.4.1 LSTM 网络概述 199
7.4.2 LSTM 网络结构 200
7.4.3 LSTM 网络的变体 202
7.5 生成对抗网络 203
7.5.1 GAN 概述 203
7.5.2 GAN 网络结构及训练 205
7.5.3 GAN 的变体 208
7.6 迁移学习 211
7.6.1 迁移学习的定义及研究目标 211
7.6.2 迁移学习中的基本概念 212
7.6.3 迁移学习的分类 213
7.6.4 迁移学习的应用领域 215
本章小结 217
习题 217

第 8 章 深度神经网络在图像处理中的应用 219
8.1 计算机视觉基础 219
8.1.1 计算机视觉概述 219
8.1.2 图像与图像特征 222

8.1.3 卷积神经网络与计算机视觉 226

8.2 基于 YOLO 的交通标志检测与识别 229

8.2.1 交通标志识别 229

8.2.2 YOLO 系列简介 230

8.2.3 基于 YOLOv5 的交通标志检测与识别 235

8.3 基于卷积神经网络的车牌定位与识别 242

8.3.1 车牌特征 242

8.3.2 车牌定位与识别方案设计 243

8.3.3 基于 YOLOv5 和 LPRNet 的车牌定位与识别 257

本章小结 266

习题 266

第 9 章 深度神经网络在语音信号处理中的应用 268

9.1 语音信号的基础知识 268

9.1.1 语言和语音 268

9.1.2 语音信号的产生机理 270

9.1.3 语音信号的感知 271

9.1.4 语音信号产生的模型 273

9.2 基本原理 274

9.2.1 语音识别的基本原理 274

9.2.2 语音增强的基本原理 275

9.2.3 语音分离的基本原理 278

9.3 语音增强技术及应用 280

9.4 语音识别的前沿问题及应用前景 285

本章小结 286

习题 286

附录 A Python 安装及简单函数的使用 288

A.1 Python 概述 288

A.1.1 Python 的基本概念 288

A.1.2 Python 的应用领域 288

A.1.3 Python 开发环境的安装与配置 289

A.1.4 Python 编程规范 293

A.1.5 扩展库安装方法 295

A.1.6 标准库与扩展库中对象的导入与使用 296

A.2 内置对象、运算符、表达式 296

A.2.1 Python 中常用的内置对象 296

A.2.2 Python 运算符与表达式 300

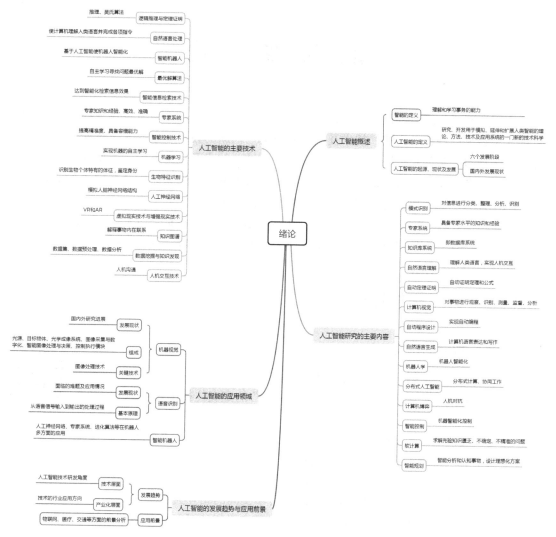

第 1 章思维导图

思政引领

在《论科技自立自强》中强调，战略性新兴产业是引领未来发展的新支柱、新赛道，要加快新能源、人工智能、生物制造、绿色低碳、量子计算等前沿技术研发和应用推广，支持专精特新企业发展。

在 2023 年的两会建议、提案中，ChatGpt、人形机器人、自动驾驶等前沿科技的词汇高频出现，表明我国将大力推进人工智能大数据进程，实现中国在"数字化"领域的弯道超车。由此可见，我国将人工智能技术打造成新一轮科技革命和产业变革的核心驱动力，未来人工智能将改变世界。

第1章 绪 论

人工智能（Artificial Intelligence），英文缩写为 AI，它是研究、开发用于模拟、延伸和扩展人类智能的理论、方法、技术及应用系统的一门新的技术科学。人工智能主要研究、开发用于模拟、延伸和扩展人类智能的理论、方法、技术及应用系统，主要涉及机器人、语音识别、图像识别、自然语言处理和专家系统等方向。本书系统、全面地涵盖了人工智能的相关知识，简明扼要地介绍了这一学科的基础知识。

为了使读者对人工智能有一个初步的了解和认识，本章将概括介绍人工智能的基本概念、人工智能的起源、现状及发展，人工智能的主要目标、研究内容、主要技术以及应用领域等。

1.1 人工智能概述

1.1.1 智能的定义

人工智能这个词拆开来看就是"人工"和"智能"。其中"人工"一词在日常用语中通常表示人造的、合成的。而"智能"的定义往往比人工的定义更难以捉摸。

微课视频

因而，要确定人工智能的优点和缺点，必须先理解和定义"智能"。

字典中对"智能"给出了如下定义：

（1）通过适当的行为调整，成功地满足各种新的状况的能力；

（2）以导致所希望目标的方式来理解现有事实间的相互关系。

第一种定义反映了智能的学习能力，第二种定义描述了智能在面向目标、问题求解和理解等几方面的属性。

美国心理学教授斯腾伯格（Sternberg）就人类意识这个主题，对智能给出了以下定义："智能是个人从经验中学习、理性思考、记忆重要信息，以及应付日常生活需求的认知能力。"

英国数学家图灵（Turing）在 1950 年提出了著名的图灵试验，对智能标准做了明确的定义。

图灵试验由计算机、被测试的人和主持试验的人组成。计算机和被测试的人分别在两个不同的房间内。在测试过程中主持试验的人提出问题，由计算机和被测试的人分别回答。被测试的人在回答问题时要尽可能地表明他是"真正的"人，计算机也尽可能逼真地模仿人的思维方式和思维过程。如果主持试验的人听取两者对问题的回答后，分辨不清哪个是人回答的，哪个是计算机回答的，则可以认为计算机是有智能的。

我们认为，对人来说，智能是理解和学习事务的能力，而不是本能的做事能力。对于计算机系统来说，如果计算机系统具有学习能力，能够对某领域的有关问题给出正确的结论或者有用的建议，那么，即可认为此计算机系统具有智能。

1.1.2 人工智能的定义

人工智能是研究、开发用于模拟、延伸和扩展人类智能的理论、方法、技术及应用系统的一门新的技术科学。人工智能是计算机科学的一个分支，但它涉及多个学科和领域，应用十分广泛，这个词汇拆开来看就是"人工"和"智能"，即人工打造的具备与人类相似的思考能力的智能化产品。

人工智能通过探索和总结人类的思维和行为规律，利用计算机不断地模拟和学习人类的一系列智能化操作，从而使计算机不断地掌握人的特性，拥有一定的思考和学习能力，并帮助人类完成许多具有高风险的工作。尼尔逊教授对人工智能的定义："人工智能是关于知识的学科——怎样表示知识以及怎样获得知识并使用知识的科学。"美国麻省理工学院的温斯顿教授认为："人工智能就是研究如何使计算机去做过去只有人才能做的智能工作。"尽管两者对人工智能定义的站位和角度不尽相同，但这些说法都反映了人工智能所研究的基本主题和方向。

1.1.3 人工智能的起源、现状及发展

微课视频

1.1.3.1 人工智能的起源

1. 早期的探索和幻想（1956 年之前）

一直以来，构建智能机器就是人类的梦想。早在古埃及时期，人们修建雕像，让牧师隐藏其中，然后由这些牧师回答民众的提问，或者试着向民众提供"明智的建议"。这种类型的骗局不断地出现在整个人工智能的历史中。人工智能领域试图成为人们所接受的科学学科——人工知识界，人工知识界却因此类型骗局的出现而变得鱼龙混杂。

最强大的人工智能基础来自亚里士多德建立的逻辑前提（公元前 350 年）。亚里士多德建立了科学思维和训练有素的思维模式，这成了当今科学方法的标准。他对物质和形式的区分是当今计算机科学中最重要的概念之一，他是数据抽象的先行者。数据抽象将方法（形式）与封装方法的外壳区别开来，或将概念的形式与其实际表示区分开来。

克劳德·香农（Claude Shannon，1916—2001）是公认的"信息科学之父"。他关于符号逻辑在继电器电路上的应用的开创性论文，是以他在麻省理工学院的硕士论文为基础的。他的开创性工作对电话和计算机的运行都很重要。香农对计算机学习和博弈的研究，对人工智能领域也做出了贡献。关于计算机国际象棋，他所写的突破性论文对这个领域影响深远，并延续到了今天。

随着近代科技的发展，帕斯卡发明了第一台机械式加法器；巴贝奇曾致力于差分机和分析机的研究；艾伦·图灵发表了论文《计算机器与智能》，提出了"图灵测试"。艾萨克·阿西莫夫出版了《我，机器人》一书，并提出了著名的机器人三定律等。正是早期的这些探索和研究为人工智能的进一步发展打下了坚实的理论和实践基础，同时开拓了新的前进道路，并为其未来的发展壮大指引了方向。

2. 第一次高潮——人工智能的兴起（20 世纪 50 年代）

1956 年，在美国举办的达特茅斯会议中正式提出了"人工智能"这一专业术语，从此

揭开了人工智能时代的序幕。这种首次提出的全新概念，吸引了一大批高科技人才的注意，很多重要的研究成果也相继在这段时间完成。此后的十几年，人工智能真正步入了一个黄金发展阶段，这也是人工智能发展迎来的第一次高潮。在此期间，科学家首次研发出了Shakey人工智能机器人；同时，研究者们还提出了神经网络、LISP表语言、搜索算法、机器定理证明等一系列的研究方向；1966年，诞生了世界上第一个会聊天的机器人。这些成果为人工智能的发展提供了坚实的实践和理论基础。

3. 第一次低谷——技术的短板（20世纪70、80年代）

在提出人工智能的概念之后，经过十几年的发展，人工智能虽然取得了很多理论和实践成果，但由于技术水平不够完善、知识储备匮乏，越来越不足以支撑人们求知的欲望。计算机的存储和数据运算能力非常有限，甚至连基本的推理和理解也无法实现，很多简单的逻辑性问题对于计算机而言就成了难以理解和处理的极其复杂的问题。这些短期内难以解决的问题成为人工智能无法跨越的障碍，从而使得公众和政府对于人工智能的关注度急速下降，资金和人力投入力度大幅下跌，人工智能遭遇了其历史上的第一个寒冬。人工智能之所以遭遇低谷：一方面是因为社会各界对其发展投注了过高的期望；另一方面是因为理论研究和实践工作尚没有形成扎实的基础，当前的基础技术水平不足以支撑上层的研究内容。

4. 第二次高潮——人工智能的复苏（20世纪80年代）

随着以符号主义为主导的第一次人工智能浪潮的结束，联结主义学派日益兴起。BP算法的广泛应用使得神经网络训练有了更为先进的训练技术，感知机算法也越来越被人们所认可。在20世纪80年代，神经网络国际会议在美国召开，神经网络一度成为热点引起了更多人的关注，科学家们开始广泛地投入到基于神经网络的人工智能算法的研究工作中。同时，具有专家知识水平的以解决某个领域实际问题为目的的专家系统得以大量使用，使人工智能技术再次迈入大众的视野。卡内基梅隆大学为DEC公司设计了一个专家系统，该系统的运用不仅解决了很多棘手的问题，而且大大节省了人力和物力成本，吸引了诸多国家对其的研究兴趣并纷纷效仿。自此，人工智能迎来了第二个蓬勃发展阶段。

5. 第二次低谷——专家系统危机（20世纪80、90年代）

专家系统虽然在不断发展，但自身的局限性愈发明显，其设计的复杂度不断提高，经济效益逐步下滑，DARPA大幅削减了对人工智能的资金支持。与此同时，日本的第五代计算机研制终因不能实现人机对话而宣告失败。这接踵而来的问题沉重打击着当时的研发人员，也冲击着科学界仅剩的信念，至此人工智能再一次陷入低谷期。

6. 第三次高潮——科技的腾飞（20世纪90年代至今）

1997年，IBM的"深蓝"计算机以3.5∶2.5的优异成绩打败了当时的国际象棋世界冠军，这样的表现力极其震撼，让世界为之惊叹。这一事件又一次引发了人们对于人工智能的关注，也意味着人工智能技术取得了新的突破。

21世纪以来，计算机存储能力、数据积累、云计算带来的计算能力的大幅度提升，使得人工智能技术进入了一个飞速发展的黄金时期。基于神经网络的深度学习算法、基于生物进化的遗传算法，以及辅助学习的模糊逻辑和群体算法等开始被进行大规模的实践。大数据处理、语音识别、图像处理、智能家居、人机交互等技术快速走进人们的生活，人工智能技术已经成为人们生活中必不可少的重要部分。

随着互联网技术的迅速推进，人工智能也在时代的发展中发生了新的转变，已经逐步形成了以单个智能化实体为基础的网络化结构的人工智能链条，使人工智能技术朝着更接近于实践需要的方向迈进，极大改善了人们的生活水准，丰富了人们对人工智能的认知。随着计算机技术的发展和存储能力的提高，人工智能的潜力也被挖掘了出来。网络的便利赋予了人工智能发展所需要的丰富的数据条件和交流机会。同时，计算机也承载了比以往更多的存储空间，可以满足人工智能工作中对于信息存储和处理的要求。Google 的 AlphaGo 在学习过程中不断采集数据并进行快速的分析和处理，通过最优化算法来寻找问题的最优解，从而实现自我学习和提升的目的。AlphaGo 在比赛中以 4∶1 的比分战胜了世界围棋冠军李世石，从而将人工智能推向了一个新的高潮。

1.1.3.2　人工智能的现状及发展

1. 人工智能的国内外发展现状

直到今天，人工智能已经经过了 60 多年的风雨洗礼，在许多方面也取得了不错的成绩。随着人工智能的快速发展和发展潜能的逐步显现，更多的人力和物力被投入到了对其的相关研究当中，人工智能作为一门跨越多个领域的新兴学科，在与各个领域交叉式发展的过程中形成了许多新的技术和研究内容，特别是在计算机视觉（Computer Vision，CV）、数据挖掘（Data Mining，DM）、语音识别技术（Automatic Speech Recognition，ASR）、自然语言处理（Natural Language Processing，NLP）、机器人技术、大数据处理技术等方面取得了许多惊人的成果，推动了信息时代云计算、互联网技术、物联网技术等一系列新兴理论和技术的进一步更新和发展，迎合了当今时代人们对于便捷式生活的需求。而今，人工智能早已走进大众的生活，深度学习、机器学习、人机交互、智能搜索等成了人工智能当前发展的重点。

人工智能的发展成果不断显现，给社会带来的经济效益越来越明显，技术影响力更是愈发强大，这也使其拥有了更大的投资额度。根据 2016 年 Venture Scanner 发布的统计数据可知，2014 年人工智能领域获得的全球投资额度为 10 亿美元，同比增长了近 50%。而到 2015 年，这个额度更是增长到了 12 亿美元，同过去的 20 年相比，这个投资力度超过了其中 17 年的全年投资总额，创造了一个历史新高。人工智能正在以一种越来越迅猛的趋势发展，到了 2020 年，全球人工智能投资额度更是高达 679 亿美元，同比 2019 年，增长了 40%。在未来 10 年或更久的时间内，人工智能将会成为智能化产业发展和进步的重要突破点。

科学技术是第一生产力，人工智能所蕴含的巨大发展潜能越来越受到国家和政府的重视。世界各国也对人工智能领域的发展提供了诸多政策和资金的支持。例如，美国、日本、加拿大、韩国、英国等都出台了很多相关的惠及政策，鼓励相关部门和企业加大研发力度，拓展了人工智能在本国的发展规模，扩大了发展空间，并进一步把人工智能的发展纳入国家发展战略部署。

我国也非常重视人工智能产业的发展，深刻认识到了人工智能领域在未来发展中所发挥的重要作用。2016 年 3 月，第十二届全国人民代表大会第四次会议通过了《中华人民共和国国民经济和社会发展第十三个五年规划纲要》，并将人工智能写入其中。同年 5 月，国家发改委、科技部、工业和信息化部、中央网信办联合发布了《"互联网+"人工智能三年行动实施方案》。2017 年 3 月，"人工智能"首次被纳入中国政府工作报告。同年 7 月，国务院印发了《新一代人工智能发展规划》，确定了人工智能发展三步走战略目标，人工智能上升为国家战略层面；同时，提出了面向 2030 年我国新一代人工智能发展的指导思想、战略目标、重点任务和保障措施，构筑我国人工智能发展的先发优势，加快建设创新型国家和世界科技强国。2019 年，科技部发布了《国家新一代人工智能开放创新平台建设工作指引》，鼓励人工智能领域细化和企业构建平台进行发展。2021 年 7 月，为推动新型数据中心与人工智能等技术协同发展，构建完善新型智能算力生态体系，工业和信息化部印发了《新型数据中心发展三年行动计划（2021-2023 年）》。

我国对人工智能领域的政策支持和重视程度正以一种前所未有的态度不断推进着，极大地刺激了我国人工智能的发展市场，更多的人才流入相关的行业，不断缩减着研发周期、提高着研发效率，国内人工智能领域正走向一条蓬勃发展的道路。

作为引领未来智能化发展的战略性核心技术，人工智能的发展水平已经成为衡量各国自身科技竞争力的重要因素，许多国家甚至把发展人工智能纳入国家发展战略，为大力培养和组织相关技能人才，相继出台了许多的便利政策，并不断投入人力、物力去研发新的技术和产品，紧紧把握住核心技术、高端人才、标准规范等硬性要求，以期望在未来的科技发展竞争中牢牢把握主导权，获得更多的国际话语权，提高国家核心竞争力。我国面临的发展问题更是日益严峻，国际竞争形势愈发复杂多变，想要在如此复杂多变的国际大背景下坚守国家安全和引领科技发展，就必须把人工智能的发展放在国家战略的层面去统筹规划，从发展的宏观角度来看待问题，积极策划未来的发展方向，整体布局，把握人工智能发展新阶段国际竞争的战略主动，开拓国内国际发展市场，营造良好的发展空间，发挥自身发展的优势内容，保障国家的安全稳定。

2. 人工智能的发展进程

人工智能的快速发展，吸引了更多人力、物力的投入，随着与各个领域、多个学科的相互融合，其逐步形成了一个新兴门类。我国人工智能的发展日益迅猛，在国内多个互联网企业的联合推动下，我国已成为人工智能发展的重要引领国之一。广阔的市场和庞大的消费人群，是我国可以大力发展许多完整产业链条的重要原因，也是我国发展充满无限潜能的重要依据。

我国人工智能覆盖范围极为广阔，其中包括深度学习、机器学习、语音处理、智能机器人、计算机视觉、搜索引擎、手势识别、自动识别等众多内容，极大丰富了我国人工智能市场化发展的内容，丰富了人们的生活。同时，我国在智能医疗影像诊断仪、多功能智能道路路况检测车、人脸和视线识别智能家居系统、油气资源勘探智能遥感系统、步态识别智能安防系统等方面取得了一定的科研成果，光纤陀螺光路诊断系统、智能家居物联网平台、心磁图仪、海底油气管道腐蚀检测、骨折整复术前模拟及术中智能导航系统、嵌入式人脸识别系统等人工智能应用技术也在进一步研发中。各种各样的智能化家居也逐渐走进我们的生活，对于人脸识别、语音识别我们也不再陌生，这些都是人工智能发展过程中带给我们的最真实体验，也是人工智能逐渐走向产业化、商业化的显著体现。

人工智能在融合发展的过程中产生了许多拓展，其在不同领域方面的应用反映了人工智能的发展进程和技术的关键所在。

1.2　人工智能研究的主要内容

随着科技的进步，人工智能理论不断得到发展和完善，更多先进的理论和技术得以补充，人工智能所研究的内容不断深化和拓展，从许多方面都取得了不错的成绩。当今人工智能正向着更加广阔的空间迈进。由于人工智能领域包含着许多的技术应用，根据这些技术的类型，人工智能的研究内容主要集中在以下几个方面。

1.2.1　模式识别

当今科技发展迅猛，各项技术层出不穷，计算机硬件设施持续更新，计算

微课视频

机的应用也愈加广阔，人们对计算机的依赖也愈发严重，这就对计算机对诸如文字、声音、图像、温/湿度、光波、震动等信息拥有更加有效的感知能力提出了新的要求。然而不幸的是，当前的计算机无法达到这样的效果，计算机无法感知到这些信息的存在，这对于我们处理所需要的外部信息而言无疑是急需解决的一个难题。计算机对外部世界感知的能力不足，这是计算机应用受到约束的重要原因。模式识别则是提高计算机对外部信息感知能力的学科，因此模式识别问题成了众多人研究的课题。

模式识别是信息科学人工智能的重要组成部分，主要针对计算机的模式识别系统而展开，它利用计算机对外部信息进行采集和处理，采集方式包括物理、化学、生物等。我们通常把环境与客体称为"模式"。模式所代表的不只是事物本身，还包括利用一定的手段从大量材料中获取到所需要的信息。正如人类学习和认识事物一样，模式识别也会采集大量的各种信息，然后对这些信息进行分类、整理、分析，最终识别出正确的结果。

随着模式识别技术的不断发展完善，其应用领域也逐渐拓展，如今在生物医学成像、遥感、文字识别、语音识别、图像识别等领域都有模式识别的运用。在生物学中，利用模式识别技术可以对染色体进行识别，从而研究遗传规律；在遥感技术中，利用模式识别技术对人造地球卫星遥感图像进行识别，可以研究哪里具有矿产资源以及哪里会发生自然灾害；公安机构可以通过图像识别、指纹识别等手段侦破案件。模式识别的广泛应用给我们的生产、生活带来的收益是非常明显的，这也进一步推进了其理论和实践的发展。

1.2.2　专家系统

专家系统就其本质而言，是一个智能化的计算机程序系统，该系统内部加入了大量具备某个领域专家水平的实践经验和知识体系，因此专家系统具有非常丰富的专业知识和经

验，可以借助自身所拥有的专业技能模拟该领域的专家学者帮助人们处理复杂情况并解决实际问题。专家系统是人工智能领域非常重要的一个分支，它使得人工智能的研究从理论方向转为了现实应用。基于人工智能技术，专家系统可以帮助非专家群体解决特定领域内的较高难度的诸多问题，也可以化身为专家助手，帮助研究该领域棘手的项目，实现技术攻关。专家系统的体系结构并不是单一化的，它的结构类型由自身所要实现的功能、研究的规模所决定。现在的专家系统经过多年的发展，正以全新的姿态迎来新一代的更迭。

专家系统给我们带来诸多便利的同时，自身也存有一些问题亟待解决。目前的许多专家系统都受到单一化的约束，功能只局限于某一领域，这就使得其使用范围极为有限。另外，专家系统也没有人类对错误的认知及纠错能力，虽然对于一般性的解释、分析、预测、规划、设计、监测、修复、指导、控制、诊断等问题，专家系统可以很好地应对，但是当遇到给出的信息不完全、不精准，甚至不确定的问题时，它就会束手无措。

专家系统不但采用基于规则的方式，而且采用基于模型的原理。它的种类也比较多，从架构上划分，可分为分布式专家系统、协同式专家系统、集中式专家系统、神经网络式专家系统等；从实现方法上划分，可分为基于模型的专家系统、基于规则的专家系统、基于框架的专家系统等。

1.2.3　知识库系统

知识库系统即储存大量知识体系的计算机程序系统，也叫作数据库系统。当用户提出问题时，知识库系统可以根据自身存储的知识对问题进行分析、解答，知识库系统是计算机应用领域最为频繁的项目之一，其包含的检索、存储功能可以极大地便捷人们的生活，帮助人们解决一些常见的问题。随着人工智能技术日臻成熟，目前知识库系统正面临着技术上的升级，以期达到更好的检索、存储的目的。智能信息检索系统的设计是实现知识库系统全面升级的关键，提高系统对自然语言的理解能力、对问题进行分析并根据事实解答问题的能力、应对超出自身知识范畴的问题的能力是需要解决的主要问题。

1.2.4　自然语言理解

语言是人类沟通最直接的方式，当人们进行交流时，通过说话彼此可以很好地理解对方要表达的意思，从而实现信息互换的目的。然而怎样建立人与计算机之间的语言交流，生成一个能够理解人类指令的计算机系统，这是实现人机交互所面临的重大难题。语言的生成和理解涉及极其复杂的编码和译码问题，需要把人类的语言进行编码转换成计算机可以读取的二进制语言，当计算机读懂人类的意思后，将所给的答复通过译码的形式再转换成人类的语言。然而这个过程的实现却是极其复杂的，要求计算机拥有像人一样读取信息、理解上下文、根据获得的信息给出答复的强大能力。

自然语言理解就是为了研究如何构建起人机交互之间的桥梁，实现人机之间高效、无障碍的通信功能而展开工作的。目前的计算机系统与人类之间的通信方式依旧是依靠非自然语言。实现人机交互是人工智能领域发展不可避免的课题，也是计算机系统发展必须研究的内容。使计算机系统可以理解自然语言，理解人类所表达的想法，做到理解口语和读取书面语言，不仅要让计算机积累大量的常识性问题，训练计算机的逻辑技能，还要训练其对语法、语境、语气的理解。

现在的研究课题主要基于计算机在对话的基础上对语言的理解和对文本内容的理解，虽然在一定的范围内取得了很大的进展，但想要实现最初的设想，目前的理论研究和技术实践尚不足以构建起如此高难度的自然语言处理系统，达到人机交互的目的还需要攻克诸多难题，未来还有很长的路要走。

1.2.5　自动定理证明

证明数学中的某个定理成立，本身证明的过程就是智能化的，既需要拥有对这个问题深刻的理解能力，又需要拥有强大的逻辑推理能力，甚至是逆向思维能力，必要时还需要采用反证法来解决问题。自动定理证明（ATP）利用计算机来证明某一个定理成立，它是数学和计算机科学相结合而衍生出的一个研究课题，人类的逻辑思维能力在证明数学定理的时候有着独特的表现，模拟人类的这种思维能力，利用机器来达到相同的效果，这是自动定理证明所追求的结果，而这种结果是可以实现的。演绎推理实质上是符号运算的过程，而利用机器进行符号运算是可行的。

1956 年，Newell、Shaw 和 Simon 给出了一个称为"逻辑机器"的程序，证明了罗素、怀特黑德所著《数学原理》中的许多定理，这标志着自动定理证明的开端。1965 年，Robinson提出了归结原理，归结原理的提出使自动定理证明领域发生了质的变化。1976 年，美国数学家 Appel 和 Haken 宣布，他们用电子计算机花费 1200 小时证明了四色猜想的正确性。1978 年，我国数学家吴文俊成功设计了关于平面几何和微分几何的定理机器证明方法，被认为是自动定理证明领域中判定方法的一个最好的结果。自始至终，许许多多的定理利用计算机得以证明，这带给了科学家以及数学家极大的震撼，也将自动定理证明的发展一次次推向新的高度。

自动定理证明有着重要的研究价值，它的应用已经不限于数学领域，涉及的范围日益扩大，所获得的理论和研究成果也可以应用在日常生产和生活中，其理论和实践价值越来越受到人们的重视。

1.2.6　计算机视觉

计算机视觉就是给予计算机视觉的能力，它是从模式识别领域中发展而来的一门独立的学科。视觉是一种感知，整个感知问题的要点是形成一个精练的表示，用来描述难以处理的、极其庞大的未经加工的输入数据。正如人的视觉可以观察事物、了解周围的环境变化，机器视觉则是让机器通过摄像机或计算机来观察、识别、测量、监督、分析特定的目标，记录下目标的影像。给计算机添加一双眼睛，让计算机能够拥有像人一样的观察能力，使其可以清晰地了解周围的事物及环境变化，这是计算机视觉研究的最终目的。

计算机视觉是众多学科交叉发展的产物，包括计算机科学与技术、生理学、神经网络、物理学、统计学等，它的应用领域也非常广泛，在制造业、军事、教育、医疗诊断、通信卫星等诸多领域都发挥着无法替代的作用。常见的计算机视觉技术有以下几种。

（1）图像分类。图像分类是指通过给定一组分别被标记的单一类别的图像，利用算法使计算机进行自我学习，然后令计算机对新的检测对象进行识别分类，并检测分类结果的准确性。

（2）对象检测。对象检测就是指对图中感兴趣的目标进行定位，判断出目标的具体类别，并给出边框。

（3）目标跟踪。目标跟踪是指计算机通过自身视觉技术跟踪在特定场景中的某一个或多个感兴趣对象的过程。传统的应用就是视频和真实世界的交互，在检测到初始对象之后进行观察；现在，目标跟踪在无人驾驶领域也很重要。

（4）语义分割。计算机视觉可以将图像分成单独的像素组，然后对其进行标记和分类。特别地，语义分割试图在语义上理解图像中每个像素的角色。

（5）实例分割。区别于语义分割，实例分割将不同类型的实例进行分割，需要执行更加复杂的任务，确定不同对象之间的边界、差异及彼此之间的关系。

计算机视觉的发展进一步推动了机器的智能化，计算机可以通过视觉更清晰地感受外部世界，极大地拓展了其智能效果和应用领域，也促进了人们生产、生活的便利，丰富了人们对人工智能的想象。

1.2.7　自动程序设计

自动程序设计是指能够根据人们给予的问题以及给定的初始条件而自动生成人们所需要的程序的过程，其本质是一种超级编译程序。自动程序设计的研究与发展对半自动化软件开发系统的研发工作起到了推动作用，加快了人工智能领域的发展步伐，极大地缩短了研发过程中的程序设计周期。

自动程序设计是计算机软件工程和人工智能相结合而产生的研究课题，它主要包括程序综合和程序验证两个方面。程序综合用以实现自动化编程过程，当用户告诉计算机自己想要做什么之后，计算机将会根据用户所描述的需要实现的目的，自主设计出具备相应功能的程序。程序验证的作用则是对设计出的程序进行正确性检验，提高设计工作的正确率。程序合成的基本方法是主要程序转换，当向系统输入设计所需要的初始条件时，系统将会把每一个条件转换成所需要的程序进行输出。

如今自动程序设计工作已取得不错的进展，其重大贡献之一是把程序调试的概念作为问题求解的策略来使用，从实践的角度来看，确实提高了效率。

1.2.8　自然语言生成

自然语言生成使计算机具有人一样的表达和写作功能。自然语言生成和自然语言理解是一脉相承的，而且必须建立在自然语言理解之上，是自然语言理解、知识库系统、逻辑推理等的一个大综合，目前发展还比较缓慢。

1.2.9　机器人学

机器人学是与机器人设计、制造和应用相关的科学，它是人工智能、机械结构学和传感器技术结合的产物，主要研究机器人的控制与被处理物体之间的相互关系。目前全世界已有近百万台的机器人在运作，尽管这些机器人发挥了很大的作用，甚至占据着非常重要的工作岗位，但是大多还是按照提前编写好的指令进行重复性操作的基础性装置，它们没有智能化的表现。人工智能在机器人学方面的应用就是旨在让机器人走向智能化，能够模拟人的思维和工作方式。

从机器人的研发到一步步走向智能化，经历了漫长的岁月。1947 年，美国研发了第一台遥控机器人，从此以后，机器人的研发工作从未停下脚步，越来越多的理论相继被提出，相关的研究成果被发表。

机器人从发展至今可以分为三代：第一代为示教再现型机器人，即人们先给机器人做出示范动作，机器人再重复完成相同的动作，这样的动作虽然单一，但足以将人类从枯燥乏味的工作中解放出来；第二代机器人为感觉型机器人，它具备类似人类的某种感知功能，像触觉、听觉、视觉等，因此它可以利用自身的传感器来感知外部的信息，识别事物的形态和大小；第三代机器人为智能型机器人，这种机器人不仅具备感知外界事物的诸多传感器，而且可以进行复杂的逻辑推理、自主学习、自主判断和自主决策，它能够自动调整状态适应环境的变化，也可以实现人机交互的过程。

智能型机器人的快速发展是适应时代需要的结果，作为众多学科交叉下的产物，智能型机器人的研究横跨了众多的领域，涉及许多的研究课题。人工智能与机器人技术的结合，开拓了智能型机器人的广阔发展空间。

1.2.10　分布式人工智能

分布式人工智能结合了分布式计算和人工智能的特点。其主要研究分布式问题求解（Distributed Problem Solving，DPS），研究目标是建立一种由多个子系统构成的协作系统，各子系统间协同工作对特定问题进行求解。

1.2.11　计算机博弈

计算机博弈（也称机器博弈），是一个研究领域，是人工智能领域的重要研究方向，是机器智能、棋局推演、智能决策系统等人工智能领域的重要科研基础。

博弈在计算机领域的应用主要集中在棋牌类游戏的研发方面，通过人机之间象棋或围棋对抗赛的形式来体现，例如，IBM 的"深蓝"计算机、Google 的 AlphaGo 等，都是计算机博弈相关研究下的产物。随着科技的发展，计算机博弈系统的功能愈发强大，其表现力一次次冲击着人们的认知，不仅计算能力和反应速度得到了快速的提升，还拥有强大的自主学习能力，这也是在人机对抗赛中计算机可以轻松打败人类的重要原因。此外，博弈中的一个经典问题就是推销员旅行问题，即在多条路径中找出最优化路径，有关问题域的知识成为求解的关键，自主学习也成为博弈问题中不可缺少的内容。

机器学习、搜索策略等问题都是在有关博弈研究的基础上发展起来的，很多的理论研究工作也就此而展开，博弈问题的研究为人工智能的发展增添了新的研究课题，提供了更多的理论和实践依据。

1.2.12　智能控制

智能控制是一种具有智能信息处理、智能信息反馈和智能控制决策的控制方式，是控制理论发展的高级阶段，主要用来解决那些用传统方法难以解决的复杂系统的控制问题。智能控制是在人工智能发展的前提下结合自动控制技术而发展起来的，它的智能体现在可以独立自主地实现决策和控制，不需要人为干预。

建立智能控制系统的设想由来已久。1965 年，傅京孙首次提出将人工智能技术引入控制系统，此后，有许多的科学家进行了相关的研究工作。20 世纪 80 年代，我国的蔡自兴教授提出把人工智能、信息论、控制论和运筹学四者相结合，自此智能控制理论日趋成熟，为构建智能控制系统奠定了基础。

智能控制具有两个显著的特点。

（1）智能控制同时具有知识表示的非数学广义世界模型和数学公式模型表示的混合控制过程，它含有复杂性、不完全性、模糊性或不确定性，以及不存在已知算法的非数学过程，并以知识进行推理，以启发来引导求解过程。

（2）智能控制的核心在高层控制，即组织级控制，组织实际环境或过程，对问题进行决策和规划，来求解广义问题。

1.2.13　软计算

软计算一般包含人工神经网络计算、模糊逻辑、遗传算法。软计算大多应用于先验知识匮乏、不确定、不精准的问题求解方面。人工神经网络是模拟动物的神经网络行为特征而设计的数学模型；模糊逻辑模仿人脑对于不确定性概念的判断行为、推理思维方式；遗传算法是一种模拟大自然进化理论过程寻求最优解的方法。

1.2.14　智能规划

智能规划是人工智能领域的一个分支，随着人工智能的不断发展，近年来智能规划问题也逐渐成为研究的焦点。智能规划就是使计算机能够依据人类的设想，自动去分析和认知周围环境中的事物，然后根据预先设定的条件设计

微课视频

出合理的能够满足人们需求的规划方案。智能规划可以提高工作效率，节省时间成本，也可以达到更符合要求的理想化设计效果。智能规划的目的就是建立一种高效率、低成本、够实用的自动规划系统。

我们所熟悉的 GPS 就是较早类型的智能规划系统。20 世纪 60 年代，格林设计的 QA3 系统被认为是最早的规划系统，QA3 系统的问世给智能规划领域的研究人员提供了新的灵感和动力。美国研究者 Fikes 和 Nilsson 在 1971 年设计出了 STRIPS 系统，将智能规划的研究推向了新的高度。

此后，各种智能规划系统层出不穷，部分排序规划技术的发展使其具备很好的工作性能，可以处理很多具有代表性的规划问题。然而，由于实际情况下的规划往往都是非理想状态的，所以该系统并没有翻起太大的浪花，不过日后的研究工作依旧在此基础上开展，只是研究的重点转向了实际的规划问题。

1.3　人工智能的主要技术

经历了几十年的发展，人工智能在许多领域都取得了不错的成绩，很多技术难题被攻克，技术水平日渐提高，并被广泛应用。人工智能领域涉及的主要技术如下。

1.3.1　逻辑推理与定理证明

关于逻辑推理与定理证明的问题层出不穷，这是人工智能领域一直以来研究的课题，以往所研究的重点在于找到一些方法能够通过所记录的海量数据来考究信息的真实性，并记录下可信度，当有新的内容出现时可以及时更正。目前，在国际上公认的"吴氏算法"，是由我国人工智能专家学者吴文俊院士提出并付诸实践的，这在定理证明研究中具有里程碑式的意义。

1.3.2　自然语言处理

语言是人类文明发展的重要信息载体，也是人类区别于其他动物的标志性特征，通过语言人们可以很好地交流沟通，表达自己内心的想法和观点。人类的思考和智慧大多都是通过语言来交流和记录的。然而如何才能够实现人机之间的沟通呢？这就需要人们对自身的语言进行加工处理，使之成为可以被计算机读取的信息，这就是自然语言处理技术。自然语言处理是人工智能领域的重要内容，主要包括自然语言生成和自然语言理解两大部分，通过这项技术可以使得计算机像人一样去理解文本信息，完成各项指令，以期满足人们的各项要求。然而想要实现更高质量和效果的自然语言处理，还需要很长的路要走，目前的研究虽然已经取得了不错的效果，但仍有很多的问题在等待解决，比如，在语境的判断和一词多义的理解上，容易出现识别上的歧义等。

1.3.3　智能机器人

对智能机器人的研究越来越成为一大焦点，大量科学家转向对机器人的研究当中，像工业机器人、家用机器人、学习机器人等，如何利用人工智能来实现机器人智能化的设计成为众多科学家研究的课题。对智能机器人的设计要从其自身的行走方式、路程规划、动作形态、语言标准等各个方面着手，每个方面都渗透着人工智能的思想，通过人工智能与机械力学、计算机科学等众多学科的交叉融合，最终形成智能化形态的机器人结构，赋予机器人有关人的特征。

1.3.4　最优解算法

1997 年，IBM 的"深蓝"计算机以 3.5∶2.5 的优异成绩打败了当时的国际象棋世界冠军。2016 年，Google 的 AlphaGo 在比赛中以 4∶1 的比分战胜了世界围棋冠军李世石。人工智能的一个重要应用就是对问题求取最优解，通过算法实现自主学习并提高解决问题的能力。"深蓝"和 AlphaGo 都是人工智能在处理问题方面的典型应用，它们的惊人表现也让人们看到了人工智能的光明未来，了解了人工智能强大的学习能力。目前，人工智能已经可以根据问题的特性来寻求问题的最优解，其反应速度和思考问题时的缜密思维早已超出了人类所能达到的程度，这也是人工智能对人们有特殊吸引力的重要原因之一。

1.3.5　智能信息检索技术

信息检索是计算机领域的一个重要问题，智能信息检索技术的目的是智能化地筛选出所需要的最佳信息，这也是人工智能在信息检索问题中的重要应用。怎样将人工智能和信息检索系统进行融合，是实现信息检索智能化的关键。

然而，目前的智能信息检索系统尚没有达到人们的预期，还有以下三个问题需要解决：第一，难以建立一个可以直接进行语言交流的咨询系统；第二，当人们的语言能够被计算机理解时，计算机如何根据事实选择恰当的形式给出人们所需要的答案；第三，需要理解的问题和给出的答案都可能超出该学科领域建立的数据库所涵盖的知识范围，这种情况又该如何解决。随着时代的发展进步，许多的知识和技术都在进行换代和更新，面对短时间内快速发生的改变，计算机如何提高自己的适应能力，成了智能信息检索技术发展所需解决的重要问题，也决定了智能信息检索技术今后发展的市场空间。

1.3.6　专家系统

专家系统拥有极为丰富的某一特定领域中的知识和经验，它们可以处理许多自己特定领域中难以解决的问题，一度成为人工智能领域最具活力和成效的研究内容。当人们给予计算机某一领域的大量数据后，通过人工智能技术让它拥有像专家一样的知识和经验，然后运用在实际案例中，从而解决人类面临的诸多问题。由于计算机处理问题的效率更高，所以这样建立起来的专家系统具有高效、准确的优点。专家系统目前还不足以代替人类进行自主化管理和决策，随着未来技术水平的更迭和深度学习算法的进一步完善，专家系统也将会拥有更高的智力和决策能力，这也是人类社会发展的必然结果。

1.3.7　智能控制技术

在传统制造工艺中，往往需要投入大量人力去控制生产制作过程中器械的准确度和精密度，尽管如此，由于设备的技术落后、科学化程度较低，很容易出现诸多的问题，这就导致了制造过程中发生差异化的现象。而利用人工智能和传统制造工艺相结合构造的智能控制系统，能够起到很好的智能控制作用，所以可以有效地改善这一问题。

智能控制系统可以通过储备的知识和积累的经验对制造过程中出现的问题及时、精准地剖析，快速找到解决问题的办法，从而提高制造过程中的精准度，满足生产方面的需要。另外，它还具有传统制造系统不具备的容错能力，当制造系统在运作中发生错误时，人工智能可以容纳错误，不会因此而出现停滞或崩溃的现象，以确保系统的正常运转，这就很好地克服了传统控制系统所存在的诸多问题。

1.3.8　机器学习

微课视频

学习是智能化的重要标志，也是获取知识和经验的重要手段。机器学习是一门由众多学科领域交叉而形成的学科，包括神经学、计算机科学、机械力学、统计学、逻辑学等，还以优化理论、逼近理论、识别理论等众多理论作为理论支撑。机器学习研究的主要内容就是使计算机能够按照人的思维方式去实现自主学习的目的。实现机器学习过程涉及的相关算法有隐马尔可夫方法、支持向量机、k近邻方法、逻辑回归、人工神经网络、贝叶斯方法、决策树等。让机器能够自主学习是计算机实现智能化的重要途径，也是人工智能领域研究的重点课题之一，代表了当今人工智能发展的前沿。

若要使机器能够学会自主性地总结经验、纠正错误、发现模式、提高性能，并对环境有更强的适应性，就目前的技术水平来讲还需要解决以下问题。

（1）选择训练经验。比如，选择训练类型、选择训练样本、设计样本训练序列。

（2）选择目标函数。几乎所有的机器学习问题都可以简化为学习特定目标函数的问题。由此可知，正确学习、设计和选择目标函数在机器学习领域是至关重要的。

（3）选择目标函数的表示。在面对特定应用问题的时候，首先要做的是确定理想目标函数，下一个任务则是从许多乃至无穷多个选择中找到最佳或近乎最佳的表示。目前，对机器学习的研究才刚刚起步，但这是一个值得投入很大精力去研究的方面。只有机器学习研究进步才能使人工智能和知识工程研究获得突破性的发展。

1.3.9　生物特征识别

当今信息时代，如何鉴定一个人的身份信息并保护其财产和人身安全，是一个非常值得研究的课题。想要确定一个人的身份需要把握每个人身上所独有的特征，通过比对就可以确定被鉴定者的身份。每个生物个体的生理特征都是不相同的，因此通过生理特征的不同进行身份识别就成了可能。生物特征识别是指利用计算机来识别人体固有的一些生理特征或行为特征，并以此来鉴定个人身份信息的技术。常见的生物特征识别方式有人脸识别、指纹识别、虹膜识别、DNA 鉴定等。

生物特征识别的过程通常包括两个阶段：第一阶段需要提前录取相关个体的生物信息，如指纹、相貌、音色等，并将录取的生物信息进行存储；第二阶段则是对需要鉴定的个体进行再次的信息取样，然后将样本与之前存储的数据库中的信息进行一一比对，当比对结果相符时，则识别过程结束。

1.3.10　人工神经网络

人工神经网络简称神经网络或连接模型，它是一种模拟人脑神经网络结构，以期实现像人脑一样独立思考和学习的技术。人工神经网络是由多个人工神经元交叉连接而形成的网络结构模型，它的每一个神经元都代表着一种特定的输出函数，被称作激励函数。每两个神经元的连接表示对经过信号的加权值，被称为权重，这相当于人工神经网络的记忆。网络的输出由网络的连接方式、权重、激励函数共同决定。

人工神经网络具有很强的学习能力，可以从现有的资料中学习相关的技能，也可以总结以往的实验数据，推导出实验规律。由于人工神经网络拥有超强的学习能力，所以它可以在学习中自我拓展，去完成很多复杂维度或非线性条件下的各类难题，而且工作效率和正确率也可以达到人们的要求。

如今人工神经网络已取得很大的发展，各项研究工作不断深入，它的应用也早已遍及各行各业，在智能控制、模式识别、机器人学、生物医学等众多领域都发挥出了极大的作用，解决了很多棘手的问题。

1.3.11　虚拟现实技术与增强现实技术

虚拟现实（VR）技术，是一种利用计算机生成一种虚拟环境的技术，这个虚拟环境可以带给体验者近乎真实的视觉、听觉体验，给人身临其境的感觉。增强现实（AR）技术，是一种将虚拟世界与现实世界进行无缝连接的技术，它可以让体验者在现实世界中看到虚拟世界中的景象，从而实现现实与虚拟之间的互动。这两种技术都是计算机技术在视觉和听觉上的延伸，如今正受到各界人士的广泛关注。

1.3.12　知识图谱

知识图谱是解释大量事物与它们的概念以及这些事物之间的内在联系的一种方法。它对数据可以做出极为精准全面的描述，是一种由点、线和描述语句形成的语义知识库。知识图谱对数据的处理与描述使得人工智能对数据的利用更为高效和精准。知识图谱利用人们认识的符号语言去表示事物之间的复杂联系，其设计主要针对搜索问题而开展，所以目前知识图谱主要应用于搜索引擎。当人们利用浏览器搜索某件事物时，浏览器会自动给人们推荐与之相关联的事物，这种情况就是知识图谱带来的。

知识图谱的应用使得计算机更加懂得人的思维和兴趣，进一步展现了计算机智能化的一面。但是数据本身可能存在冗余或错误，这就导致知识图谱的建立也会出现一些问题，针对这种现象，未来仍需要更多的实践积累去努力攻关。

1.3.13　数据挖掘与知识发现

知识信息处理的主要内容是准确地获取知识，综合运用统计学、粗糙集、模糊数学、机器学习和专家系统等多种学习手段和方法进行有效的数据挖掘，经过选取数据集、数据预处理、数据分析，从大量数据中挖掘出模式和信息。数据挖掘为构建信息之间的关系提供可能，为构建各种各样的假说提供支撑，在众多领域都得到了广泛的应用，对个人、企业、政府乃至整个国家都有重要的影响。

1.3.14　人机交互技术

人机交互技术是产品智能化的重要体现，判断一个产品是否智能，往往会以其是否可以与人类进行交流作为参考标准之一。人机交互功能也是人工智能产品所具有的最显著的特征，它涉及心理学、认知学、计算机科学等诸多学科。在人机交互的过程中通常涉及逻辑判断、信息处理、语言表达、语音处理、交互界面优化等问题。目前，人工智能化产品的设计已经日益成熟，在相关的很多领域实现了技术攻关，人工智能产品对信息的处理与分析能力也得到显著提升，一些智能机器人已经可以与人类进行简单的日常交流对话。

然而，距离实现完全的人机交互还存在很多的问题。现在所设计出的智能机器人虽然在对语言的理解上有了很大的进步，但是人工智能产品并不能理解人类的情感与情绪波动，无法通过交流感受到人类的心理变化，这也是人机交互发展所面临的重大技术难关。此外，人机交互涉及情感问题时也存在着诸多的道德、法律与伦理问题，在应对技术难题的同时必须把握好分寸，以免引发不必要的社会问题。

1.4　人工智能的应用领域

1.4.1　机器视觉

机器视觉是在计算机视觉的理论基础上建立起来的一门学科，涉及人工智能、计算机科学、光学成像、视觉信息处理、机电一体化等众多学科门类。机器视觉给机器添加了一双眼睛的功能，使其可以通过视觉来感知周围事物的存在，并获取有用的信息，然后通过计算机对这些信息进行加工处理，用于检测、跟踪、控制等。机器视觉技术相对人工而言有非常多的优点：首先，它能容纳足够多的信息，不会出现遗漏时间线的问题；其次，机器视觉的工作效率极高、反应速度极快；最后，机器视觉拥有较高的精准度，不会受到主观诸多因素的影响，可以客观、精准地描述事物的状态信息。

随着我国制造业的快速发展和产业优化升级，机器视觉的研究工作不断取得新突破，技术标准日渐成熟，逐渐成为当今科技发展不可或缺的技术之一，其应用领域也得到广泛拓展，包括工业生产、医疗、农业、建筑、军事等多个领域。

1.4.1.1　机器视觉发展现状

1. 国外发展现状

机器视觉的发展最早起源于欧美的发达国家和日本，随着工业化和全球化的发展而遍及世界各个国家和地区，很多知名相关产业的公司都是在其发展之初成立的，例如德国的 Zeiss 公司、美国的 Cognex 公司、日本的 Keyence 公司等。由于发展时间较长，欧美的发达国家和日本长期以来一直处于技术领先地位，尽管近些年来全球经济形式转变，很多产业向中国市场靠拢，但它们在机器视觉关键核心技术上依旧占据着主导地位，美国的 Cognex 公司和日本的 Keyence 公司更是垄断了全球一半以上的市场份额，机器视觉市场正呈现出两强相抗衡的局面。另外，在发达国家如日本机器人新战略、德国工业 4.0 战略、美国再工业化和工业互联网战略等优势政策的推动下，机器视觉的发展速度与创新步伐更加迅速，全球投资力度得到了很大的提升，进一步扩大了机器视觉在全球的市场规模。

2. 国内发展现状

我国的机器视觉行业起步较晚，直到 20 世纪 90 年代才有少数几家机器视觉相关产业的公司成立，由于初始阶段技术水平的限制，所生产的产品性能较差、功能单一，并没有引起广泛关注。从 1998 年开始，随着大量的外资相关企业来大陆投资建厂，国内一些企业在寻求技术人才的同时也开始利用国外的机器视觉产品来研发自己的机器视觉系统，并向中国市场进行推广，加深中国消费者对机器视觉的认识，以便达到占据消费市场的目的。此时，我国的机器视觉行业迎来了一个重要的发展机遇。

随着 21 世纪的到来，针对机器视觉的探索越来越深入，很多企业开始钻研将机器视觉向其他行业拓展的方案，并思索如何研发具有自主知识产权的机器视觉设备。此后，在采集卡、表面缺陷检测、焊接等众多方面都取得了技术上的重大突破，机器视觉产品开始得到人们的关注，并逐渐走进大众视野。

从 2008 年开始，我国出现了很多从事机器视觉相关产业的研发商，研发产品包括镜头、光源、相机等，大量的国产品牌进入市场，并不断地从实践中一步步成长壮大起来。与此同时，也培养出了一大批相关技术人才。近年来，我国对人工智能行业的发展愈发重视，先后出台了一系列促进行业发展创新的优势政策，这对机器视觉的发展起到了至关重要的作用。

目前，我国机器视觉行业虽然取得了飞速发展，但我国的相关技术公司仍处于劣势地位，公司规模较小、技术水平较差、产品市场份额比重较小、创新能力低下等，这些问题的存在是导致我国相关产业的发展一直处于中低端市场的重要原因。

1.4.1.2　机器视觉的组成与关键技术

1. 机器视觉的组成

典型的传统工业机器视觉系统一般由光源、目标物体、光学成像系统、图像采集与数字化、智能图像处理与决策、控制执行模块组成，如图 1-1 所示。

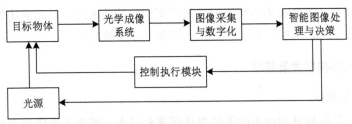

图 1-1　典型的传统工业机器视觉系统

2. 机器视觉的关键技术

机器视觉的一项非常重要的技术就是图像处理技术。图像处理的过程涉及图像分割、图像识别、图像修复等内容。

我们常见的图片都是二维的，目标图像常常与其他图像混叠在一起，如果要利用计算机识别目标图像，就必须对初始图像进行处理，计算机通过对目标图像区域的颜色、大小、形状、位置等特征信息进行提取来将不同的图像一一分割出来，这种操作就是图像分割。

图像识别是指计算机在处理一幅图像时可以准确地识别出图像中的所有事物，并从中筛选出人们指定的内容。

图像修复主要是针对图片发生损坏或者图片拍摄效果不理想的情况而言的，利用图像修复可以自动还原图片的内容，提高图片的清晰度。

1.4.2　语音识别

微课视频

语音识别技术（ASR），是指计算机通过对一种或多种语音信号进行特征分析，实现对语音信号进行匹配、辨别的技术。语音识别技术是人工智能领域的一个重要分支，涉及声学、语言学、计算机科学等众多学科。伴随着人工智能时代的飞速发展，语音识别技术也得到了广泛的应用，语音识别作为人机交互的关键环节，是实现人与机器之间沟通的桥梁。每个生物个体的声带、舌头、口腔、嘴唇、软腭、咽喉、鼻腔等发声控制部位各不相同，这就导致其所发出的声音的音色、音品、音长等各不相同，语音识别技术正是利用了这一特性来对不同的语音进行区分和识别的。

语音识别技术尚未出现的时候，人机之间是依靠硬件设备来实现信息交流的，这就给人们带来了诸多的不便，利用语音识别的方式就减少了硬件设备带来的负担，由于语音识别的突出优势，其逐渐在人工智能领域脱颖而出，越来越受到人们的青睐。

1.4.2.1　语音识别发展现状

1. 语言种类繁多

世界上的语言种类繁多，据不完全统计，当前世界上的语言就有 5000～7000 种，这其中包括一些即将消亡的语种。就常用的语言而言，也多达上百种，对于这么多种语言的识别是一个极度困难的问题，况且即使是同一种语言，也存在着地域上的差异，这对语音识别来说是巨大的阻碍。如今在全国推行普通话的前提下，也有很大一部分人受到地区方言和习惯的影响，发音并不能达到标准水平，这就导致人工智能产品的用户体验受到很大的影响，随着科技的发展、语音识别的进一步推广，这个问题所带来的影响将会愈发明显，这也是当今语音识别发展过程中遇到的众多难题之一。

2. 数据库仍需完善

在人们的日常交流中，人们的语言代表着很多的信息，同一句话在不同的场合、通过不同身份的人、使用不同的语气说出都将会使原本的意思发生本质上的变化。另外，汉语言文化博大精深，一词多义的情况更是数不胜数。而机器既不懂人类的情感和说话时的语气，更不理解一个词汇所包含的多重含义。当人们向人工智能设备发出指令时，它的理解只是将人们发出的指令与数据库中存储的信息进行比对，然后根据比对的结果做出相应动作上或者语言上的回复。为了让机器能够更好地理解人类的情感和词义的表达，就必须对现有的数据库进一步完善，添加更多有关人类情感的语言解析指令，设置对一词多义的理解，而这些无疑又是一大难题，但传统的数据库已经越来越难以应对当今海量的数据管理，完善数据库的工作已是势在必行。

3. 应用领域广泛

在互联网时代，人们从信息化时代步入智能化领域，语音识别技术便是人工智能时代的主要代表，语音识别技术的应用实现了人机交互，对语音识别技术的开发和研究能够满足时代发展的需求。

1.4.2.2　语音识别系统的原理

语音识别将人的语音信号转化为文本信息，其过程可以概括为：信号输入→预处理→特征提取→模式匹配（在语音模型库）→语音处理（在语音模型库）→识别完成。在输入语音信号后，智能设备会对信息进行预处理，在信息处理中提取有效特征（有效的语音信息），在语音模型库中对提取的有效语音进行匹配和处理，最终完成语音识别。语音识别技术的基本原理如图 1-2 所示。

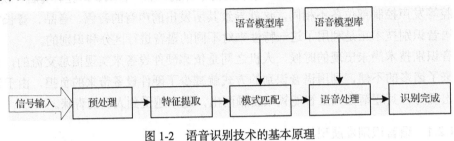

图 1-2　语音识别技术的基本原理

1.4.3　智能机器人

智能机器人是指能够模拟人的思维、推断、决策、感知等众多特征的机器人系统。随着工业化的发展，人工智能技术日臻成熟，机器人的设计也愈发智能化，其应用也得到了很大的拓展，并逐渐走进人们的生产、生活。基于人工智能技术所设计的智能机器人具有许多人的特点，它可以帮助人们完成一些复杂的工作，使人们的生活更为便捷，又具有高度的智能化，可以解决人们日常的困惑。智能机器人是社会科技进步的产物，它的研发与应用对当今各行各业都有着或多或少的影响，我们必须利用正确的理论对其进行指导，引领机器人的发展走向最符合人类意愿的光明道路。

1.4.3.1　人工神经网络在机器人定位与导航方面的应用

人工神经网络是一种通过模拟人的神经网络结构来处理信息的方法，它可以处理一些不成系统的、无法用模型或规则进行描述的信息，并且对于信息的处理能力很强，能够很好地整合非线性系统，这也是人工神经网络的突出优点。人工神经网络在机器人方面的应用主要体现在机器人的定位与导航上，它具有较强的自主学习能力，可以帮助机器人设计出最优化路径，并且能够存储大量的方向和位置信息。

摄像机对于机器人的作用类似于眼睛对于人类，摄像机参数的确定过程就是智能机器人内部光电参数和几何参数的整合过程，也是其自身坐标系与外界坐标系明确相对方位的过程。通过人工神经网络可以很好地实现这一过程，在此基础上学习视觉系统采集到的信息，并映射到三维立体坐标中，以确定事物的方位。人工神经网络包含输入层、隐藏层、输出层三层结构，输入层中包含三个摄像机中的全部图像信息；隐藏层由众多 S 型激活函数神经元构成；输出层则由线性激活函数神经元构成。利用人工神经网络可以对机器人所在空间中的事物进行精准定位，实现机器人定位和导航功能上的设定。一种典型的神经网络结构如图 1-3 所示。

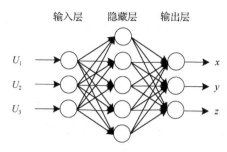

图 1-3　一种典型的神经网络结构

1.4.3.2　专家系统在机器人控制方面的应用

随着科技的进步，机器人控制技术不断实现新突破，理论和实践领域都取得了良好的发展，收获了很多实实在在的成果。但这些控制理论大多建立在数学模型的基础上，很难适应机器人工作过程中对非线性、时变性、灵活性、多关节强耦合性的要求。面对这种现状，一些基于人工智能的智能控制理论和实践工作开始开展，其中专家系统在机器人控制方面的应用，表现出不错的效果。

智能机器人的智能很大程度上体现在它拥有强大的知识储备，能够熟练应用自身掌握的知识技能。专家系统包含了大量的专家知识和经验，并拥有良好的学习能力，将专家系统应用于机器人领域，可以帮助机器人建立一个庞大的知识库，极大拓展了机器人的知识储备。同时，专家系统的应用使机器人拥有专家般的思维模式，可以应对很多专业性的问题，对事物或问题能够很好地理解或提出解决方案，实现更好地为人类服务的目的。

1.4.3.3　进化算法在机器人路径规划方面的应用

对机器人进行路径设计是相关领域研究的热门话题，也是智能机器人设计过程中要优化和重点考虑的问题之一。路径设计就是要机器人可以在复杂的环境中自主寻找出一条最佳的行动路线。

随着人工智能的发展，计算智能和进化智能先后被研发出来，遗传算法和蚁群算法也已经被提出并付诸应用，这确保了智能机器人路径规划的有效性。特别是遗传算法在机器人路径规划方面的运用，对机器人的智能化起到了很大的推动作用。人工智能进化算法有两个主要特点，即群体搜索策略和群体中个体之间的信息交换，进化算法不会因为搜索过程而影响局部方面的优化。进化算法在智能机器人中的应用可以使机器人制订出最高效的行动方案，在进化算法的协助下，智能机器人的行动效率也得到了很大的保障。伴随着进化算法中遗传算法、蚁群算法的发展，智能机器人的未来也将有一个新的宏伟蓝图。

1.5　人工智能的发展趋势与应用前景

1.5.1　人工智能的发展趋势

人工智能的深入发展是必然结果，当今国际上人们对人工智能的研究力度持续加强，希望通过人工智能设计出最智能化的产品，实现生产、生活水平的进一步提高。近几年，智能机器人、智能家居等话题层出不穷，也映射出人工智能未来发展的主要方向。结合我国人工智能的发展状况和实际应用情况来看，我们要从产业链的各个环节出发，实现技术的更新与突破，保障各个环节能够持续稳定地健康发展。

人工智能是未来智能化时代发展的重要基础和技术支撑，作为一门多领域交叉的学科，人工智能涉及许多不同的发展空间，在与之相结合的过程中形成了诸多智能化新产品，其产业化体系不断得到新的拓展。人工智能技术包含的理论知识相当丰富，我们在感知它的强大的同时也被其技术更新速度之快、技术种类之多震撼，实现技术和资源的整合、推动技术链条的进一步完善是未来人工智能发展的重要内容。

医疗、农业、军事、生活等各个方面的转型升级都需要人工智能的参与，人工智能已经成为未来发展的重要推动力，我国也早已将人工智能技术上升到国家发展战略层面。就目前来看，人工智能的未来发展有如下几个重要趋势。

1.5.1.1　从技术层面来看

1. 算法模型短期和长期的发展趋势

从短期来看，人工智能算法模型的发展是趋于自动化、通用化、组合化、轻量化的，深度增强模型在 AlphaGo 和训练数据增强方面的应用充分体现出这一趋势。深度迁移学习针对训练数据不足的问题起到了一定的缓解作用；自动机器学习则尝试将机器学习的过程逐渐变成一个自动完成的过程；深度森林算法的出现对深度神经网络形成了强大的冲击。

从长期来看，算法模型将迎来一个新的发展阶段，理论创新步伐会进一步加大，脑神经科学和认知科学等领域的理论可能会出现新的突破。

2. 机器学习训练的小样本化

现有的机器学习训练过程涉及海量的样本，这些样本内容繁杂，机器学习时常面临训练时间长、训练成本高、训练稳定性差等问题。深度学习网络模型的应用则可以实现对样本的缩减，它利用概率统计的方法，自动学习样本的特征，但这样也会导致样本利用率的降低，未来以概率统计和知识规则驱动相融合为基础的深度学习算法，将会是减少大样本使用、实现小样本化数据训练的重要发展方向。

3. 深度学习技术的广泛产业化应用

随着物联网、大数据、5G 通信、云计算的快速发展，基于深度学习算法的人工智能技术得到了更为广泛的应用，在计算机视觉、自然语言处理、人机交互、语音识别等众多领域中将会得到更为深入的研究，在医疗、教育、卫生、军事、交通、农业等多个行业中也会得到更多的实践机会。

4. 深层次的人工神经网络和量子技术的应用

现如今，深度学习算法和大数据的融合成为智能化领域的主要研究内容，其应用已经对生产、生活产生了很大的影响，但是现在的人工智能依旧是弱人工智能，距离达到人类的智能水平还有很长的路要走。人工智能立足于计算机的发展，目前计算机的计算能力虽然有很大的进步，但没有实现质的飞跃，机器学习算法也始终局限于数理统计的范畴，并没有达到拥有独立思维的层次。未来的人工智能算法有两个发展方向：一是将会模拟人脑的思维方式，进一步突破现有的框架，打造更深层次的人工神经网络；二是将会投入更多的精力在量子计算机的研究中，从硬件基础方面寻求突破。

5. 智能语音人机交互技术

传统的语音人机交互过程，往往利用前端设备接收用户的语音信息，然后通过本地或云端进行语音识别，使计算机读取到识别出的文本信息，并做出相应的回复。然而这种系统的实际应用却面临着众多的问题，导致使用效果并不理想。概括而言，主要有四大难题急需解决：首先，语音识别准确率较低；其次，语音理解不精准；再次，机器对语言理解后的响应较为单一；最后，获取的信息量较少。

针对传统语音人机交互出现的问题，智能语音人机交互系统成为发展的必然选择。该系统融合了声学前端技术、语音识别技术、对话理解技术、语音合成技术等众多内容，在很大程度上可以改善传统系统的不足之处。在未来的发展中，智能化产品的研发几乎都会涉及语音交互功能，智能语音人机交互技术代表了人工智能在语音交互领域的前进方向。

1.5.1.2　从产业化层面来看

1. 智能应用向多元化发展

现在的人工智能大多都是专用设备，功能单一，如语音识别、图像识别等，它们只能应用于某一个特定的方面，并不具有广泛适用的特点。随着智能化的深入，人工智能产品的设计将会向功能多元化方向迈进，其产业化程度也会不断提高，技术不断升级，并以此来获得更好的用户体验，改善人民生活质量。

2. 人工智能将会和实体经济进一步融合

随着人工智能技术的快速发展，其与实体经济之间逐渐产生了难以割舍的联系，人工智能与实体经济的融合，极大促进了实体经济产业设备的更新和技术的更迭。这一融合对机械制造、电子电器、材料加工、交通运输、医疗健康等产业产生了巨大的冲击，加快了产业转型升级的步伐。

3. 建设开发人工智能平台

对于人工智能的发展，人工智能平台的建设具有非常重要的意义，世界很多发达国家都很重视该方面的研发工作。人工智能平台的建立可以实现高度开放式的理论和经验分享，推动人工智能的研究和开发。这种人工智能平台还应该是综合性和广泛性的，它必须具备权威性和平台监管机制，能够拥有行之有效的知识产权保护体系，并为人工智能发展的各个领域提供技术支持和资源共享。但这种共享平台的建设尚没有良好的社会基础，需要寻找未来的发展契机。

4. 加快实现全产业链布局

人工智能在各行业的应用已经逐渐涵盖了整个产业链条，随着国家经济的快速稳定发展，我国已经有足够的实力基础来推进人工智能在全行业的应用布局，构建人工智能领域、技术应用领域、技术研发领域等诸多领域的全产业链格局，推动国家人工智能发展战略的快速平稳运行，为实现科技强国的目标夯实基础。

1.5.2 人工智能的应用前景

1.5.2.1 人工智能在物联网领域的应用前景

1. 智能管理

在未来的发展过程中，将会利用人工智能技术实现机器的自主化管理，使机器具备自主学习、自我适应的能力，能够对所服务行业的业务进行学习和分析决策。当遇到突发情况时，机器可以结合实际制订出最佳处理方案并及时付诸行动，尽可能地将问题在最短时间内解决，把损失降到最低，实现人的管理化效果。

2. 自主决策

利用人工智能的机器学习等技术学习大量的知识和经验，使人工智能不断提升自己的知识储备和处理事务的能力，逐步实现自主决策的目的。

3. 图像识别

利用计算机的图像识别、地址库、卷积神经网络提高手写运单机器的有效识别率和准确率，从而可以大幅度减小人工情况下出错的概率，提高工作效率。

1.5.2.2 人工智能在医疗领域的应用前景

1. 人工神经网络

在医学诊断方面，由于自主学习和知识获取能力的限制，经常使医学诊断工作受到一定程度上的影响。利用人工智能设计的人工神经网络，可以实现对人体大脑关于复杂问题处理技巧的深入剖析，为神经网络在医学专家系统中的应用提供更多的理论和实践依据。同时，人工神经网络也可以帮助医疗人员研究疑难问题的解决方案，更好地治疗人类疾病。

2. 医学影像

人工智能在医学影像方面的应用，可以提高诊断准确性，减免误诊率高、缺口大等众多问题，为更高效、更精准的治疗提供保障。一方面，基于人工智能的医学影像系统具备自我学习能力，可以利用深度学习算法满足诊断分析过程中数据挖掘的要求，从而使医学数据的利用率得到提升；另一方面，借助人工智能，在诊断过程中可以进行图像识别，提高诊断结果的正确性。未来人工智能在医疗影像方面必将会有一个长足的发展，相关人员也应将更多的精力投入到该课题的研究当中，使医学影像诊断工作更高效、精准地落实，为我国医疗事业的发展注入新鲜活力。

1.5.2.3 人工智能在交通领域的应用前景

1. 无人驾驶

随着时代的发展、经济效益的不断提升，人们对汽车的需求量也越来越巨

微课视频

大，汽车已经成为一种必不可少的交通工具，几乎家家户户都能看到它的身影。汽车销量的快速增长极大方便了人们的出行，但是汽车数量的增长也带来了许多问题，如交通拥堵、安全事故等。伴随着人工智能技术的日臻成熟，科学家们开始着手研究如何将人工智能技术应用在汽车驾驶方面：一方面，无人驾驶不会受到人主观意识的影响，可以减少因为人的疏忽而产生的安全问题；另一方面，无人驾驶可以智能规划行车路线，减免交通拥堵的情况出现。无人驾驶凭借着自身的智能化设计和良好的安全性能而备受关注。无人驾驶技术在 20 世纪末就已经开始被研究，1985 年在美国丹佛市落基山脉完成了"自主陆地载具"测试，这是无人驾驶汽车早期的雏形。1999 年卡内基梅隆大学研发出一款名为 Navlab-V 的无人驾驶汽车，成功完成了横穿美国东西部的测试任务。此后，无人驾驶技术被众多汽车制造企业追捧，无人驾驶汽车成为未来汽车行业发展的重要研究方向。

如今无人驾驶技术越发成熟，我国在此方面的研发工作也取得了很大的进展，百度在线网络技术有限公司致力于打造自己的无人驾驶品牌，精心制订了"无人驾驶汽车"计划，经过研发和设计，最终实现了无人驾驶汽车在各种复杂路段的安全行驶，并可以实现自动变速、调头等复杂操作。作为一种新兴的技术，无人驾驶的设计成本较高，目前还处于实验阶段，针对一些特殊的路段情况其表现仍然不理想，尤其是面对多变的天气问题，将会引发一系列不安全的行为操作。另外，对于无人驾驶的立法工作尚不完善，无人驾驶汽车的普及对传统汽车制造行业的冲击更是极为巨大，也将会引发很多的社会效应，这些都是未来需要一一解决的问题。

2. 智能交通

智能交通系统是实现绿色交通系统的重要技术支持，其在城市化建设过程中发挥着重要作用。1994 年，智能交通系统（ITS）正式被认定为国际术语。美国在智能交通领域的发展起步较早，在 20 世纪 60 年代，相关技术人员就已经开始研发电子道行系统。直到 80 年代，欧洲的一些国家，像英国、德国才开始着手相关领域的研究工作。

而我国在这方面的研究起步较晚，在 1999 年才开始成立相关研究小组。目前随着科技的进步，智能交通系统已经逐渐与云计算、人工智能、物联网等技术相融合，从而构建出了实时、高效、安全可靠的综合智能体系。现如今智能交通的应用主要体现在智能交通机器人、交通监控、智能出行决策、辅助驾驶等方面，并且很多的出行或导航软件都是基于智能交通系统而进行研发和设计的。智能交通系统是城市交通领域智能化的重要体现，良好的设计可以达到车辆在路面行驶过程中井然有序的效果，提高道路交通的顺畅性，降低交通拥堵、机车事故的发生率，节省大量的时间成本和经济成本。然而，智能交通系统的设计还面临着一些问题，如行业资源分散、数据信息有较强的地域特性、产业链条尚不完整等，这些问题都需要在未来的发展过程中得以解决。智能交通系统的研发对推进城市交通的便捷化、安全化有着重要的意义，我们立足现在，需要更多的理论创新、技术创新，为未来建设智能交通系统打下坚实的基础。

本章小结

本章主要介绍了人工智能的定义、发展、研究目标、研究内容、应用领域和社会影响，宏观地讲述了人工智能的基本情况。本章主要阐述了什么是人工智能，如何理解人工智能，人工智能研究什么，人工智能的理论基础是什么，人工智能能够在哪些领域得到应用等，这些都是人工智能学科或人工智能课程需要研究和回答的问题。

目前，人工智能的发展尚处于弱人工智能时代，每一个理论与技术的创新都在为人工智能的发展注入新的血液。我国在人工智能领域的发展也已取得了众多的研究成果，政府对人工智能更是抱有很大的期望，甚至将人工智能的发展上升到国家发展战略的层面，投入了大量的人力和物力，并颁布了许多利于人工智能发展的政策。当前，各个行业在人工智能的支持下已经发生了很大的变化，传统行业更是加快了转型升级的步伐，人工智能正在快速地改变人们生活的方方面面，科技正在重新构建人们的生活方式，给人们带来了极大的便捷。我们应对人工智能的发展持积极肯定的态度，将人工智能技术进一步完善并应用在生产、生活中，让人工智能成为科技进步、社会创新的重要推动力。未来人工智能技术的发展将会有更大的突破，其发展势头锐不可当，必须清楚、正确地认识人工智能，明确发展目标，抓住发展机遇，将人工智能的发展引导到为人类服务、构建智能社会的工作中去。

习题

1. 什么是智能？
2. 什么是人工智能？人工智能的研究目标是什么？
3. 人工智能是何时、何地诞生的？
4. 人工智能发展经历了哪几个阶段？
5. 人工智能研究的主要内容有哪些？
6. 人工智能的主要技术有哪些？
7. 如何理解机器视觉？
8. 如何理解语音识别？
9. 智能控制具有什么特点？
10. 人工智能的应用领域有哪些？
11. 你认为人工智能作为一门学科，今后的发展方向是什么？

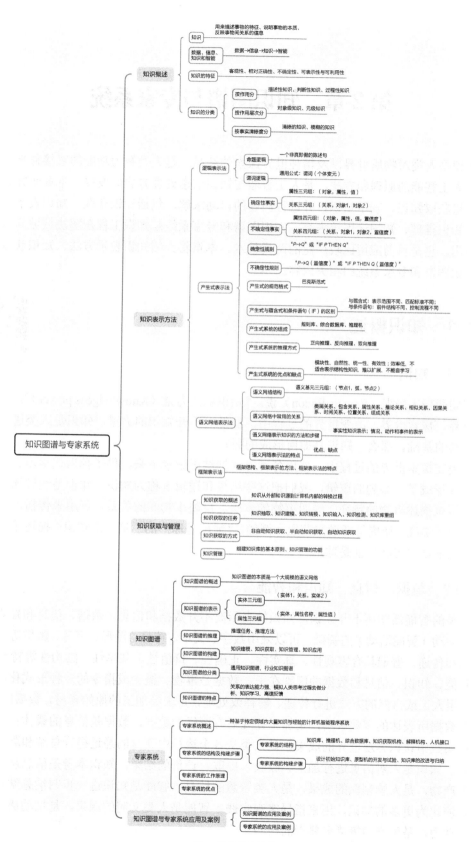

第 2 章思维导图

第 2 章　知识图谱与专家系统

　　知识是人类对物质世界以及精神世界探索的结晶，是人类智力功能的直接体现。知识工程是人工智能的原理和方法，是人工智能在知识信息处理方面的发展。本章研究如何使用计算机获取知识、表示知识，并进行问题的自动求解，包括知识获取、知识表示、知识管理、知识推理、知识运用等内容。知识图谱和专家系统是知识工程在解决领域问题中的具体应用，也是目前应用比较广泛的两类技术。本章将介绍知识表示方法、知识获取与管理、知识图谱和专家系统的相关内容。

2.1　知识概述

微课视频

2.1.1　知识

　　弗朗西斯·培根（Francis Bacon）说："知识就是力量（Knowledge is power）"。人类在认识世界、探索世界、改变世界的过程中，显然离不开知识的力量。知识是人类进行一切智能活动的基础。那么，知识是如何形成的呢？

　　人类在探索世界的过程中，使用各种方式把结果记录下来，供子孙后代学习、使用和研究，并形成了一系列的逻辑，我们把这些结果和逻辑统称为知识。知识是经过加工的信息，可用来描述事物的特征、说明事物的本质、反映事物间的关系，可用来传播，也可以通过学习、实践、研究等活动来获取。例如，"地球是球形的"是一条知识，描述了人类赖以生存的地球的形状特征是球形。

2.1.2　数据、信息、知识和智能

　　人类的智能活动离不开知识，知识的表示离不开数据和信息。数据、信息和知识是社会生产活动（智能活动）的基础，可以采用数字、文字、符号、图形、声音、影像等多种方式表示和传递，普遍具有客观性、真实性、正确性、价值性、共享性、结构性等特点。

　　智能、知识、信息和数据的区别在于：数据是事物、概念或指令的一种形式化的表示形式，用人工或自然的方式进行传递、解释或处理，是未经加工的原始素材，数据即事实；信息是数据所表达的客观事实，是加工处理后有逻辑的数据，数据是信息的载体；知识是人类在实践中认识客观世界的成果，是人类从各个途径中获得的经过提升总结和凝练的系统认识，知识是人对信息进行加工、吸收、提取、评价的结果，知识本身是信息从量变到质变的产物，是人脑创新的成果，是人类智慧的结晶；智能是知识进一步归纳总结后的规律，可演化为更多的知识，用来指导客观实践。智能是人类文明的源泉，是推动历史发展的永恒动力，是生产力等诸多要素的核心。

数据、信息、知识和智能间的关系及演化过程如图 2-1 所示。

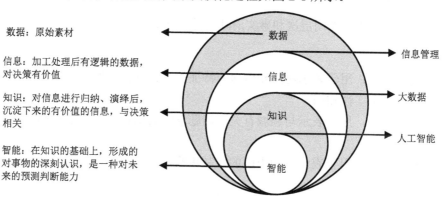

图 2-1 数据、信息、知识和智能间的关系及演化过程

2.1.3 知识的特征

知识是人类通过实践，认识、归纳后得到的客观世界的规律，是经过加工的信息，具有更多的意义和价值。知识具有以下特征。

1. 客观性

虽然知识是人类对信息进行加工、吸收、提取、评价的结果，但这些成果是客观的，即人类对自然、社会、思维规律的认识是客观的，这些规律的运行不以人的意志为转移。例如，地球围绕太阳公转，这条知识是对客观规律的描述，人无法改变。

2. 相对正确性

人类对自然、社会、思维规律的认识有一个过程。知识是在一定条件和环境下产生的，在这种条件和环境下，知识是正确的、可信任的。这里的"一定条件和环境"是必不可少的，它是正确性的前提。例如，枫叶是红色的，这条知识需要一定的前提条件才是正确的，因为深秋的枫叶是红色的，而夏季的枫叶是绿色的。

3. 不确定性

知识是有关信息关联在一起形成的信息结构，"信息"和"关联"是构成知识的两个要素。由于现实世界的复杂性，信息可能是精确的，也可能是不精确的；关联可能是确定的，也可能是不确定的。这就造成知识并不总是只有"真"和"假"两种状态，而是在"真"和"假"之间还存在许多中间状态，即存在"真"的程度问题。

4. 可表示性与可利用性

知识可以用适当的形式表示出来，例如，语言、文字、图形等。正是由于知识的这种特征，才使它能够被存储并得以传播和使用。

此外，知识还具有进化性，在不断地更新；具有依附性，有载体，随着载体的消失而消失；具有共享性，可以被多个主体接收和利用。

2.1.4 知识的分类

知识可以按其作用、作用层次和事实清晰度进行分类。

1. 按作用分

（1）描述性知识：用于表示对象和概念的特征及其相互关系的知识，以及问题求解状况的知识，也称为事实性知识。

（2）判断性知识：用于表示与领域有关的问题求解的知识，如推理规则等，也称为启发式知识。

（3）过程性知识：用于表示问题求解的控制策略，即如何应用判断性知识进行推理的知识。

2. 按作用层次分

（1）对象级知识：用于直接描述有关领域对象的知识，也称为领域相关的知识。

（2）元级知识：用于描述对象级知识的知识，如关于领域知识的内容、特征、应用范围、可信程度的知识，以及如何运用这些知识的知识，也称为关于知识的知识。

3. 按事实清晰度分

（1）清晰的知识：该类知识事实清楚，具有确定性。

（2）模糊的知识：该类知识事实不清楚，具有不确定性，也称为具有模糊性。

2.2 知识表示方法

知识表示是指把知识客体中的知识因子与知识关联起来，便于人们识别和理解知识。知识表示是进行知识相关活动的前提和基础。知识表示的方法多种多样，但目前还没有哪种表示方法适用于一切知识系统。不同的知识表示方法各具特色，用于解决不同性质的问题。本节主要介绍逻辑表示法、产生式表示法、语义网络表示法和框架表示法。

2.2.1 逻辑表示法

逻辑表示法是知识表示的一种基本方式。逻辑在知识的形式化表示和机器自

微课视频

动定理证明方面发挥了重要的作用。逻辑可分为经典逻辑和非经典逻辑，经典逻辑包括命题逻辑（Propositional Logic）和谓词逻辑（Predicate Logic）。其中，最常用的逻辑是谓词逻辑。

命题逻辑可看成谓词逻辑的一种特殊形式。虽然命题逻辑能够把客观世界的各种事实表示为逻辑命题，但它具有较大的局限性，不适合表示复杂的问题；谓词逻辑则可以表达那些无法用命题逻辑表达的问题。

2.2.1.1 命题逻辑

命题是一个非真即假的陈述句。

命题一般由大写的英文字母表示，它所表达的判断结果称为真值。当命题的意义为真

时，称它的真值为"真"，记为"T"，即"True"；当命题的意义为假时，称它的真值为"假"，记为"F"，即"False"。一个命题不能既为真又为假；一个命题可在一种条件下为真，而在另一种条件下为假。

例 2-1　判断下列语句是否为命题，若是则判断真值。

"北京是中华人民共和国的首都"：是真命题。

"地球是方形的吗？"：不是命题，非陈述句。

"太阳从西方升起"：是假命题。

"天空真蓝啊！"：不是命题，非陈述句。

"10 小于 20"：是真命题。

"今天是星期一"：是命题，但真值无法确定，不能判断真假，但它的真值客观存在，而且是唯一的。

解题步骤：（1）判断它是否为陈述句；（2）判断它是否有唯一的真值。

命题逻辑是研究命题及命题之间关系的符号逻辑系统。命题逻辑可以表示一些简单的逻辑关系和推理，但是具有一定的局限性，只能表示由事实组成的事物，无法把它所描述事物的结构及逻辑特征反映出来，也无法表示不同事物的相同特征。

2.2.1.2　谓词逻辑

谓词逻辑是命题逻辑的扩展，它将一个原子命题分解成个体词和谓词两个部分。

1．谓词

在一阶谓词逻辑中，研究对象全体所构成的非空集合称为论域或个体域，它是个体变量的取值范围，即可以是有限的，也可以是无限的。论域中的元素称为个体或个体词。个体可以是常量、变量（变元）或函数。个体常量表示具体的或特定的个体；个体变量表示抽象的或泛指的个体；个体函数指一个个体到另一个个体的映射。

谓词是用来描述个体性质的词，即描述事和物之间某种关系的词。在谓词逻辑中，通常用公式 $P(x)$ 描述逻辑关系，其中 P 称为谓词，x 称为个体变元。命题"橘子是水果"中，"是水果"就是谓词 P，"橘子"就是个体变元 x 的一个量，该命题的谓词逻辑如图 2-2 所示，x 还可以是苹果、香蕉、梨、葡萄等。

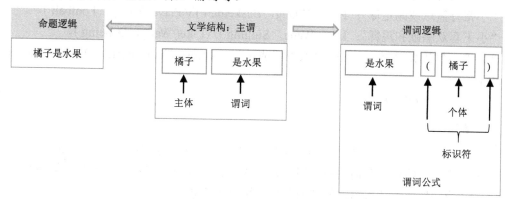

图 2-2　命题"橘子是水果"的谓词逻辑

在 $P(x)$ 谓词公式中，若 x 是一元的，称为一元谓词；$P(x,y)$ 称为二元谓词。如果谓词 P 中的所有个体都是常量、变量或函数，则称该谓词为一阶谓词。若某个个体本身又是一个一阶谓词，则称 P 为二阶谓词，依次类推。

例 2-2 将下列命题符号化，并判断是否为一阶谓词。

"小张是一名学生"：Student(Zhang)，是一阶谓词。

"小王比小李年长"：Older(Wang，Li)，是一阶谓词。

"小赵的父亲是工程师"：Engineer(Father(Zhao))，否，为二阶谓词。

2. 连接词

谓词逻辑可由原子命题和逻辑连接词，加上量词来构造复杂的符号表示，称为谓词逻辑公式。原子命题是最简单的，不能再分的命题；复杂命题是由多个简单命题，通过连接词连接起来组成的命题。常用的逻辑连接词有以下几种。

（1）¬："否定"或"非"。

（2）∧："合取"或"与"。

（3）∨："析取"或"或"。

（4）→："蕴含"或"条件"。

（5）↔："等价"或"双条件"。

连接词的优先级别从高到低为 ¬、∧、∨、→、↔。

逻辑连接词的真值表如表 2-1 所示。

表 2-1　逻辑连接词的真值表

P	Q	$\neg P$	$P \wedge Q$	$P \vee Q$	$P \rightarrow Q$	$P \leftrightarrow Q$
T	T	F	T	T	T	T
T	F	F	F	T	F	F
F	T	T	F	T	T	F
F	F	T	F	F	T	T

例 2-3 将下列命题符号化。

"小李没有钢笔"：¬Have (Li，Pen)。

"小张打篮球或踢足球"：Plays(Zhang，Basketball)∨Plays(Zhang，Football)。

"小王喜欢唱歌和跳舞"：Like(Wang，Singing)∧Like(Wang，Dancing)。

"如果小赵认真学习，那么他将取得好成绩"：Learns(Zhao，Serious)→Wins(Zhao，Result)。

"P 当且仅当 Q"：$P \leftrightarrow Q$。

3. 量词

量词可分为全称量词和存在量词。全称量词表示论域中的"所有个体 x"或"每一个个体 x"都要遵从所约定的谓词关系，用"$\forall x$"表示；存在量词表示论域中的"某些个体 x"或"某个个体 x"要遵从所约定的谓词关系，用"$\exists x$"表示。

例 2-4 将下列命题符号化。

"有人在 5 号房间"：(∃x)(Person(x) →InRoom(x，r5))。

"所有机器人都是灰色的"：(∀x)(Robot(x) →Color(x，Grey))。

当全称量词和存在量词同时出现时，出现的次序影响命题的意思。

例 2-5　翻译下列公式。

(∀x)((∃y)(Person(x)→Friend(y，x))："每个人都有朋友"。

(∃y)((∀x)(Person(x)→Friend(y，x))："有一个人是所有人的朋友"。

4. 谓词公式

单个谓词的谓语公式称为原子谓词公式，也称为合适公式。因此，谓词公式分为原子谓词公式和复合谓词公式。利用命题逻辑的连接词可将原子谓词公式组合成复合谓词公式。谓词公式有以下演算规则。

（1）若 A 是谓词公式，则 $\neg A$ 也是谓词公式。

（2）若 A、B 都是谓词公式，则 $A \wedge B$、$A \vee B$、$A \rightarrow B$、$A \leftrightarrow B$ 也都是谓词公式。

（3）若 A 是谓词公式，则(∀x)A、(∃x)A 也都是谓词公式。

（4）有限次应用（1）~（3）生成的公式也是谓词公式。

5. 谓词逻辑表示法的特点

知识逻辑表示建立在形式化的逻辑基础上，并利用逻辑方法研究推理规则，具有以下优点。

（1）自然性。表达方式接近于自然语言，易于被人理解和接受。

（2）严密性。可保证其推理过程和结果的准确性，适用于精确性知识的表示，不适用于不确定性知识的表示。

（3）通用性。具有通用的知识表示方法和推理规则，有很广泛的应用领域。

（4）明确性。对各语法单元和逻辑公式定义严格，对于用逻辑方法表示的知识，可以按照一种标准的方法进行解释。

（5）模块性。各条知识相互独立，易于模块化，便于对知识进行添加、删除和修改。

谓词逻辑推理虽然具备较强的表达能力，但也有不足之处，具有以下缺点。

（1）效率低。推理是根据形式逻辑进行的，推理过程冗长，降低了效率，表示越清楚，推理越慢，则效率越低。

（2）灵活性差。不便于表达启发式知识和不确定知识。

（3）组合爆炸。在推理过程中，随着事实数量的增大及盲目地使用推理规则，有可能产生组合爆炸。

2.2.2　产生式表示法

在自然界的各种知识单元之间存在着大量的因果关系，通常使用"如果……，那么……"来表达，"如果……"是"那么……"产生的前提，"那么……"是"如果……"产生的结论。这种前提和结论之间的关系可用产生式（或产生规则）来表示。产生式表示法容易用来描述事实、规则，以及它们的不确定程度，适用于表示事实性

微课视频

知识和规则。因此，产生式表示法可用来表示确定性事实、不确定性事实、确定性规则和不确定性规则。

目前，产生式系统已发展成为人工智能系统中最经典、最普遍的一种结构，特别是在专家系统方面，许多成功的专家系统采用的都是产生式表示法。

2.2.2.1 确定性事实

确定性事实知识一般使用三元组表示，分为两种情况：（对象，属性，值）和（关系，对象1，对象2），其中对象就是语言变量。

例 2-6 用产生式表示法表达下列事实。

（1）"小李今年 20 岁"：（Li，Age，20）。

（2）"小王和小张是朋友"：（Friend，Wang，Zhang）。

2.2.2.2 不确定性事实

不确定性事实知识一般使用四元组表示，即在三元组的基础上增加置信度，表示为（对象，属性，值，置信度）和（关系，对象1，对象2，置信度）。

例 2-7 用产生式表示法表达下列事实。

（1）"小李今年可能是 20 岁"：（Li，Age，20，0.7）。

（2）"小王和小张不大可能是朋友"：（Friend，Wang，Zhang，0.2）。

2.2.2.3 确定性规则

确定性规则知识一般用"$P \rightarrow Q$"或"IF P THEN Q"表示。P 是产生式的前提，也称为前件、条件、左部等，它指出了该产生式能够被使用的先决条件，由事实的逻辑组合构成；Q 是一组结论或操作，也称为后件或右部，它指出了当前提 P 满足时，应该推出的结论或应该执行的动作。

例 2-8 用产生式表示法表达下列事实。

（1）"如果该动物会飞且会下蛋，则该动物是鸟类"：Fly∧Egg→Bird；或 IF 动物会飞 AND 动物会下蛋 THEN 该动物是鸟类。

（2）"如果该动物会思考，那么它具有智慧"：Think→Wisdom；或 IF Think THEN Wisdom。

2.2.2.4 不确定性规则

不确定性规则知识在确定性规则知识的基础上增加了置信度，表示为"$P \rightarrow Q$（置信度）"或"IF P THEN Q（置信度）"。

例 2-9 用产生式表示法表达下列事实。

（1）"如果乌云密布，那么很可能会下雨，置信度为 90%"：Cloudy→Rain(0.9)；或 IF Cloudy THEN Rain(0.9)。

（2）"如果发烧，则有可能是感冒，置信度为 60%"：Fever→Have a cold(0.6)；或 IF Fever THEN Have a cold(0.6)。

2.2.2.5　产生式的规范格式

用巴克斯范式（Backus Normal Form，BNF）来描述产生式，产生式的语义规范格式如表 2-2 所示。

表 2-2　产生式的语义规范格式

类　　别	表达式或含义
产生式	<产生式>∷=<前提>→<结论>
前提	<前提>∷=<简单条件> | <复合条件>
结论	<结论>∷=<事实> | <操作>
复合条件	<复合条件>∷=<简单条件>AND<简单条件> | <简单条件>OR<简单条件>
操作	<操作>∷=<操作名>[(<变元>, …)]

注：符号"∷="表示"定义为"；符号"｜"表示"或"；符号"<>"表示"必选项"；符号"[]"表示"可选项"。

2.2.2.6　产生式与蕴含式和条件语句（IF）的区别

1．产生式与蕴含式的区别

（1）表示范围不同。蕴含式是一种逻辑表达式，其逻辑值只有真和假，因此，蕴含式只能表示精确知识。产生式包含各种操作、规则、变换、函数等，并且产生式的前提条件和结论都可以是不确定的，因此，产生式不仅可以表示精确知识，还可以表示不精确知识。

（2）匹配标准不同。产生式系统中决定一条知识是否可用的方法是检查当前是否有已知事实可与前提中的条件匹配，但是这种匹配可以是精确的，也可以是不精确的，只要按某种算法求出的相似度在某个预先指定的范围内即可。但是逻辑谓词的蕴含式要求匹配是精确的。

2．产生式与条件语句（IF）的区别

（1）前件结构不同。产生式的前件可以是一个复杂的结构，而传统程序设计语言（IF条件语句）中的前件仅仅是一个布尔表达式。

（2）控制流程不同。产生式系统中满足前提条件的规则被激活后，不一定被立即执行，能否被执行将取决于冲突消解策略。而传统程序设计语言（IF条件语句）则是严格地从一个条件语句向其下一个条件语句传递。

2.2.2.7　产生式系统的组成

把一组产生式放在一起，相互配合、协同作用，一个产生式的结论可以是另一个产生式的前提，以求得问题的解，这样的系统称为产生式系统。产生式系统可以看成演绎系统。产生式系统由规则库、综合数据库和推理机组成。

（1）规则库：用于描述相应领域内知识的集合。规则库中的规则是以产生式的形式表示的。规则集蕴含着将问题从初始的前提状态转换成目标状态（结论）的变换规则。规则库是专家系统的核心，也是产生式系统进行问题求解的基础。规则库中知识的完整性、一致性、准确性、灵活性以及知识组织的合理性，都将对产生式系统的性能和运行效率产生直接的影响。

（2）综合数据库：又称为事实库、上下文、黑板等，用于存放问题的初始状态、原始证据、推理中得到的中间结论及最终结论等信息。当规则库中某条产生式的前提可与综合数据库中的某些已知事实匹配时，该产生式就被激活，并把它推出的结论放入综合数据库中，作为后面推理的已知事实。因此，综合数据库的内容是不断变化的，是动态的。

（3）推理机：又称为控制系统，由一组程序组成，负责整个产生式系统的运行，实现对问题的求解。推理机包含了推理方式和控制策略。控制策略确定如何选择或应用规则，包括匹配、冲突消解和操作三个步骤。

产生式系统求解问题的流程如图 2-3 所示。

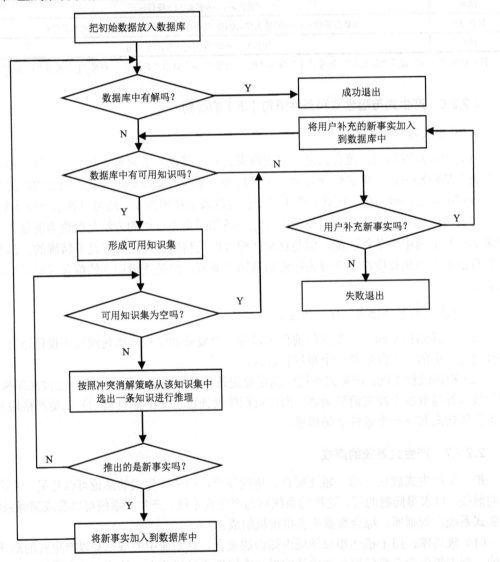

图 2-3　产生式系统求解问题的流程

产生式系统的基本过程如下所述。

（1）初始化数据库。

（2）检查数据库中是否存在解，若不存在则执行第（3）步；若存在则成功退出，问题求解结束，得到解。

（3）检查数据库中是否存在可用知识，若存在则执行第（4）步；若不存在则转至第（8）步。

（4）形成可用知识集，并执行第（5）步。

（5）检查可用知识集是否为空，若不为空则执行第（6）步；若为空则转至第（8）步。

（6）按照冲突消解策略从该知识集中选出一条知识进行推理，并检查是否推出新事实，若推出新事实则执行第（7）步；若不推出新事实则转至第（5）步。

（7）将新事实加入到数据库中，转至第（2）步。

（8）用户是否补充新事实，若补充则执行第（9）步；若不补充则失败退出，问题求解结束，没有得到解。

（9）将用户补充的新事实加入到数据库中，并转至第（3）步。

例 2-10　已知 A、B 和字符转换规则：$A \wedge B \rightarrow C$；$A \wedge C \rightarrow D$；$B \wedge C \rightarrow G$；$B \wedge E \rightarrow F$；$D \rightarrow E$。求：F。

（1）综合数据库：$\{x\}$，其中 x 为字符。

（2）规则集如下。

r1: IF　$A \wedge B$　THEN　C；

r2: IF　$A \wedge C$　THEN　D；

r3: IF　$B \wedge C$　THEN　G；

r4: IF　$B \wedge E$　THEN　F；

r5: IF　　D　　THEN　E。

（3）控制策略：顺序排队。

（4）初始条件：$\{A, B\}$。

（5）结束条件：$F \in \{x\}$。

具体的字符转换求解过程如表 2-3 所示。

表 2-3　字符转换求解过程

数　据　库	可触发规则	被触发规则
A、B	r1	r1
A、B、C	r2、r3	r2
A、B、C、D	r3、r5	r3
A、B、C、D、G	r5	r5
A、B、C、D、G、E	r4	r4
A、B、C、D、G、E、F	—	—

最后因为出现 F，满足 $F \in \{x\}$ 这个结束条件，所以转换终止。字符转换过程可描述如下。

（1）IF　$A \wedge B$　THEN　C；

（2）IF　$A \wedge C$　THEN　D；

（3）IF　$B \wedge C$　THEN　G；

（4）IF　　D　　THEN　E；

（5）IF　$B \wedge E$　THEN　F。

2.2.2.8　产生式系统的推理方式

产生式系统的推理方式有三种：正向推理、反向推理和双向推理。

（1）正向推理。从已知事实出发，通过规则集求得结论，也被称为数据驱动方式或自底向上方式。正向推理的优点是简单明了且能求出所有解；缺点是执行效率较低，因为它驱动了一些与问题无关的规则，具有一定的盲目性。

（2）反向推理。从目标出发，反向使用规则，求得已知事实，也被称为目标驱动方式或自顶向下方式。反向推理的优点是不寻找无用数据，不使用与问题无关的规则，目标明确，效率较高。

（3）双向推理。既自顶向下又自底向上推理，直至某个中间界面上两方向的结果相符便结束。双向推理较正向推理和反向推理所形成的推理网格小，效率更高。

2.2.2.9　产生式系统的优点和缺点

产生式系统是目前在人工智能领域中应用最广泛的知识表示法。随着解决的问题越来越复杂，规则集越来越大，产生式系统的问题也越来越多，其优、缺点如下所述。

1.　优点

（1）模块性。各条规则相互独立，知识库与推理机分离，知识库维护方便。

（2）自然性。表达因果关系，符合思维习惯，可方便地表示专家的启发式知识和经验。

（3）统一性。规则具有统一的格式。

（4）有效性。既可以表示确定性知识，又可以表示不确定性知识；既可以表示启发式知识，又可以表示过程性知识。

2.　缺点

（1）效率低。各规则之间的联系必须以综合数据库为媒介，其求解过程是一种反复进行的"匹配—冲突消解—执行"过程，控制不灵活，因此工作效率不高。

（2）不适合表示结构性知识。适合因果关系的过程性知识表示，那些具有结构关系或层次关系的知识很难用产生式来表示。

（3）难以扩展。尽管规则形式上相互独立，但实际问题往往是彼此相关的，当知识库不断扩大时，要保证新的规则和已有的规则没有矛盾就会越来越难，知识库的一致性就越来越难以保证。

（4）不能自学习。系统无法自动更新知识库。

2.2.3　语义网络表示法

语义网络（Semantic Network）是一种以网络格式表达人类知识构造的形

微课视频

式，是人工智能程序运用的表示方式之一，已广泛应用于人工智能的自然语言处理领域，用于表示命题信息。

2.2.3.1 语义网络结构

语义网络是一种用实体及其语义关系来表达知识的网络图，它由一组节点和一组连接节点的弧线构成。节点表示各种事件、事物、概念、情况、属性和动作等，可以是一个语义子网络。弧线是有方向的、有标注的，方向表示节点间的主次关系且方向不能随意调换；标注用来表示各种语义联系，指明它所连接的两个实体之间的某种语义关系。语义网络表示法实质上是对人脑功能的模拟。在这种网络中，代替概念的单位是节点，代替概念之间关系的是节点间连接的弧线，称为联想弧，因此，语义网络也称为联想网络，在形式上是一个有向图。

语义网络一般由一些最基本的语义单元组成，这些最基本的语义单元被称为语义基元，可用三元组来表示：（节点 1，弧，节点 2）。一个语义基元所对应的那部分网络结构称为基本网元。若用 A、B 分别表示节点 1、节点 2，用 R 表示 A 与 B 之间的语义联系，那么它所对应的基本网元的结构，如图 2-4 所示。

当把多个语义基元用相应的语义联系在一起时，就形成了一个语义网络，其结构如图 2-5 所示。

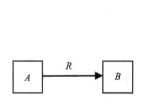

图 2-4 基本网元结构

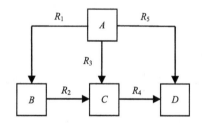

图 2-5 语义网络结构

2.2.3.2 语义网络中常用的关系

语义网络除了可以描述事物本身，还可以描述事物间多种复杂的语义关系。常用的语义关系有类属关系、包含关系、属性关系、推论关系、相似关系、因果关系、时间关系、位置关系、组成关系等。

1. 类属关系

类属关系是指具有共同属性的不同事物间的分类关系、成员关系或实例关系，体现的是"具体与抽象""个体与集体"的层次分类，其直观意义是"是一个""是一种""是一只"等，其最主要的特征是属性的继承性。常用的类属关系如下。

（1）ISA(Is-A)：表示一个事物是另一个事物的实例。

（2）AKO(A-Kind-Of)：表示一个事物是另一个事物的一种类型。

（3）AMO(A-Member-Of)：表示一个事物是另一个事物的成员。

子类概念除了可以继承、细化、补充父类概念的属性，还可以更改或增加自己的属性。

类属关系如图 2-6 所示，图中猫是大橘猫的父类概念节点，其属性是有四条腿、有毛、有尾巴。大橘猫是猫的子类概念节点，继承了父类概念节点的所有属性，同时增加了橘黄色、寿命长的属性。

2. 包含关系

包含关系也称为聚类关系，是指具有组织或结构特征的"部分与整体"之间的关系，它和类属关系最主要的区别是一般不具备属性的继承性。常用的包含关系有 Part-of、Member-of，含义为"一部分"，表示一个事物是另一个事物的一部分，或说是部分与整体的关系。包含关系如图 2-7 所示，树枝是树的一部分。

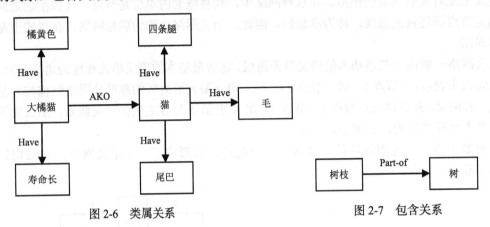

图 2-6 类属关系   图 2-7 包含关系

3. 属性关系

属性关系是指事物和其属性之间的关系。常用的属性关系如下。

（1）Have：表示一个节点具有另一个节点所描述的属性。

（2）Can：表示一个节点能做另一个节点的事情。

属性关系如图 2-8 所示，图中描述了"狗有尾巴"和"猫能爬树"的属性。

图 2-8 属性关系

4. 推论关系

推论关系是指从一个概念推出另一个概念的语义关系。常用的推论关系有 Peasoning-to，含义为"推出"。推论关系如图 2-9 所示，由阴天推出下雨。

5. 相似关系

相似关系又称为相近关系，是指不同的事物在形状、内容等方面相似或相近。常用的相似关系有 Similar-to、Near-to，含义为"相似""相近"。相似关系如图 2-10 所示，描述了蝙蝠和老鼠相似的特性。

6. 因果关系

因果关系是指由于某一事件的发生而导致另一事件的发生，适合表示规则性知识。常用的因果关系有 If-then，含义为"如果……，那么……"。因果关系如图 2-11 所示，如果晴天，就去郊游。

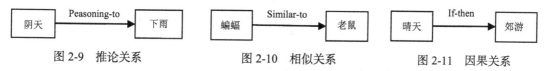

图 2-9　推论关系　　　　图 2-10　相似关系　　　　图 2-11　因果关系

此外，常用的时间关系有 Before 和 After；常用的位置关系有 Located-on、Located-at、Located-under、Located-inside 和 Located-outside；常用的组成关系有 Composed-of。

2.2.3.3　语义网络表示知识的方法和步骤

1. 事实性知识表示

对于一些简单的事实，例如，"猫有尾巴"和"树枝是树的一部分"，要描述这些事实需要两个节点，用前面讲过的基本网元结构就可以表示。对于稍微复杂一点的事实，即一个事实中涉及多个事物，如果一个语义网络只用来表示一个特定的事物或概念，就需要更多的语义网络，使得问题复杂化。通常把有关一个事物或一组相关事物的知识用一个语义网络来表示，事实性知识表示如图 2-12 所示。

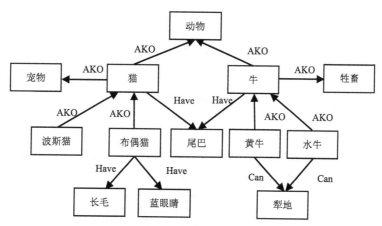

图 2-12　事实性知识表示

2. 情况、动作和事件的表示

在语义网络表示法中，通常采用引进附加节点的方法来描述那些复杂的知识。赫伯特·西蒙（Herbert Simon）在提出的表示方法中增加了情况节点、动作节点和事件节点，允许用一个节点来表示情况、动作和事件。

（1）情况的表示：可以增加一个情况节点用于指出各种不同的情况。

例 2-11　小张是一名教师，他在 2020 年买了一台轿车。情况的语义网络表示如图 2-13 所示。

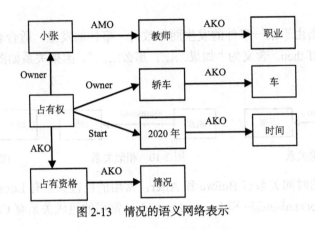

图 2-13 情况的语义网络表示

（2）动作的表示：可以增加一个动作节点用于指出动作的主体和客体。

例 2-12 鸿星尔克为河南水灾捐赠 5 千万元物资。动作的语义网络表示如图 2-14 所示。

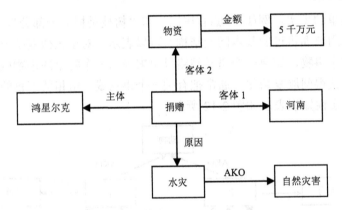

图 2-14 动作的语义网络表示

（3）事件的表示：可以增加一个事件节点来描述知识。

例 2-13 中国队和澳大利亚队在 2022 年北京冬奥会上进行了冰壶混双比赛，中国队以 6∶5 获胜。事件的语义网络表示如图 2-15 所示。

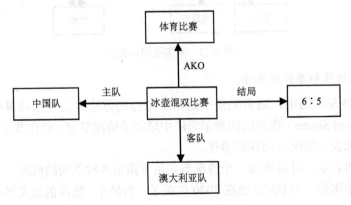

图 2-15 事件的语义网络表示

（4）与、或、蕴含的表示：可以增加合取节点和析取节点，并把它们表示出来。

例 2-14　如果晴天并放假，就去打球或郊游。与、或、蕴含的语义网络表示如图 2-16 所示。

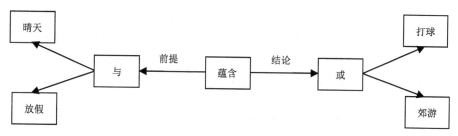

图 2-16　与、或、蕴含的语义网络表示

2.2.3.4　语义网络表示法的特点

语义网络表示法的优点如下。

（1）直观性。能把事物的属性及事物间的各种语义联系以明确、简洁的方式表示出来。

（2）自然性。着重强调事物间的语义联系，体现了人类思维的联想过程，符合人们表达事物间关系的方式，使自然语言与语义网络间的转换容易实现。

（3）表示能力强。具有广泛的表示范围和强大的表现能力，用其他形式的表示法能够表达的知识几乎都可以用语义网络来表示。

（4）易于理解。作为一种结构化的知识表示方式，把事物的属性以及事物间的各种语义联系结构化地显示出来，便于理解。

语义网络表示法的缺点如下。

（1）非严格性。推理规则不十分明确，不能充分保证网络操作所得结论的严密性和有效性。

（2）复杂性。一旦节点个数太多，网络结构复杂，推理就难以进行。

2.2.4　框架表示法

框架（Frame）表示法是一种适应性强、概括性强、结构化良好、推理方

微课视频

式灵活，又能把叙述性知识与过程性知识相结合的知识表示方法。它是以框架理论为基础发展起来的一种结构化的知识表示，能够把知识的内部结构关系以及知识之间的特殊关系表示出来，并把与某个实体或实体集的相关特征都集中在一起。

2.2.4.1　框架结构

框架表示法理论是由美国的人工智能学者马文·明斯基（Marvin Lee Minsky）在 1975 年首先提出来的。该理论认为，人们对现实世界中各种事物的认识都是以一种类似于框架的结构存储在记忆中的，当面临一个新事物时，人们就从记忆中找出一个合适的框架，并根据实际情况对其细节加以修改、补充，从而形成对当前事物的认识。例如，当提到"教室"这一概念时，会想到它有四面墙、顶棚、地板、课桌、椅子、黑板、门窗等，这就是"教室"的框架。当走进一间教室时，经观察得到了教室的大小、门窗的个数、桌椅的数量

和颜色等细节，把它们填入教室框架中，就得到了教室框架的一个具体事例。

框架是一种描述所论对象（一个事物、事件或概念）属性的数据结构。框架网络是由不同的框架通过属性间的关系而建立起来的联系，能够充分表达相关对象间的各种关系。

在框架系统中，每个框架都有自己的名字，称为框架名。框架通常由描述事物各个方面的若干槽（Slot）组成，每一个槽可以根据实际情况拥有若干个侧面（Aspect），每一个侧面又可以根据实际情况拥有若干个值（Value）。一个槽用于描述所论对象某一方面的属性；一个侧面用于描述相应属性的一个方面；槽和侧面所具有的属性值分别称为槽值和侧面值。框架结构如图 2-17 所示。

		<框架名>	
槽名 1:	侧面名 $_{11}$		侧面值 $_{111}$, …, 侧面值 $_{11P_1}$
⋮	⋮		
	侧面名 $_{1m}$		侧面值 $_{1m1}$, …, 侧面值 $_{1mP_m}$
槽名 n:	侧面名 $_{n1}$		侧面值 $_{n11}$, …, 侧面值 $_{n1P_1}$
⋮	⋮		
	侧面名 $_{nm}$		侧面值 $_{nm1}$, …, 侧面值 $_{nmP_m}$
约束:	约束条件 1		
	⋮		
	约束条件 n		

图 2-17 框架结构

槽或侧面的取值可以是数值、字符串、布尔值，也可以是一组子程序，称为框架的程序附件，还可以是另一个框架的名字，从而实现一个框架对另一个框架的调用，表示出框架之间的横向联系。约束条件是任选的，当不指出约束条件时，表示没有约束。

2.2.4.2 框架表示的方法

框架表示法是一种结构化的知识表示法，因为它在一定程度上体现了人的心理反应，适用于计算机处理。框架是由若干个节点和关系（统称为槽）构成的网络，是语义网络一般化形式的一种结构，常用来表示定性状态，同语义网络没有本质的区别。它没有固定的推理机理，但和语义网络一样遵循匹配和继承的原理。框架表示法用于对事物进行描述，在对其中某些细节做进一步描述时，可将其扩充为另一些框架。框架表示法的具体步骤如下：

（1）分析代表的知识对象及其属性，对框架中的槽进行合理设置。

在槽及侧面的设置上要考虑以下两方面的因素。

① 要符合系统的设计目标，凡是系统目标中所要求的属性，或问题求解过程中可能用到的属性，都要设置相应的槽。

② 不能盲目地把所有的，甚至无用的属性都用槽表示出来。

（2）对各对象间的各种联系进行考察。使用一些常用的或根据具体需要定义一些表达联系的槽名，来描述上下层框架间的联系。在框架系统中，对象间的联系是通过各槽的槽名来表达的。通常在框架系统中定义一些公用的、常用的、标准的槽名，并把这些槽名称为系统预定义槽名，便于理解。常见的槽名包括 ISA 槽、AKO 槽、Instance 槽、Part-of 槽等。

（3）对各层对象的槽及侧面进行合理的组织和安排，避免信息描述的重复。

例 2-15　用框架表示一则地震消息"某年某月某日，某地发生 6.0 级地震，三项地震前兆中波速比率为 0.45，水氡含量为 0.43 kBq/m³，地形改变率为 0.60"。地震消息的框架表示如图 2-18 所示。

框架名：	<地震>
地　　点：	某地
日　　期：	某年某月某日
震　　级：	6.0
波速比率：	0.45
水氡含量：	0.43
地形改变率：	0.60

图 2-18　地震消息的框架表示

例 2-16　已知：夏天，男，1980 年出生，42 岁，2010 年 9 月至今工作于信息与工程学院，计算机系，职称为教授。求：设计一个人物信息框架，并列出事例框架。

人物信息框架和事例框架如图 2-19 所示。

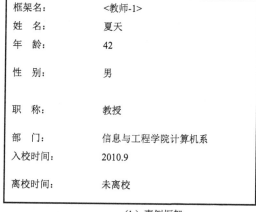

（a）人物信息框架　　　　　　　　　　　（b）事例框架

图 2-19　人物信息框架和事例框架

2.2.4.3　框架表示法的特点

框架表示法的优点如下。

（1）自然性。框架系统的数据结构和问题求解过程与人类的思维和问题求解过程相似，易于理解。

（2）结构性。框架表示法是一种结构化的表示方法，表达能力强，层次结构丰富，提供了有效的组织知识手段，能够将知识的内部结构关系及知识间的联系表示出来。

（3）继承性。在框架网络中，下层框架可以继承上层框架的槽值，也可以进行补充和修改。这样一些相同的信息可以不必重复存储，减少了冗余信息，节省存储空间。

框架表示法的缺点如下。

（1）非严格性。缺乏形式理论，没有明确的推理机制来保证问题求解的可行性和推理过程的严密性。

（2）适应性不强。因为许多实际情况与原型存在较大的差异。

（3）不善于表达过程性知识。

（4）各个子框架的数据结构不一致时会影响整个系统的清晰性，造成推理困难。

2.3 知识获取与管理

微课视频

知识是人类进行一切智能活动的基础，人类的智能活动主要是获得并运用知识，有了知识才能进行推理，从而做出决策。为了使机器具有智能，模拟人类的智能行为，就必须使它具有知识。那么知识从哪里来呢？又如何获取呢？获取的知识能直接被使用吗？这些问题将成为本节主要讨论的内容。显然，有效的知识获取与知识管理是知识运用的基础。

2.3.1 知识获取的概述

知识获取是指知识从外部知识源到计算机内部的转换过程。此过程就是指将一些问题求解的知识从专家的头脑中和其他知识源中提取出来，并按照一种合适的知识表示方法将它们转移到计算机中，也就是确定知识范围，然后采集和加工编辑知识的过程。

狭义的知识获取是指人们通过系统设计、程序编制和人机交互，使机器获取知识。例如，知识工程师利用知识表示技术，建立知识库，使专家系统获取知识，也就是通过人工移植的方法，将人类的知识存储到机器中。狭义的知识获取也称为"人工知识获取"。

广义的知识获取是指除了人工知识获取，机器还可以自动或半自动地获取知识。例如，在系统调试和运行过程中，通过机器学习进行知识积累，或通过机器感知直接从外部环境中获取知识，对知识库进行增删、修改、扩充和更新。

采集知识主要是指从专家那里采集与被求解问题有关的知识，专家知识包括专业知识和有关求解问题的方法及步骤的知识。加工编辑知识要使知识规格化、系统化，使知识库便于管理，包括以下几个方面。

（1）问题的关系符号化，选择合适的知识表示方法。

（2）建立知识库的编辑系统，可修改、删除、更新和调整知识库的内容。

（3）检验知识库的完整性和无矛盾性。

知识获取是一个与领域专家、专家系统建造者以及专家系统自身都密切相关的复杂问题，是构筑知识型系统的一个重大课题，但目前研究得尚不充分。20世纪60年代以前，大部分人工智能程序所需的知识是由专业程序员手工编入程序的。当时很少直接面向应用系统，知识获取问题还未受到充分重视。随着专家系统和其他知识型系统的兴起，人们认识到必须对落后的知识获取方式进行改革，让用户在知识工程师或知识获取程序的帮助下，在系统的运行过程中直接逐步建立所需的知识库。

2.3.2 知识获取的任务

知识获取的目标是为智能系统建立健全、完善、有效的知识库，它的基本任务包括知识抽取、知识建模、知识转换、知识输入、知识检测和知识库重组。

（1）知识抽取：把蕴含于信息源（如领域专家、书籍、科技文献、系统的运行实践、观测数据、网络等）中的知识经过识别、理解、筛选、归纳等过程抽取出来，并存储于知识库中。

知识的一个主要来源是领域专家及相关专业技术文献，但知识并不是以某种现成的形式存在于这些知识源中可供挑选的。为了从知识源中得到所需的知识需要做大量的工作。例如，有些领域专家拥有丰富的实践经验和大量的知识，他们可以自如地处理领域内的各种难题，可以列举出大量处理过的实例。但是，他们却不一定有时间进行系统的整理、归纳和总结，不能形成清晰的理论体系。其他人要想达到他们的层次必须经过相当长时间的训练。另外，领域专家一般也不熟悉知识系统的有关技术，不知道应该提供哪些信息，以及采用什么样的方式来表达。不能强求领域专家按照知识系统的要求提供知识，并且专家知识在很大程度上涉及专家的个人经验，而这种个人经验有时很难用语言表达出来，更不用说形式化地表示这种类型的知识了，这就给领域知识的抽取带来了困难。为了从领域专家那里得到有用的知识，需要知识工程师对该领域有一定的了解，并与领域专家进行多次交谈，有目的地引导交谈内容，然后通过分析、综合、去粗存精、去伪存真，归纳出可供建立知识库的知识。

知识的另一个来源是系统自身的运行实践。这需要从实践中学习、总结出新的知识。一般来说，一个系统初步建成后很难完美无缺，只有通过运行才会发现知识不够健全、需要补充新的知识的问题。此时，除了请领域专家提供进一步的知识，还可由系统根据运行经验从已有的知识、实例或数据中演绎、归纳出新的知识，补充到知识库中。对于这种情况，要求系统自身具有一定的"学习"能力。这就给知识获取机构提出了更高的要求。

（2）知识建模：构建知识模型，主要包括三个阶段，即知识识别、知识规范说明和知识精化。

（3）知识转换：把知识由一种表示形式变换为另一种表示形式。人类专家或科技文献中的知识通常用自然语言、图形和表格等形式表示；而知识库中的知识用计算机能够识别、运用的形式表示，两者一般有较大差别。为了将抽取出来的知识送入知识库供求解问题使用，一般需要转换知识的表示形式。

知识转换一般分两步进行：第一步，把抽取出来的知识表示为某种模式，如产生式规则和框架等；第二步，把该模式表示的知识转换为系统可直接利用的内部形式。前一步工作通常由知识工程师完成，后一步工作一般通过输入及编译模块实现。

（4）知识输入：把用适当模式表示的知识经编辑、编译送入知识库。目前，知识输入的基本途径有两种：一种是利用计算机系统提供的编辑软件；另一种是采用专门编制的知识编辑系统，称为知识编辑器。前一种途径的优点是简单、方便、可直接拿来使用，减少了编制专门程序的工作；后一种途径的优点是可根据实际需要实现相应的功能，使其具有更强的针对性和适用性，更加符合知识输入的需要。

（5）知识检测：建立知识库一般要经过知识抽取、建模、转换、输入等环节，在此过程中，任何环节上的失误都会造成错误的知识，从而直接影响知识系统的性能，因此必须对知识进行检测，以便尽早发现并纠正可能出现的错误。特别是在输入知识时，若能及时地进行检测，发现知识中可能存在的不一致、不完整等问题，并采取相应的修正措施，就可以大大提高系统的整体效能。

（6）知识库重组：对相关知识客体中的知识因子和知识关联进行结构上的重新组合，形成另一种形式的知识产品的过程。其目的是为用户检索提供索引指南、精炼性知识情报以及评价性或解释性知识，以提高系统的运行效率。

知识库重组包括知识因子的重组和知识关联的重组。知识因子的重组是指将知识客体中的知识因子抽出，并对其进行形式上的归纳、选择、整理或排列，从而形成知识客体的检索指南系统的过程。这一重组过程实际上是对知识因子在结构上的整序或浓缩的过程。在这个过程中，知识因子间的关联并未改变，没有产生新知识。知识关联的重组是指在相关知识领域中提取大量知识因子，并对其进行分析与综合，形成新的知识关联，从而产生更高层次的、综合的知识的过程。由于改变了知识因子间的原有联系，所以其结果可以提供新知识，也可以提供关于原知识的评价性或解释性知识。无论是知识因子的重组还是知识关联的重组，都要遵循客观性原则，即不能改变原知识客体的语义内容。由此可见，知识库重组基本上属于语法组织的范畴。

2.3.3　知识获取的方式

按照知识获取的自动化程度，可以将知识获取划分为非自动知识获取、半自动知识获取和自动知识获取三种方式。

2.3.3.1　非自动知识获取

非自动知识获取也称为人工知识获取或人工移植，依靠人工智能系统的设计师、知识工程师、程序编制人员、专家或用户，通过系统设计、程序编制及人机交互或辅助工具，将人的知识移植到机器的知识库中，使机器获取知识。在这种方式中，知识获取分两步进行：第一步，由知识工程师从领域专家或有关技术文献里获取知识；第二步，由知识工程师用某种知识编辑器将获取的知识输入到知识库中。非自动知识获取的过程如图 2-20 所示。

图 2-20　非自动知识获取的过程

非自动知识获取方式是早期专家系统构建过程中应用较为普遍的一种知识获取方式。在此过程中，知识工程师起着至关重要的作用，其主要任务包括以下几个方面。

（1）与领域专家进行交谈，阅读有关文献，获取知识系统所需要的原始知识。这是一项非常耗费时间的工作，相当于让知识工程师从头学习一门新的专业知识。

（2）对获得的原始知识进行分析、归纳、整理，形成用自然语言表述的知识条款，然后交予领域专家进行审查。这期间可能要进行多次交流，直到最后完全确定下来。

（3）把最后确定的知识条款用知识表示语言表示出来，用知识编辑器进行编辑输入。

知识编辑器是一种用于知识输入的软件，通常在构建知识系统时根据实际需要编制。目前也可根据情况选用一些工具软件。知识编辑器的主要功能包括以下几个方面。

（1）把用某种模式或语言表示的知识转换成计算机可存储的内部形式，并储存到知识库中。

（2）检测输入知识中的语法错误，并报告错误性质与部位，以便进行修正。

（3）检测知识的一致性和完整性等，报告错误产生的原因和部位，以便知识工程师征询领域专家的意见后进行修正。

非自动知识获取的整个过程全部是人工完成的，耗费大量的人力和时间，效率低下，例如，医学专家系统 MYCIN 的建立。

2.3.3.2　半自动知识获取

半自动知识获取是目前知识获取的主要方式，知识的获取工作是由知识工程师与专家系统中的知识获取机构共同完成的。知识工程师负责从领域专家那里抽取知识，并用适当的形式把知识表示出来；而专家系统中的知识获取机构负责把知识转化为计算机可存储的内部形式，然后把它存入知识库。前面的知识获取和知识建模工作是由知识工程师完成的，需要人的参与，后面的知识转换和知识存储工作是由机器完成的，所以这是一种半自动知识获取方式。

半自动知识获取前面的工作由人工完成，后面的工作由机器完成，提高了效率，但最后归纳出来的规则经常出现重复和矛盾的问题。

2.3.3.3　自动知识获取

自动知识获取是指系统具有获取知识的能力，它不仅可以直接与领域专家对话，无须知识工程师的介入，从专家提供的原始信息中学习到专家系统所需的知识，还能从系统自身的运行实践中总结、归纳出新的知识，发现知识中可能存在的错误，不断自我完善，建立起性能优良、知识完善的知识库。自动知识获取的过程如图 2-21 所示。

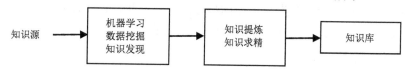

图 2-21　自动知识获取的过程

自动知识获取系统应具备的能力如下。

（1）具有识别语言、文字、图像的能力。专家系统中的知识主要来源于领域专家以及有关的科技文献、图像等。为了实现知识的自动获取，就必须使系统能与领域专家直接对话、能阅读有关的科技资料。这就要求系统具有识别语音、文字、图像的能力，只有这样才能直接获取专家系统所需的原始知识，为知识库的建立奠定基础。

（2）具有理解、分析、归纳的能力。领域专家提供的知识通常是处理具体问题的实例，不能直接用于知识库。为了将它变为知识库中的知识，必须在理解的基础上进行分析、归纳、提炼、综合，从中提取出专家系统所需的知识，并存储到知识库中。

（3）具有从运行实践中学习的能力。在知识库初步建成投入使用后，随着应用向纵深方向发展，知识库的不完善性会逐渐暴露出来。此时知识的自动获取系统应不断地总结经验教训，从运行实践中学习，产生新的知识，纠正可能存在的错误，不断进行知识库的自我完善。

自动知识获取这种方式虽然自动化程度高、效率高，但是它涉及人工智能的许多领域，如模式识别、自然语言理解、机器学习等，对硬件也有较高的要求，例如，围棋专家系统 AlphaGo Zero 的建立。

2.3.4 知识管理

知识管理是指设计良好的存储结构，实现对存储的大规模知识进行有效的、高性能的、可推理的查询和检索。主要任务包括如下几个方面。

（1）组建知识库，保存知识。

（2）知识结构设计。

（3）实现知识的增加、删除、修改和查询等功能。

（4）记录知识库的变更。

（5）保证知识库的安全等。

知识的维护方式一方面依赖于知识的表示方式；另一方面也与计算机系统提供的软件环境有关。原则上可以参照数据组织的方法来组织知识，例如，使用顺序文件、索引文件、散列文件等形式存储知识。要根据知识的逻辑表示形式和对知识的使用方式来确定知识的组织方式。在实践中，往往通过数据库来实现对知识的管理。

2.3.4.1 组建知识库的基本原则

在组建知识库时应坚持以下原则。

1. 知识库具有相对独立性

知识库与推理机相分离是专家系统的特征之一。因此，在组建知识库时，应该保证实现这一要求，这样就不会因为知识库的变化而对推理机产生影响。

2. 便于对知识进行搜索

在推理过程中，对知识库进行搜索是一种最为频繁的操作。知识库的组织方式与搜索过程直接相关，直接影响到系统的效率。因此，在确定知识库组织方式时，要充分考虑采用的搜索策略，使两者能够密切配合，以提高搜索效率。

3. 便于对知识进行维护和管理

对知识进行增加、删除、修改、查询操作是知识管理系统的基本功能。知识库的组织方式应该便于执行这些基本操作；还应便于检测可能存在的知识冗余、不一致、不完整之类的错误；在删除或增加知识时，应尽量避免大量移动知识，以节约时间。

4. 便于存储用多种形式表示的知识

把多种表示形式有机地结合起来是知识表示中常用的方法。例如，把语义网络、框架及产生式结合起来表示领域知识，既可以表示结构性知识，又可以表示过程性知识。知识库应该能存储不同表示形式的知识，且便于对知识进行利用。

2.3.4.2　知识管理的功能

知识管理除了具有知识库中的增加、删除、修改、查询等基本功能，还有一些常见的重要功能，如下所述。

1. 重组知识库

为了提高系统的运行效率，在建立知识库时，应采用适合领域问题求解的组织形式。但是，当系统经过一段时间的运行后，由于对知识库进行了多次的增加、删除、修改等操作，知识库的物理结构必然会发生一些变化，使得某些使用频率较高的知识不能处于容易被搜索的位置上，因此，直接影响到了系统的运行效率。此时，需要对知识库中的知识重新进行组织，以便使那些用得较多的知识很容易地被搜索出来，同时，应尽量将逻辑关系比较密切的知识放在一起。

2. 记录系统运行的实例

问题实例的运行过程是求解问题的过程，也是系统积累经验、发现自身缺陷及错误的过程。因此，知识管理系统需要适当记录知识系统运行的实例。记录内容没有严格规定，可根据实际情况确定。为了对系统运行的实例进行记录，需要建立专用的问题实例库。

3. 记录系统的运行史

知识系统在使用过程中还需要不断完善。为了给系统的进一步完善提供依据，除了记录系统的运行实例，还需要记录系统的运行史。记录的内容与知识检测及求精的方法有关，没有统一标准。通常应记录系统运行过程中激活的知识、产生的结论，以及产生这些结论的条件、推理步长、专家对结论的评价等。这些记录不仅可以用来评价系统的性能，而且对知识的维护，以及系统向用户进行解释都有重要的作用。为了记录系统的运行史，需要建立运行史库，以存储上述各种信息。

4. 记录知识库的发展史

对知识库进行增加、删除、修改等操作将使知识库的内容发生变化。如果将其变化情况及知识的使用情况记录下来，将有利于评价知识库的性能，改善知识库的组织结构，达到提高系统效率的目的。为了记录知识库发展变化的情况，需要建立知识库发展史库。

5. 知识库的安全保护

安全保护是指防止知识库受到破坏或遭到泄露。知识库的建立是领域专家与知识工程师辛勤工作的成果，也是知识系统运行的基础；同时，很多领域的知识会涉及行业秘密或部门秘密，不能轻易外传。因此，必须建立严格的安全保护措施，以防止知识库受到破坏或遭到泄露，造成严重的后果。安全保护措施，既可以像数据库系统那样通过设置口令验证操作者的身份、对不同操作者设置不同的操作权限、预留备份等，也可以针对知识库的特点采取特殊的措施。

2.4 知识图谱

信息技术的飞速发展，不断推动着互联网技术的变革，互联网的核心技术万维网经历了网页链接到数据链接的变革后，正逐渐向大规模的语义网络演变。语义网络将知识采用网络的形式表示，它将经过加工和推理的知识以图形的方式提供给用户，而实现智能化语义检索的基础和桥梁就是知识图谱。知识图谱是实现认知智能的重要基石，已经被广泛应用于搜索引擎、智能问答、语言语义理解、大数据决策分析、智能物联等众多领域。

2.4.1 知识图谱的概述

知识图谱起源于符号主义，其本质是一个由知识点相互连接而成的大规模的语义网络。

知识图谱（Knowledge Graph，KG）的概念是 Google 公司于 2012 年 5 月首先提出的，其目标在于利用图结构描述真实世界中存在的各实体、概念，以及实体、概念之间的关联关系，从而改善搜索结果。概念也称为类，是某一领域内具有相同性质的对象集合的抽象表示形式，例如，运动员、教练、植物、水果等；实体是概念中的特定元素，往往对应客观世界中的具体事物或具体的人，例如，姚明、牡丹花、苹果等；关系也称为属性，指的是概念与概念或概念与实体之间的关系类型，例如，教师与物理教师属于概念与子概念的关系，教练与郎平属于概念与实体的关系。

知识图谱相关概念演变过程如图 2-22 所示。

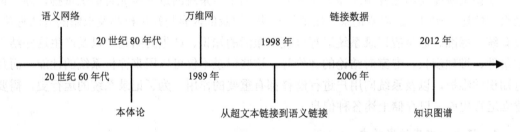

图 2-22 知识图谱相关概念演变过程

万维网（World Wide Web，WWW）是按"网页的地址"，而非"内容的语义"来定位信息资源的，缺少语义链接。万维网上的信息都是由不同的网站发布的，相同主题的信息分散在全球众多不同的服务器上，同时缺少有效工具将不同来源的相关信息综合起来，因此形成了一个个信息孤岛，其中包含了大量的重复信息，用户查找自己所需的信息非常困难。

语义网络对现有万维网增加了语义支持，它是现有万维网的延伸与变革，帮助机器在一定程度上理解万维网信息的含义，使得高效的信息共享和机器智能协同成为可能。语义网络会为用户提供动态、主动的服务，从而更便于机器和机器、人和机器之间的对话及协同工作。在此背景下，促使了知识图谱技术的产生。

由此可知，知识图谱的两个核心基础技术是人工智能和互联网。

2.4.2 知识图谱的表示

Google 公司原高级副总裁阿密特·辛格哈尔（Amit Singhal）说："构成这个世界的是实体，而非字符串。"这句话说出了知识图谱的真正含义：不要无意的字符串，而是获取字符串背后隐含的对象，及其对象之间的关系。

知识图谱是由节点和关系所组成的多关系图，把所有不同种类的信息连接在一起而得到的一个关系网络。节点表示实体或概念，边则由属性或关系构成，知识图谱示例如图 2-23 所示。

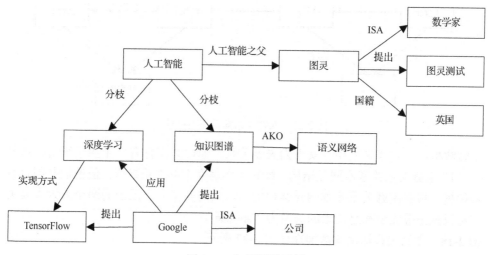

图 2-23 知识图谱示例

知识图谱是以结构化三元组的形式表达现实世界中实体、概念及其之间的关系的，可以将知识图谱看成若干个三元组的集合。结构化三元组根据节点性质和节点间关系的不同分为实体三元组和属性三元组。实体三元组表示为（实体 1，关系，实体 2），如图 2-24 所示；属性三元组表示为（实体，属性名称，属性值），如图 2-25 所示。

图 2-24 实体三元组   图 2-25 属性三元组

知识图谱运用"图"这种基础的、通用的语言，直观、自然、高效地表达事物之间的各种复杂关系；运用"结构化"的知识表示方法，相比于文本更易于被机器查询和处理。因此，知识图谱在搜索引擎、智能问答、大数据分析等众多领域被广泛应用。

2.4.3 知识图谱的推理

知识图谱推理是指基于已知的事实或知识推断得出未知的事实或知识的过程。传统的推理包括演绎推理（Deductive Reasoning）、归纳推理（Inductive Reasoning）等。而面向知识图谱的推理主要围绕关系（链接）的推理展开，即基于图谱中已有的事实或关系推断出未知的事实或关系，一般着重考察实体、关系和图谱结构三个方面的特征信息。具体来说，知识图谱推理主要能够辅助推理出新的事实、新的关系、新的公理以及新的规则等。

推理任务主要有通过规则挖掘对知识图谱进行补全与质量校验、链接预测、关联关系推理与冲突检测等。

推理方法主要有基于逻辑规则的推理、基于图结构的推理、基于分布式表示学习的推理、基于神经网络的推理、混合推理等。

例 2-17 人物关系知识图谱推理如图 2-26 所示。

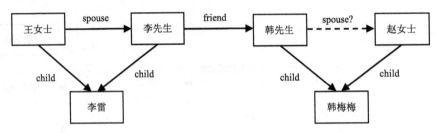

图 2-26　人物关系知识图谱推理

推理解析：已知李先生和王女士为夫妻关系，他们共同育有一个孩子李雷，这是一个"一家三口"家庭关系的基本网元结构。韩先生和赵女士的关系缺失，但他们共同育有一个孩子韩梅梅，根据家庭关系基本网元结构可知，共同养育一个孩子的两个人为夫妻关系。因此，可以推出韩先生和赵女士的关系为"spouse"。

例 2-18 食物关系知识图谱推理如图 2-27 所示。

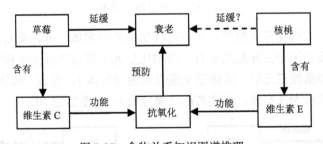

图 2-27　食物关系知识图谱推理

推理解析：已知草莓含有维生素 C，维生素 C 具有抗氧化功能，抗氧化功能可以预防衰老，因此草莓可以延缓衰老。核桃含有维生素 E，维生素 E 具有抗氧化功能，抗氧化功能可以预防衰老，可以推出核桃也具有延缓衰老的功效。

2.4.4　知识图谱的构建

知识图谱系统的生命周期包含四个重要环节：知识建模、知识获取、知识管理和知识应用，如图 2-28 所示，这四个环节循环迭代。

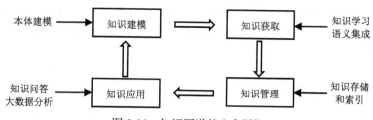

图 2-28　知识图谱的生命周期

1. 知识建模

知识建模定义领域的基本认知框架，明确领域的基本概念，以及概念之间的基本语义关系。知识建模不仅提供机器认知的基本框架，还要通过知识获取环节来补充大量知识实例。知识建模分为自底向上建模和自顶向下建模两种方式。自底向上建模是指基于行业现有的标准进行转换或从现有的高质量行业数据源中进行映射。自顶向下建模是指专家手工编辑形成数据模式。

2. 知识获取

在知识获取过程中要控制精度，减少知识融合的难度。

对象：结构化资源、半结构化资源和非结构化资源。

方法：有监督、半监督（弱监督）和无监督。

类型：概念层次学习、实体识别与链接、事实知识的学习、事件知识的学习、规则知识的学习。

3. 知识管理

将知识加以存储和索引，并为上层应用提供高效的检索与查询方式，实现高效的知识访问。

4. 知识应用

明确应用场景，明确知识的应用方式。

2.4.5　知识图谱的分类

知识图谱根据数据来源、应用范围、面向对象等的不同分为通用知识图谱和行业知识图谱。

1. 通用知识图谱

面向开放领域的通用知识图谱，如常识类、百科类，数据来源于互联网、知识教程等，面向通用领域，以常识性知识为主，采用结构化的百科知识，强调知识的广度，使用者是普通用户。

2. 行业知识图谱

面向特定领域的行业知识图谱，如金融、电信及教育等，数据来源于行业内部数据，面向某一特定领域，采用基于语义技术的行业知识库，强调知识的深度，使用者是行业人员。

通用知识图谱的广度和行业知识图谱的深度，相互补充，形成更加完善的知识图谱。通用知识图谱中的知识，可以作为行业知识图谱构建的基础；而构建的行业知识图谱，会再融合到通用知识图谱中。

2.4.6　知识图谱的特点

与传统知识表示方法相比，知识图谱的优势表现在以下几方面。

1．关系的表达能力强

关系的层级及表达方式多种多样，且基于图论和概率图模型，可以处理复杂多样的关联分析。

2．模拟人类思考过程去做分析

基于知识图谱的交互探索式分析，可以模拟人的思考过程去发现、求证及推理。

3．进行知识学习

利用交互式机器学习技术，支持根据推理、纠错及标注等交互动作的学习功能，不断沉淀知识逻辑和模型，提高系统智能性。

4．高速反馈

图式的数据存储方式，相比传统存储方式，数据调取速度更快，图库可计算超过百万潜在的实体的属性分布，可实现秒级返回结果，真正实现人机互动的实时响应，可以做到即时决策。

2.5　专家系统

微课视频

专家系统（Expert System，ES）是人工智能应用研究的主要领域，是一种基于知识的计算机程序。专家系统是在 20 世纪 60 年代初期产生并发展起来的，它能够有效地运用人类专家多年积累的经验和专业知识，通过模拟人类专家的思维过程，解决只有人类专家才能解决的问题。目前专家系统已在医学、地质、气象、农业、法律、教育、交通运输、政治、经济、军事等领域得到广泛的应用，产生了巨大的社会效益和经济效益。

2.5.1　专家系统概述

1982 年，美国斯坦福大学教授费根鲍姆（Feigenbaum）给出了专家系统的定义：“专家系统是一种智能的计算机程序，这种程序使用知识与推理过程，求解那些只有专家才能解决的复杂问题。”因此，可将专家系统看成一种基于特定领域内大量知识与经验的计算机智能程序系统，它应用人工智能技术，根据领域内专家所提供的专业知识、经验进行推理与判断，模拟专家的思维过程来解决那些需要专家才能解决的问题。由于专家系统的基本功能取决于它所包含的知识的质量，因此，也把专家系统称为基于知识的系统（Knowledge-Based System）。一个专家系统应具有以下要素。

（1）具备某个应用领域的专家级知识。

（2）能模拟专家的思维。

（3）能达到专家级的解题水平。

专家系统的设计是以知识库和推理机为中心展开的,即专家系统 = 知识库 + 推理机。它把知识从系统中与其他部分分离开,强调的是知识,而不是方法。

专家系统一般具有以下特点。

（1）启发性。专家系统能够运用专家的知识和经验进行推理、判断和决策。利用启发式信息找出问题求解的捷径。

（2）透明性。专家系统能够解释本身的推理过程,并回答用户提出的问题,使用户能够理解推理的过程,提高用户对系统的信赖感和结果的可靠性。

（3）灵活性。专家系统的体系结构采用了知识库与推理机互相分离的构造原则,彼此既有联系,又相互独立。当对知识库进行增加、删除、修改或更新时,不会对推理程序造成大的影响。

（4）交互性。专家系统一般采用交互方式进行人机通信,这种交互性既有利于系统从专家那里获取知识,又便于用户在求解问题时输入条件或事实。

（5）实用性。专家系统是根据具体应用领域的问题开发的,针对性强,具有非常良好的实用性。

（6）易推广。专家系统使人类专家的领域知识突破了时间和空间的限制,专家系统的知识库可以永久保存,并可复制任意多的副本或在网上供不同地区或部门的人们使用,从而使专家的知识和技能得到推广和传播。

2.5.2 专家系统的结构及构建步骤

2.5.2.1 专家系统的结构

专家系统通常由知识库、推理机、综合数据库、知识获取机构、解释机构和人机接口6 个部分组成,专家系统的基本结构如图 2-29 所示。

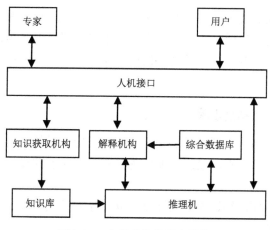

图 2-29 专家系统的基本结构

（1）知识库。知识库是问题求解所需要的领域知识的集合，包括某领域专家的经验性知识、原理性知识、相关的事实、可行操作与规则等。知识的表示形式可以是多种多样的，包括框架表示法、产生式表示法和语义网络表示法等。因此，知识获取和知识表示是建立知识库的关键。知识库是专家系统的核心组成部分，知识库中知识的质量和数量决定着专家系统的质量和水平。通常情况下，专家系统中的知识库与专家系统程序是相互独立的，用户可以通过改变和完善知识库中的知识内容来提高专家系统的性能。

（2）推理机。推理机是专家系统中实现基于知识推理的部件，是专家系统中实施问题求解的核心执行机构。推理机可依据一定的知识规则，完成从已有的事实推出结论的近似专家的思维过程，保证整个专家系统能够以逻辑方式协调地工作。推理机的程序与知识库的具体内容无关，即推理机和知识库是相互分离的，这也是专家系统的重要特征之一。

（3）综合数据库。综合数据库又称为全局数据库或工作存储器等，是反映当前问题求解状态的集合。它用于存储领域或问题的初始数据（信息）、推理过程中得到的中间结果或状态，以及系统的目标信息，包含了被处理对象的一些问题描述、假设条件、当前事实等。综合数据库中由各种事实、命题和关系组成的状态，既是推理机选用知识的依据，也是解释机构获得推理路径的来源。

（4）知识获取机构。知识获取机构的建立，实质上是设计一组程序，把求解问题需要的各种专业知识，从人类专家的头脑或其他知识源中转换到知识库中，通过建立、修改和扩充知识库来维护知识的正确性、一致性和完整性。知识获取的过程可以采用人工获取方式，也可以采用半自动知识获取方式或全自动知识获取方式，不断地扩充和修改知识库中的内容。

（5）解释机构。解释机构能够向用户解释专家系统的求解过程，包括解释推理结论的正确性以及系统输出其他候选解的原因，这是专家系统区别于其他软件系统的主要特征之一。解释机构实际上也是一组计算机程序，通常采用预置文本法和路径跟踪法。当用户有询问需求时，解释机构可以跟踪和记录推理过程，把答案通过人机接口输出给用户。解释机构涉及程序的透明性，它让用户理解程序正在做什么和为什么这样做，在很多情况下，解释机构是非常重要的。

（6）人机接口。人机接口又称为人机交互界面，是用户与专家系统之间的连接桥梁，它能够使系统与用户进行对话。通过人机接口，用户能够提出问题、输入必要的数据、了解推理过程和推理结果。专家系统通过人机接口输出答案、向用户提出疑问，并对输出的答案进行必要的解释。

2.5.2.2 专家系统的构建步骤

建立专家系统应遵循从小到大、从基本功能到一定规模的发展过程。从一个小的系统开始，逐步扩充、优化、完善，最终发展成为具有一定功能和规模的系统。建立系统的步骤如下所述。

（1）设计初始知识库。知识库的设计是建立专家系统最重要、最艰巨的任务。初始知识库的设计包括如下环节。

① 问题知识化。辨别所研究问题的实质，例如，要解决的问题、问题的定义、可否分

解为子问题、应包含的典型数据等。

② 知识概念化。概括知识表示所需要的关键概念及其关系，例如，数据类型、已知条件（状态）和目标（状态）、提出的假设以及控制策略等。

③ 概念形式化。确定用来组织知识的数据结构形式，应用人工智能技术的各种知识表示方法，把与概念化过程有关的关键概念、子问题及信息流特性等变换为比较正式的表达，它包括假设空间、过程模型和数据特性等。

④ 形式规则化。编制规则，把形式化的知识转换为由编程语言表示的可供计算机执行的语句和程序。

⑤ 规则合法化。确认规则化的知识的合理性，检验规则的有效性。

（2）原型机的开发与试验。在选定知识表达方法后，即可着手建立整个系统所需要的实验子集，它包括整个模型的典型知识，而且只涉及与试验有关的足够简单的任务和推理过程。

（3）知识库的改进与归纳。反复对知识库及推理规则进行试验并逐步优化，经过长时间的努力，最终得到较完善的系统，使其在一定范围内达到人类专家的水平，甚至超越人类专家。

专家系统的构建步骤如图 2-30 所示。

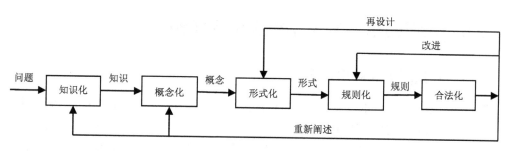

图 2-30　专家系统的构建步骤

2.5.3　专家系统的工作原理

专家系统是通过推理机、知识库和综合数据库的交互作用来求解领域问题的，一般流程如下。

（1）根据用户的问题对知识库进行搜索，匹配与问题有关的知识。

（2）根据搜索得到的知识和系统的控制策略，形成解决问题的途径，从而构成一个假设方案集。

（3）对假设方案集进行排序，并挑选其中在某些准则下为最优的假设方案。

（4）根据挑选的假设方案去求解具体问题。

（5）如果该方案不能真正地解决问题，则回溯到假设方案序列中的下一个假设方案，重复求解问题。

（6）循环第（1）～（5）步，直到问题已经解决或所有可能的求解方案都不能解决问题为止。

2.5.4 专家系统的优点

近 30 年来，专家系统得到了迅速的发展，应用领域越来越广，解决实际问题的能力也越来越强，甚至在某些领域已经超越了人类专家，对经济、科技、社会等的发展起到了巨大的推动作用。专家系统的优点表现在以下方面。

（1）专家系统能够高效、准确、周到、迅速和不知疲倦地进行工作。

（2）专家系统解决实际问题时不受周围环境的影响，也不会遗漏或忘记重要因素。

（3）可以使专家的专长不受时间和空间的限制，以便运用专家的知识和经验解决实际问题。

（4）专家系统能促进各领域的发展，它使各领域专家的专业知识和经验得到总结和精炼，能够广泛有力地传播专家的知识和经验。

（5）专家系统能汇集和集成多领域专家的知识和经验，提高跨领域协作解决重大问题的能力，它拥有更渊博的知识、更丰富的经验和更强的工作能力。

（6）研究专家系统能促进经济、科技、社会等的发展，改变人们的生产、生活方式。专家系统对人工智能各个领域的发展都起到了极大的推动作用，并对科技、经济、国防、教育、社会，以及人们的生产、生活产生了极其深远的影响。

2.6 知识图谱与专家系统应用及案例

2.6.1 知识图谱的应用及案例

知识图谱是知识工程的一个分支，是以众多知识表示方法为基础在新的形势下发展而来的。知识图谱以语义网络为理论基础，并结合了机器学习、自然语言处理、知识表示和推理的最新成果，旨在描述现实世界中存在的实体以及实体之间的关系。目前，知识图谱已成为精准分析、智能搜索、智能问答、智能推荐等众多领域的关键技术，除通用应用外，在金融、政府、医疗、电商、聊天机器人等领域也有广泛的应用，知识图谱的应用如图 2-31 所示。

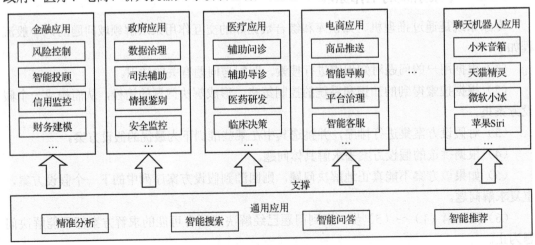

图 2-31 知识图谱的应用

在 1956 年夏季召开的达特茅斯会议上，"人工智能"一词被提出，因此，1956 年被称为人工智能元年，由达特茅斯会议主要参与者信息构建的知识图谱如图 2-32 所示。

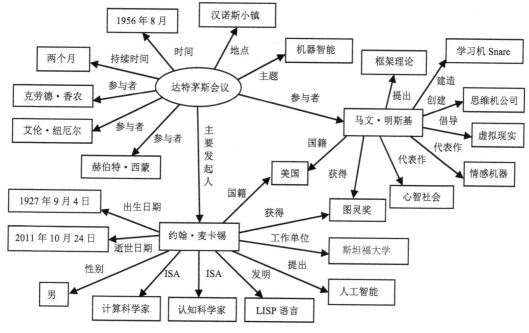

图 2-32　由达特茅斯会议主要参与者信息构建的知识图谱

2.6.2　专家系统的应用及案例

专家系统属于人工智能的一个发展分支，自 1968 年费根鲍姆等人研制成功第一个专家系统 DENDRAL 以来，随着知识工程研究的深入，专家系统获得了飞速的发展，其应用渗透到几乎各个领域中，包括化学、数学、物理、生物、医学、农业、军事、地质勘探、法律、商业、气象、教学等领域，不少专家系统在功能上已达到，甚至超过同领域中人类专家的水平，产生了巨大的经济效益和社会效益。目前，专家系统已成为人工智能应用研究中最活跃、最广泛的领域之一。经典专家系统如表 2-4 所示。

表 2-4　经典专家系统

名　　称	应用领域	主要功能及特点
DENDRAL	化学	推断化学分子结构 世界上第一个专家系统
MYCIN	医学	诊断脑膜炎一类的细菌感染疾病 采用 LISP 语言编写 被视为"专家系统的设计规范"
PROSPECTOR	地质勘探	评价勘探结果、评测勘探矿区和编制井位计划等
VIBEX	故障诊断	机械振动故障诊断
ADIS	医学	为牙科取证机构生成一个简短的清单 目的是为数字化 X 光片和摄影图像提供自动搜索和匹配功能

以产生式表示法为基础构建经典的动物识别系统。动物园里有 7 只动物：老虎、金钱豹、斑马、长颈鹿、企鹅、鸵鸟和信天翁。动物识别的产生式表示规则，即推理规则，如表 2-5 所示。

表 2-5　动物识别的产生式表示规则

序　号	产生式表示规则
1	有毛发→哺乳动物
2	有奶→哺乳动物
3	有羽毛→鸟
4	会飞 AND 下蛋→鸟
5	哺乳动物 AND 吃肉→食肉动物
6	有犬齿 AND 有爪 AND 眼盯前方→食肉动物
7	哺乳动物 AND 有蹄→有蹄类动物
8	哺乳动物 AND 嚼反刍→有蹄类动物
9	哺乳动物 AND 食肉动物 AND 黄褐色 AND 暗斑点→金钱豹
10	哺乳动物 AND 食肉动物 AND 黄褐色 AND 黑色条纹→老虎
11	有蹄类动物 AND 长脖子 AND 长腿 AND 暗斑点→长颈鹿
12	有蹄类动物 AND 黑色条纹→斑马
13	鸟 AND 长脖子 AND 长腿 AND 不会飞→鸵鸟
14	鸟 AND 会游泳 AND 不会飞 AND 黑白二色→企鹅
15	鸟 AND 善飞→信天翁

首先，根据前提条件、中间结论和最终结论构建知识库数据，如表 2-6 所示。

表 2-6　知识库数据

编　号	名　称	编　号	名　称	编　号	名　称	编　号	名　称
1	有毛发	9	眼盯前方	17	不会飞	25	金钱豹
2	有奶	10	有蹄	18	会游泳	26	老虎
3	有羽毛	11	嚼反刍	19	黑白二色	27	长颈鹿
4	会飞	12	黄褐色	20	善飞	28	斑马
5	下蛋	13	暗斑点	21	哺乳动物	29	鸵鸟
6	吃肉	14	黑色条纹	22	鸟	30	企鹅
7	有犬齿	15	长脖子	23	食肉动物	31	信天翁
8	有爪	16	长腿	24	有蹄类动物		

其次，根据动物识别的产生式表示规则进行推理规则的编码转换，知识规则编码转换如表 2-7 所示。

表 2-7　知识规则编码转换

编　号	产生式表示规则
1→21	有毛发→哺乳动物
2→21	有奶→哺乳动物

续表

编　号	产生式表示规则
3→22	有羽毛→鸟
4、5→22	会飞 AND 下蛋→鸟
21、6→23	哺乳动物 AND 吃肉→食肉动物
7、8、9→23	有犬齿 AND 有爪 AND 眼盯前方→食肉动物
21、10→24	哺乳动物 AND 有蹄→有蹄类动物
21、11→24	哺乳动物 AND 嚼反刍→有蹄类动物
21、23、12、13→25	哺乳动物 AND 食肉动物 AND 黄褐色 AND 暗斑点→金钱豹
21、23、12、14→26	哺乳动物 AND 食肉动物 AND 黄褐色 AND 黑色条纹→老虎
24、15、16、13→27	有蹄类动物 AND 长脖子 AND 长腿 AND 暗斑点→长颈鹿
24、14→28	有蹄类动物 AND 黑色条纹→斑马
22、15、16、17→29	鸟 AND 长脖子 AND 长腿 AND 不会飞→鸵鸟
22、18、17、19→30	鸟 AND 会游泳 AND 不会飞 AND 黑白二色→企鹅
22、20→31	鸟 AND 善飞→信天翁

再次，根据用户输入的信息和推导过程中产生的中间结论，构建综合数据库。

最后，根据综合数据库中的数据和推理规则，推导出最终结论，并输出识别的动物名称，实现问题求解。

采用 Python 语言实现动物识别的推理过程，程序如下。

```python
#以字典的形式构建知识库基础数据
data_base={'1':'有毛发','2':'有奶','3':'有羽毛','4':'会飞','5':'下蛋',
            '6':'吃肉','7':'有犬齿','8':'有爪','9':'眼盯前方','10':'有蹄',
            '11':'嚼反刍','12':'黄褐色','13':'暗斑点','14':'黑色条纹',
            '15':'长脖子','16':'长腿','17':'不会飞','18':'会游泳',
            '19':'黑白二色','20':'善飞','21':'哺乳动物','22':'鸟',
            '23':'食肉动物','24':'有蹄类动物','25':'金钱豹','26':'老虎',
            '27':'长颈鹿','28':'斑马','29':'鸵鸟','30':'企鹅','31':'信天翁'}
#使用 for 循环和 if 语句构建推理机
def judge_last(list):
    for i in list:
        #哺乳动物识别
        if i == '21':
            for i in list:
                if i == '23':
                    for i in list:
                        if i == '12':
                            for i in list:
                                if i == '13':
                                    print("所识别的动物为："+data_base['25'])
                                    break
                                elif i == '14':
```

```
                            print("所识别的动物为："+data_base['26'])
                            break
        #有蹄类动物识别
        elif i == '24':
            for i in list:
                if i == '15':
                    for i in list:
                        if i == '16':
                            for i in list:
                                if i == '13':
                                    print("所识别的动物为："+data_base['27'])
                                    break
                        elif i == '14':
                            print("所识别的动物为："+data_base['28'])
                            break
        #鸟类识别
        elif i == '22':
            for i in list:
                if i == '17':
                    for i in list:
                        if i == '15':
                            for i in list:
                                if i == '16':
                                    print("所识别的动物为："+data_base['29'])
                                    break
                elif i == '18':
                    for i in list:
                        if i == '19':
                            print("所识别的动物为："+data_base['30'])
                            break
                elif i == '20':
                    print("所识别的动物为："+data_base['31'])
                    break

#显示可供用户输入的数据
print("请输入对应条件前面的数值：\
    \n1:有毛发,2:有奶,3:有羽毛,4:会飞,5:下蛋,6:吃肉,7:有犬齿,8:有爪,9:眼盯前方,\
    \n10:有蹄,11:嚼反刍,12:黄褐色,13:暗斑点,14:黑色条纹,15:长脖子,16:长腿,\
    \n17:不会飞,18:会游泳,19:黑白二色,20:善飞\
    \n 每次只能输入 1 个数值,输入 0 则结束用户输入")
#构建综合数据库
#获取用户输入信息
data_user=[]
```

```
while(1):
    data_input=input("请输入：")
    #添加用户输入数据
    if data_input in data_base.keys() and data_input not in data_user:
        data_user.append(data_input)
    #避免数据重复使用
    elif data_input in data_base.keys() and data_input in data_user:
        continue
    #输入数据不在基础数据内
        elif data_input not in data_base.keys() and data_input != '0':
        print("输入错误,请重新输入")
    #输入为 0 时退出用户输入
    else:
        break


#推导中间结论
data_temporary=[]
for i in data_user + data_temporary:
    if i == '1':
        if '21' not in data_temporary:
            data_temporary.insert(0,'21')          #根据"有毛发"→"哺乳动物"
    elif i == '2':
        if '21' not in data_temporary:
            data_temporary.insert(0,'21')          #根据"有奶"→"哺乳动物"
    elif i == '3':
        if '22' not in data_temporary:
            data_temporary.insert(0,'22')          #根据"有羽毛"→"鸟"
for i in data_user + data_temporary:
    if i == '4':
        for i in data_user + data_temporary:
            if i == '5':
                if '22' not in data_temporary:
                    #根据"会飞 AND 下蛋"→"鸟"
                        data_temporary.insert(0,'22')
    elif i == '6':
        for i in data_user + data_temporary:
            if i == '21':
                if '23' not in data_temporary:
                        #根据"哺乳动物 AND 吃肉"→"食肉动物"
                        data_temporary.insert(0,'23')

    elif i == '7':
        for i in data_user + data_temporary:
```

```
                if i == '8':
                    for i in data_user + data_temporary:
                        if i == '9':
                            if '23' not in data_temporary:
                                #根据"有犬齿 AND 有爪 AND 眼盯前方"→"食肉动物"
                                    data_temporary.insert(0,'23')
            elif i == '21':
                for i in data_user + data_temporary:
                    if i == '10':
                        if '24' not in data_temporary:
                            #根据"哺乳动物 AND 有蹄"→"有蹄类动物"
                                data_temporary.insert(0,'24')
                    elif i == '11':
                        if '24' not in data_temporary:
                            #根据"哺乳动物 AND 嚼反刍"→"有蹄类动物"
                                data_temporary.insert(0,'24')

#推导最终结论
judge_last(data_user + data_temporary)
```

运行结果如图 2-33 所示。

```
请输入对应条件前面的数值：
1：有毛发，2：有奶，3：有羽毛，4：会飞，5：下蛋，6：吃肉，7：有犬齿，8：有爪，9：眼盯前方，10：有蹄，11：嚼反刍，
12：黄褐色，13：暗斑点，14：黑色条纹，15：长脖子，16：长腿，17：不会飞，18：会游泳，19：黑白二色，20：善飞
--------------------------每次只能输入1个数值，输入0则结束用户输入--------------------------
请输入：1
请输入：6
请输入：12
请输入：14
请输入：0
所识别的动物为：老虎
```

图 2-33　运行结果

推理过程如下：

（1）根据 1（有毛发）→ 21（哺乳动物）；

（2）根据 21（哺乳动物）、6（吃肉）→ 23（食肉动物）；

（3）根据 21（哺乳动物）、23（食肉动物）、12（黄褐色）、14（黑色条纹）→26（老虎）。

本章小结

本章介绍了多种多样的知识表示法，包括逻辑表示法、产生式表示法、语义网络表示

法和框架表示法，说明了这些表示法的基本原理和形式。这些知识表示法都是面向符号的知识表示。其中，逻辑表示法和产生式表示法属于非结构化的知识表示范畴；语义网络表示法和框架表示法属于结构化的知识表示范畴。因为产生式表示法可以方便地表示因果关系，并容易进行不确定推理，所以是人工智能中应用最广泛的一种知识表示方法。语义网络表示法非常灵活、非常直观。这些表示方法各有特点，分别适用于不同的情况，所以在实践中根据实际需要，把多种知识表示法结合起来使用可以更合理、更全面地表示知识。

知识获取和知识管理是知识系统的核心功能，也是目前知识系统发展中遇到的"瓶颈"问题。人工知识获取需要耗费大量的人力和时间，工作效率低下。目前应用比较广泛的是半自动知识获取，而自动知识获取是知识系统，乃至人工智能技术努力发展的一个目标。目前，知识系统利用机器学习的研究成果已经基本实现了半自动知识获取，想要实现自动知识获取，则需要对知识本身有一个更加深入的认识。

知识图谱本质上是一种大规模的语义网络，是认知智能的核心。知识图谱具有强大的语义处理能力和开放互联能力，知识图谱技术的成熟推动了互联网技术的发展。它以图结构的形式，应用实体三元组和属性三元组描绘各个实体、概念及其之间的关系，从而将彼此联系的万物连接在一起，形成复杂的网络，进而根据已有的关系推断出未知可能的关系，根据已有的知识归纳总结新的知识。

专家系统是人工智能应用研究的主要领域，是一种具有专门知识和经验的计算机智能程序系统。通过对人类专家问题求解能力的建模，采用知识表示和知识推理技术来解决通常只有人类专家才能解决的复杂问题，达到与人类专家同等的水平。专家系统主要由知识库、推理机、综合数据库、知识获取机构、解释机构和人机接口组成。知识库是专家系统的核心，知识库中知识的质量和数量决定着专家系统的质量和水平。推理机是专家系统中实现基于知识推理的部件，也是专家系统实施问题求解的核心执行机构。知识库与推理机相分离，是专家系统的重要特征之一，便于通过改变和完善知识库中的知识内容来提高专家系统的性能。

习题

1. 数据、信息、知识和智能的区别有哪些？
2. 知识的特征是什么？
3. 用谓词逻辑表示下列句子。
（1）小李是一名学生。
（2）小张的妈妈是一名教师。
（3）英语考试有一名学生不及格。
（4）有一名学生数学考试和英语考试都不及格。
4. 产生式系统由哪几部分组成？它的基本形式是什么？
5. 用产生式表示下列句子。
（1）如果该动物产乳，则它是哺乳动物。

（2）如果该动物产乳且反刍，则它是有蹄动物，而且是偶蹄动物。

（3）如果不下雨，那么就不带伞。

6．语义网络由哪些要素组成？分别表示什么？

7．用语义网络表示下列句子。

（1）蜻蜓和蝴蝶都是动物。

（2）蜻蜓和蝴蝶都有翅膀和腿。

（3）蜻蜓是动物，蚊子也是动物，且蜻蜓吃蚊子。

（4）小明的爸爸和小强的爸爸是同事，且小明和小强是同学。

8．试写出"某公司员工框架"。

9．知识获取的任务包括哪些？

10．构建知识库的原则有哪些？

11．知识图谱的基本表示方式有哪些？

12．知识图谱的生命周期包括哪些环节？

13．专家系统的结构包括哪些？

14．专家系统的工作原理是什么？

15．列举专家系统的实例。

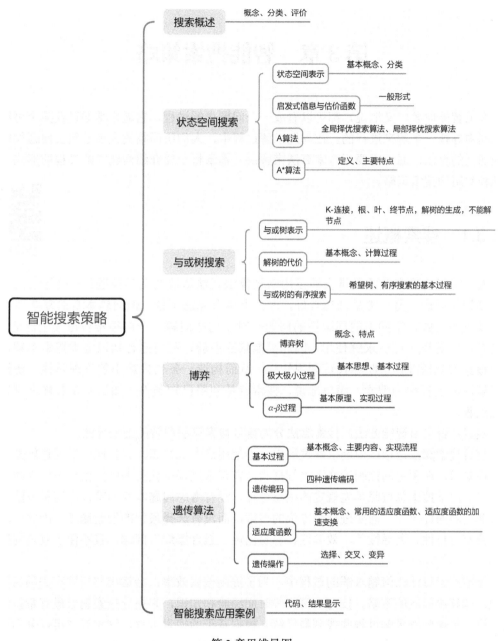

第 3 章思维导图

第3章　智能搜索策略

人工智能问题广义地说，都可以看成一个问题求解过程，它通常是通过在某个可能的解空间中寻找一个解来进行的。在问题求解过程中，人们所面临的大多数现实问题往往没有确切性的算法，通常需要用搜索算法来解决。本章将主要介绍问题求解过程的形式表示和几种常用的搜索策略。

3.1　搜索概述

人工智能的研究对象经常会涉及用常规算法无法解决的两类问题：一类是结构不良或非结构化问题；另一类是结构较好，理论上也有算法可依，但问题本身的复杂性超过了计算机在实践、空间上的局限性的问题。对于这些问题，一般很难获得其全部信息，更没有现成的算法可供求解使用，因此只能依靠经验，利用已有知识逐步探索求解。将这种根据实际情况，不断寻找可利用知识，从而构造一条代价最小的推理路线，使问题得以解决的过程称为搜索。简单地说，搜索就是利用已知条件（知识）寻求解决问题办法的过程。

根据是否采用智能方法，搜索算法分为盲目搜索算法和智能搜索算法。

盲目搜索算法是指在问题求解过程中，不运用启发式知识，只按照一般的逻辑法则或控制性知识，在预定的控制策略下进行搜索，在搜索过程中获得的中间信息不用来改变控制策略。由于搜索总按照预先规定的线路进行，没有考虑问题本身的特性，这种方法缺乏对求解问题的针对性，需要进行全方位的搜索，而没有选择最优的搜索途径。因此，这种搜索具有盲目性、灵活性差、效率低、容易出现"组合爆炸"问题，且不便于复杂问题的求解。

智能搜索算法在问题求解的过程中，为了提高搜索效率，会运用与问题有关的启发式知识，即解决问题的策略、技巧、窍门等时间经验和知识，来指导搜索朝着最有希望的方向前进，加速问题求解过程并找到最优解。根据基于的搜索机理，这种算法可以分为多种类型，例如，基于搜索空间的状态空间搜索、与或树搜索、博弈树搜索、基于生物演化过程的进化搜索等算法。状态空间搜索是一种用状态空间来表示和求解问题的搜索算法。与或树搜索是一种用与或树表示和求解问题的搜索方法。博弈树是一种特殊的与或树，主要用于博弈过程的搜索。进化搜索是一种模拟自然界生物演化过程的随机搜索算法，其典型代表为遗传算法。

在搜索问题中，主要的工作是找到好的搜索算法。一般搜索算法的评价准则如下所述。

（1）完备性。如果存在一个解，该策略是否保证能找到？

（2）实践复杂性。需要多长时间可以找到解？

（3）空间复杂性。执行搜索需要多大的存储空间？

（4）最优性。如果存在不同的几个解，该策略是否可以发现最高质量的解？

3.2　状态空间搜索

在人工智能中，状态空间搜索是通过将问题生成状态空间对问题进行求解的。其基本思想：首先把问题的初始状态（即初始节点）作为当前状态，选择使用的算符对其进行操作。生成一组子状态（或称后继状态、后继节点、子节点），然后检查目标状态是否在其中出现。若出现，则搜索成功，找到问题的解；若不出现，则按某种搜索策略从已生成的状态中再选一个状态作为当前状态。重复上述过程，直到目标状态出现或不再有可供操作的状态及算法为止。

3.2.1　状态空间表示

人工智能解决问题的实质可以抽象为一个"问题求解"的过程。而该问题的实质是一个搜索的过程。状态空间表示法是用来描述搜索过程的一种常见方法。该方法把问题抽象为寻求初始节点到目标节点可行路径的问题。许多问题采用试探性搜索方法进行求解，即在某个可能的解空间内寻找一个解。这种基于解空间的问题表示和求解方法为状态空间表示法，该方法以状态（State）和操作（Operation）为基础来表示与求解问题。状态是为描述某类不同事物间的差别而引入的一组最少变量的有序集合，表示为 $Q=[q_0,q_1,\cdots,q_n]$，式中每个元素 q_i 称为状态变量，给定每个分量的一组值就能够得到一个具体的状态。操作也称为算符，对应过程型知识，即状态转换规则，是把问题从一种状态变为另一种状态的手段。它可以是一个机械步骤、一个运算、一条规则或一个过程。操作可理解为状态集合上的一个函数，它描述了状态之间的关系，通常表示为 $F=\{f_1,f_2,\cdots,f_m\}$。

问题的状态空间是一个表示该问题的全部可能状态及其关系的集合，包含问题初始状态集合 Q_s、操作符集合 F 及目标状态集合 Q_g，因此状态空间可用三元组 $\{Q_s,F,Q_g\}$ 描述。状态空间也可以用一个赋值的有向图来描述，称为状态空间图。在状态空间图中包含了操作和状态之间的转换关系，其中节点表示问题的状态，有向边（弧）表示操作。如果某条弧从节点 n_i 指向 n_j，那么节点 n_j 就为 n_i 的后继或后裔，n_i 为 n_j 的父辈或祖先，状态空间图如图 3-1 所示。某个节点序列（$n_{i,1},n_{i,2},\cdots,n_{i,k}$），当 $j=2,3,\cdots,k$ 时，如果每一个 $n_{i,j-1}$ 都有一个后继节点 $n_{i,j}$ 存在，那么就把这个节点序列称作从节点 $n_{i,1}$ 到 $n_{i,k}$ 的长度为 k 的路径，其示意图如图 3-2 所示。如果从节点 n_i 到节点 n_j 存在一条路径，那么就称节点 n_j 是从节点 n_i 可达到的节点，或者称节点 n_j 为节点 n_i 的后裔。

状态空间表示法是从某个初始状态开始的，每次加一个操作符，递增地建立起操作符的实验序列，直到达到目标状态为止。寻找状态空间的全部过程包括从旧的状态描述产生新的状态描述，以及此后检验这些新的状态描述，看其是否描述了该目标状态。对于某些最优化问题，仅仅找到到达目标的任一路径是不够的，还必须找到按某个状态实现最优化的路径。

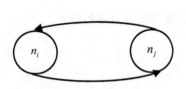

图 3-1　状态空间图

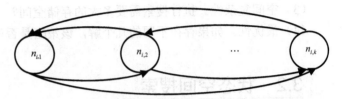

图 3-2　从节点 $n_{i,1}$ 到 $n_{i,k}$ 的长度为 k 的路径示意图

例 3-1　最短路径问题。一名推销员要去若干个城市推销商品，图 3-3 所示为城市间的距离。该推销员从某个城市出发，经过所有城市后，回到出发地。问题：应如何选择行进路径，使总的行程最短。

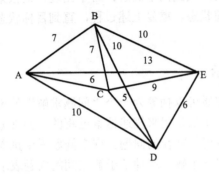

图 3-3　城市间的距离

解：推销员从 A 出发，可能到达 B、C、D 或者 E。到达 C 后，又可能到达 D 或 E，以此类推，图 3-4 所示为推销员的状态空间图。由图 3-4 可知，推销员应选择的最短路径为 ACDEBA。

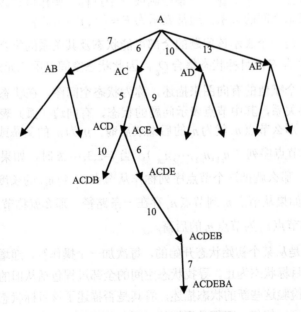

图 3-4　推销员的状态空间图

状态空间搜索时一般需要两种数据结构，即 OPEN 表和 CLOSED 表。OPEN 表用于存放刚生成的节点，这些节点也是带扩展的，对于不同的搜索策略，OPEN 表中节点的排放顺序也是不同的。CLOSED 表则用来存储将要扩展或已经扩展的节点，图 3-5 所示为 OPEN 表和 CLOSED 表的示例。

OPEN 表	
节点	父节点编号

CLOSED 表		
编号	节点	父节点编号

图 3-5　OPEN 表和 CLOSED 表的示例

基于状态空间的搜索策略分为盲目搜索策略和启发式搜索策略两大类。启发式搜索在搜索中要使用与问题有关的启发式信息，并以这些启发式信息指导搜索过程，可以有效地求解结构复杂的问题，具体内容将在后面进行详细介绍。盲目搜索不使用与问题有关的启发式信息，按规定的路线进行搜索，适用于其状态空间图是树状结构的一类问题。问题自身特性对搜索控制策略没有任何影响，从而使得盲目搜索带有盲目性、效率不高，不便于解决复杂的问题。盲目搜索有广度优先搜索、深度优先搜索和有界深度优先搜索三种方法。

广度优先搜索也称为宽度优先搜索，它沿着树的宽度遍历树的节点，其示意图如图 3-6 所示，其中标号代表节点搜索次序。其基本思想：从初始节点开始，逐层地对节点进行扩展并考虑它是否为目标节点，在第 n 层的节点没有全部扩展并考察完之前，不对第 $n+1$ 层的节点进行扩展。OPEN 表中的节点总按进入的先后顺序进行排列，先进入的节点排在前面，后进入的节点排在后面。

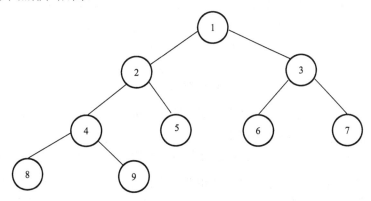

图 3-6　广度优先搜索示意图

深度优先搜索的特点是优先扩展最新产生的节点，其示意图如图 3-7 所示，标号为搜索的先后顺序。其基本思想：从初始节点开始，在其子节点中选择一个节点进行考察，若不是目标节点，则在该节点的子节点中选择一个节点进行考察，一直如此搜索下去。只有当到达某个子节点，且该节点既不是目标节点又不能扩展时，才选择其兄弟节点或先辈节点进行考察。

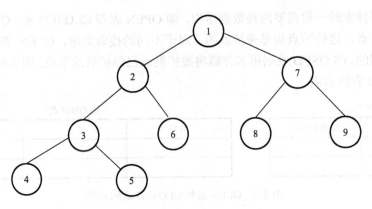

图 3-7　深度优先搜索示意图

深度优先搜索可能陷入无情分支的死循环而得不到解。为了解决深度优先搜索搜索不完备的问题，提出了有界深度优先搜索方法。有界深度优先搜索的基本思想：对深度优先搜索引入搜索深度的界限，当搜索深度达到深度界限，且尚未出现目标节点时，换一个分支进行搜索。

3.2.2　启发式信息与估价函数

微课视频

在启发式搜索过程中，关键是如何确定下一个要考察的节点，确定的方法不同就形成了不同的搜索策略。如果在确定节点时能充分利用与问题求解有关的特性信息，估计出节点的重要性，就能在搜索时选择重要性较高的节点，以利于求得最优解。像这样可用于指导搜索过程，且与具体问题求解有关的控制信息称为启发式信息。

用于估价节点重要性的函数称为估价函数，其一般形式为

$$f(n) = g(n) + h(n) \tag{3-1}$$

式中，$g(n)$ 是代价函数，表示从初始节点 S_0 到节点 n 已经实际付出的代价；$h(n)$ 是启发式函数，表示从节点 n 到目标节点 S_g 的最优路径的估计代价。启发式函数 $h(n)$ 体现了问题的启发式信息，其形式要根据问题的特性确定。例如，$h(n)$ 可以是节点 n 到目标节点的距离，也可以是节点 n 处于最优路径上的概率等。

估价函数 $f(n)$ 表示从初始节点 S_0 经过节点 n 到达目标节点 S_g 的最优路径的代价估计值。它的作用是估价 OPEN 表中各节点的重要程度，决定它们在 OPEN 表中的次序。其中，代价函数 $g(n)$ 指出了搜索的横向趋势，它有利于搜索的完备性，但影响搜索的效率。如果只关心到达目标节点的路径，并且希望有较高的搜索效率，则 $g(n)$ 可以忽略，但此时会影响搜索的完备性。因此，在确定 $f(n)$ 时，要权衡各种利弊得失，使 $g(n)$ 与 $h(n)$ 各占适当的比重。

例 3-2　设有如下结构的移动奖牌游戏：

B	B	B	W	W	W	E

其中，B 代表黑色奖牌；W 代表白色奖牌；E 代表该位置为空。该游戏的玩法如下：

①当一个奖牌移入相邻的空位置时，费用为 1 个单位；②一个奖牌至多可跳过两个奖牌进入空位置，其费用等于跳过的奖牌数加 1。要求把所有的 B 都移至所有的 W 的右边，请设计启发式函数。

解： 根据要求可知，W 左边的 B 越少越接近目标，因此可用 W 左边 B 的个数作为启发式函数，即

$$h(n)=3\times(每个W左边B的个数的总和)$$

这里乘以系数 3 是为了扩大 $h(n)$ 在 $f(n)$ 中的比重。例如，对于

B	E	B	W	W	B	W

则有

$$h(n)=3\times(2+2+3)=21$$

例 3-3　八数码难题。设在 3×3 的方格棋盘上分别放置了 1～8 这 8 个数码，初始状态为 S_0，目标状态为 S_g，如图 3-8 所示。

$$S_0$$

2	8	3
1		4
7	6	4

$$S_g$$

1	2	3
8		4
7	6	4

图 3-8　八数码难题

若估价函数为

$$f(n)=d(n)+W(n) \tag{3-2}$$

式中，$d(n)$ 表示节点 n 在搜索树中的深度；$W(n)$ 表示节点 n 中"不在位"的数码个数。请计算初始状态 S_0 的估价函数值 $f(S_0)$。

解： 在本例的估价函数中，取 $g(n)=d(n)$，$h(n)=W(n)$。它说明是用从 S_0 到 n 的路径上的单位代价来表示实际代价的，用 n 中"不在位"的数码个数作为启发式信息。一般来说，某节点中的"不在位"的数码个数越多，说明它离目标节点越远。

对于初始节点 S_0，由于 $d(S_0)=0$，$W(S_0)=3$，因此有 $f(S_0)=0+3=3$。

这个例子只是为了说明估价函数的含义及估价函数值的计算。在问题搜索过程中，除了需要计算初始节点的估价函数，更多的是要计算新生成节点的估价函数值。

3.2.3　A 算法

根据 3.2.1 节的内容可知，状态空间搜索通常需要用到 OPEN 表和 CLOSED 表两种数据结构。其中，OPEN 表用来存放未扩展的节点，CLOSED 表用来存放已扩展的节点。如果能在搜索的每步都利用优化函数 $f(n)=g(n)+h(n)$ 对 OPEN 表中的节点进行排序，则该搜索算法为 A 算法。由于估价函数中带有问题自身的启发式信息，因此 A 算法又称为启发式搜索算法。

根据搜索过程中要选择扩展节点的范围，启发式搜索算法可分为全局择优搜索算法和局部择优搜索算法。在全局择优搜索算法执行过程中，每当需要扩展节点时，总是从 OPEN 表的所有节点中选择一个估价函数值最小的节点进行扩展。在局部择优搜索算法执行过程中，每当需要扩展节点时，总是从刚生成的子节点中选择一个估价函数值最小的节点进行扩展。

全局择优搜索算法的搜索过程可描述如下。

（1）把初始节点 S_0 放入 OPEN 表中，$f(S_0) = g(S_0) + h(S_0)$。

（2）如果 OPEN 表为空，则问题无解，失败退出。

（3）把 OPEN 表的第一个节点取出放入 CLOSED 表，并记该节点为 n。

（4）考察节点 n 是否为目标节点。若是，则找到了问题的解，成功退出。

（5）若节点 n 不可扩展，则转至第（2）步。

（6）扩展节点 n，生成其子节点 $n_i(i=1,2,\cdots)$，计算每个子节点的估价函数值 $f(n_i)$ $(i=1,2,\cdots)$，并为每个子节点设置指向父节点的指针，然后将它们放入 OPEN 表。

（7）根据各节点的估价函数值，对 OPEN 表中的全部节点按从小到大的顺序，重新进行排序。

（8）转至第（2）步，继续执行。

由于上述算法的第（7）步要对 OPEN 表中的全部节点按其估价函数值从小到大重新进行排序，这样在算法第（3）步中取出的节点一定是 OPEN 表的所有节点中估价函数值最小的。因此，它是一种全局择优的搜索算法。

对上述算法进一步分析还可以发现：如果取估价函数 $f(n) = g(n)$，则它退化成代价树的广度优先搜索（在后续章节中介绍）；如果取估价函数 $f(n) = h(n)$，则它退化为广度优先搜索。可见，广度优先搜索和代价树的广度优先搜索是全局择优搜索的两个特例。

局部择优搜索算法的搜索过程可描述如下。

（1）把初始节点 S_0 放入 OPEN 表中，$f(S_0) = g(S_0) + h(S_0)$。

（2）如果 OPEN 表为空，则问题无解，失败退出。

（3）把 OPEN 表的第一个节点取出放入 CLOSED 表，并记该节点为 n。

（4）考察节点 n 是否为目标节点。若是，则找到了问题的解，成功退出。

（5）若节点 n 不可扩展，则转至第（2）步。

（6）扩展节点 n，生成其子节点 $n_i(i=1,2,\cdots)$，计算每个子节点的估价函数值 $f(n_i)$ $(i=1,2,\cdots)$，并按估价函数值从小到大的顺序依次将子节点放到 OPEN 表中。

（7）为每个子节点设置指向父节点的指针。

（8）转至第（2）步，继续执行。

比较全局择优搜索与局部择优搜索的搜索过程可以看出，它们的区别仅在第（6）步和第（7）步。

例 3-4 八数码难题。设问题的初始状态为 S_0 和目标状态为 S_g，如图 3-8 所示，估价函数与例 3-3 的相同。请用全局择优搜索解决该问题。

解：这个难题的全局择优搜索树如图 3-9 所示，每个节点旁边的数字是该节点的估价

函数值。例如，对于节点 S_2 ，其估价函数值的计算为

$$f(S_2) = d(S_2) + W(S_2) = 2 + 2 = 4$$

从图 3-9 还可以看出，该问题的解为

$$S_0 \rightarrow S_1 \rightarrow S_2 \rightarrow S_3 \rightarrow S_g$$

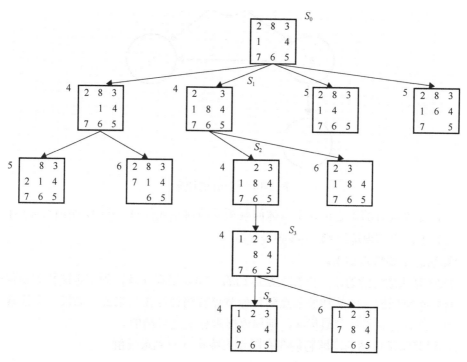

图 3-9 八数码难题的全局择优搜索树

3.2.4 A*算法

A 算法没有对估价函数 $f(n)$ 做任何限制。实际上，估价函数对搜索过程十分重要，如果选择不当，则有可能找不到问题的解，或者找到的不是问题的最优解。为此，需要对估价函数进行某些限制。A*算法就是对估价函数加上一些限制后得到的一种启发式搜索算法。

满足以下条件的搜索过程称为 A*算法。

（1）把 OPEN 表中的节点按估价函数

$$f(n) = g(n) + h(n) \tag{3-3}$$

的值从小到大进行排序。

（2）$g(n)$ 是对 $g^*(n)$ 的估计，且 $g(n) > 0$ ，$g^*(n)$ 是从初始节点 S_0 到节点 x 的最小代价。

（3）$h(n)$ 是 $h^*(n)$ 的下界，即对所有的节点 x 均有

$$h(n) \leqslant h^*(n) \tag{3-4}$$

式中，$h^*(n)$ 是从节点到目标节点的最小代价，若有多个目标节点，则为其中最小的一个。

在 A*算法中，$g(n)$ 比较容易得到，它实际上就是从初始节点 S_0 到节点 n 的路径代价，恒有 $g(n) \geqslant g^*(n)$ ；而且在算法执行过程中随着更多搜索信息的获得，$g(n)$ 的值呈下降趋

势。例如，在图 3-10 中，从节点 S_0 开始，经扩展得到 n_1 与 n_2，且 $g(n_1)=3$，$g(n_2)=7$。对 n_1 扩展后得到 n_2 和 n_3，此时 $g(n_2)=6$，$g(n_3)=5$。显然，后来算出的 $g(n_2)$ 比先前算出的小。

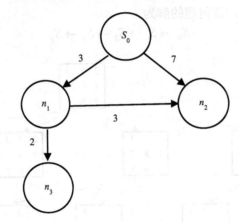

图 3-10　$g(n)$ 的计算

启发式函数 $h(n)$ 的确定依赖于具体问题领域的启发式信息，其中，$h(n) \leqslant h^*(n)$ 的限制是十分重要的，它可保证 A*算法找到最优解。

A*算法的主要特点如下。

（1）A*算法是可纳的。一个算法是可纳的，即如果存在解，则一定能找到最优的解。对于可解状态空间图（即从初始节点到目标节点有路径存在）来说，如果一个搜索算法能在有限步内终止并且能找到最优解，则称该搜索算法是可纳的。

（2）A*算法是可纳的，即它能在有限步内终止并找到最优解。

（3）A*算法是完备的。一个算法是完备的，即如果存在解，则它一定能找到该解并结束。

（4）A*算法的最优性。

（5）A*算法的搜索效率在很大程度上取决于 $h(n)$，在满足 $h(n) \leqslant h^*(n)$ 的前提下，$h(n)$ 的值越大越好。启发式函数 $h(n)$ 的值越大，标明它携带的启发式信息越多，搜索时扩展的节点越少，搜索的效率越高。

（6）启发式函数的单调性限制。

（7）在 A*算法中，每当要扩展一个节点时都要先检查其子节点是否已在 OPEN 表或者 CLOSED 表中，有时还需要调整指向父节点的指针，这就增加了搜索的代价。如果对启发式函数 $h(n)$ 加上单调性限制，就可以减少检查及调整的工作量，从而降低搜索代价。

（8）所谓单调限制是指 $h(n)$ 满足如下两个条件。

① $h(S_g)=0$，S_g 是目标节点。

② 设 x_j 是节点 x_i 的任意子节点，则有

$$h(x_j) - h(x_i) \leqslant c(x_i, x_j) \tag{3-5}$$

式中，$c(x_i, x_j)$ 是节点 x_i 到节点 x_j 的边代价。

3.3　与或树搜索

与或树搜索，也称为与或图搜索，其搜索策略是确定节点是可解节点或不可解节点。一般情况下会循环用到两个过程，即可解表示过程和不可解标识过程，这两个过程都是自下向上进行的，由子节点的可解性确定父节点、祖父节点等的可解性。

3.3.1　与或树表示

根据问题规约法的基本原理，对于一个复杂问题，可以把此问题分解成若干子问题。如果把每个子问题都解决了，整个问题也就解决了。如果子问题不容易解决，还可以再分成子问题，直至所有的子问题都解决了，则这些子问题的解的组合就构成了整个问题的解。与或树是用于表示此类求解过程的一种方法，是一种图或树的形式，基于的是人们在求解问题时的一种思维方法。

微课视频

（1）分解：与树。一个复杂问题 P 分解为与之等价的一组简单的子问题 $P_1, P_2, \cdots, P_n$，子问题还可分为更小、更简单的子问题，以此类推。当这些子问题全都解决时，原问题 P 也就解决了；任何一个子问题 $P_i\, (i = 1, 2, \cdots, n)$ 无解，都将导致原问题 P 无解。这样的问题与这组子问题之间形成了"与"的逻辑关系。这个分解过程可用一个有向图表示：问题和子问题都用相应的节点表示，从问题 P 到每个子问题 P_i 都只用一个有向边连接，然后用一段弧将这些有向边连接起来，以标明它们之间存在的与的关系。这种有向图称为与图或者与树。

（2）等价变换：或树。把一个复杂的问题 P 等价变换为与之等价的一组简单的子问题 $P_1, P_2, \cdots, P_n$，而子问题还可再等价变换为若干更小、更简单的子问题，以此类推。当这些子问题中有任何一个子问题 $P_i\, (i = 1, 2, \cdots, n)$ 有解时，原问题 P 就解决了；只有当全部子问题无解时，原问题 P 才无解。这样，问题与这组子问题形成了"或"的关系。这个等价变换同样可用一个有向图来表示，这种有向图称为或图或者或树。表示方法类似与图的表示，只是在或图中不用弧将有向边连接起来。

（3）与或树。在实际问题求解过程中，常常既有分解又有等价变换，因而常将两种图结合起来一同用于表示问题的求解过程。此时，所形成的图就称为与或图或者与或树。

可以把与或树视为对一般树（或图）的扩展；或反之，把一般树视为与或树的特例，即一般树不允许节点间具有"与"关系，所以又可把一般树称为或树。与一般树类似，与或树也有根节点，用于指示初始状态。由于同父的子节点间可以存在"与"关系，父、子节点间不能简单地以弧线关联，因此需要引入"超连接"概念。同样的道理，在典型的与或树中，解路径往往不复存在，代之以广义的解路径——解树。

图 3-11 给出了一个抽象的与或树简例，节点的状态描述不再显式给出。

下面基于该简例引入和解释与或树搜索的基本概念。

（1）K-连接。K-连接用于表示从父节点到子节点间的连接，也称为父节点的外向连接，并以圆弧指示同父子节点间的"与"关系，K 为这些子节点的个数。一个父节点可以有多个外向的 K-连接。例如，根节点 n_0 有两个 K-连接：一个 2-连接指向子节点 n_1 和 n_2，一个 3-连接指向子节点 n_3、n_4 和 n_5。$K > 1$ 的连接也称为超连接；$K=1$ 时，超连接蜕化为普通连接；而当所有超连接的 K 都等于 1 时，与或树蜕化为一般树。

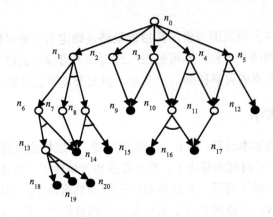

图 3-11　与或树简例

（2）根、叶、终节点。无父节点的节点称为根节点，用于指示问题的初始状态；无子节点的节点称为叶节点。由于问题规约伴随着问题分解，因此目标状态不再由单一节点表示，而应由一组节点联合表示。能用于联合表示目标状态的节点称为终节点；终节点必定是叶节点，反之不然；非终节点的叶节点往往指示了解搜索的失败。

（3）解树的生成。在与或树搜索过程中，可以这样建立解树：自根节点开始选择一个外向连接，并从该连接指向的每个子节点出发，再选择一个外向连接，如此反复，直到所有外向连接都指向终节点为止。例如，从图 3-12 所示的与或树根节点 n_0 开始，选左边的 $K=2$ 的外向连接，指向节点 n_1 和 n_2，再从 n_1、n_2 分别选外向连接；从 n_1 选左边的 $K=1$ 的外向连接，指向 n_6，依次进行，直至终节点 n_{14}、n_{18}、n_{19} 和 n_{20}；从 n_2 只有一个 $K=1$ 的外向连接指向终节点 n_9，从而，生成了图 3-12（a）所示的一个解树。注意，解树是遵从问题规约策略而搜索到的，解图中不存在节点或节点组之间的"或"关系；换言之，解树纯粹是一种"与"树。另外，正因为与或树中存在"或"关系，所以往往会搜索到多个解树，本例中就有 4 个，如图 3-12 所示。

为了确保在与或树中搜索解树的有效性，要求解树是无环的，即任何节点的外向连接均不得指向自己或自己的先辈，否则会使搜索陷入死循环，换言之，会导致解树有环的外向连接不能选用。下面给出解树、解树代价、能解节点和不能解节点的定义。

（1）解树：与或树（记为 G）中任一节点（记为 n）到终节点集合的解树（记为 G'）是 G 的子树。

若 n 是终节点，则 G' 就由单一节点 n 构成。

若 n 有一外向 K-连接指向子节点 $n_1, n_2, \cdots, n_k$，且每个子节点都有到终节点集合的解树，则 G 由该 K-连接和所有子节点的解树构成。

否则，不存在 n 到终节点集合的解树。

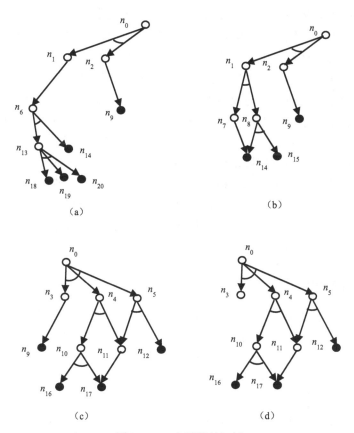

图 3-12　4 个可能的解树

（2）解树代价：以 $C(n)$ 指示节点 n 到终节点集合解图的代价，并令 K-连接的代价为 K。

（3）能解节点。

终节点是能解节点。

若节点 n 有一外向 G-连接指向子节点 $n_1, n_2, \cdots, n_k$，且这些子节点都是能解节点，则 n 是能解节点。

（4）不能解节点。

非终节点的叶节点是不能解节点。

若节点 n 的每个外向连接都至少指向一个不能解节点，则 n 是不能解节点。

能解节点和不能解节点如图 3-13 所示。

图 3-13　能解节点和不能解节点

基于与或树的搜索策略分为盲目搜索策略和启发式搜索策略两大类。盲目搜索策略包括广度优先搜索策略和深度优先搜索策略。搜索从初始节点开始，先自上而下进行搜索，寻找终节点及端节点，然后自下而上地进行标识，一旦初始节点被标识为可解节点或不可解节点，搜索就不再进行。这两种搜索策略都是按确定路线进行的，当要选择一个节点进行扩展时，由于只考虑了节点在与或树中所处的位置，而没考虑要付出的代价，因而求得的解树不一定是代价最小的，即不一定是最优解树。与或树的盲目搜索策略与状态空间的盲目搜索策略类似，与或树的广度优先搜索按照"先产生的节点先扩展"的原则进行搜索，在整个搜索过程中多次调用可解标识过程和不可解标识过程。与或树的深度优先搜索过程和状态空间的深度优先搜索过程基本相同，只是将扩展节点的子节点放入 OPEN 表首部，并为每个子节点配置指向父节点的指针，并且与状态空间的有界深度搜索类似，与或树的深度优先搜索也可以规定一个深度界限，使其在规定范围内进行搜索。启发式搜索策略的具体内容将在本章后续小节中详细介绍。

3.3.2 解树的代价

与或树的启发式搜索算法是利用搜索过程所得到的启发式信息寻找最优解树的过程。对搜索的每一步，算法都试图找到一个最有希望成为最优解树的子树。最优解树是指代价最小的那棵解树。这里首先讨论什么是解树的代价。

要寻找最优解树，首先需要计算解树的代价。在与或树的启发式搜索过程中，解树的代价可按如下规则进行计算。

（1）若 n 是终节点，则其代价 $h(n)=0$。

（2）若 n 为或节点，且子节点为 $n_1, n_2, \cdots, n_k$，则 n 的代价为

$$h(n)=\min_{1\leqslant i\leqslant k}\left[c(n,n_i)+h(n_i)\right] \tag{3-6}$$

式中，$c(n,n_i)$ 是节点 n 到其子节点 n_i 的边代价。

（3）若 n 为与节点，且子节点为 $n_1, n_2, \cdots, n_k$，则 n 的代价可用和代价法或最大代价法计算。和代价法的计算公式为

$$h(n)=\sum_{i=1}^{k}\left[c(n,n_i)+h(n_i)\right] \tag{3-7}$$

最大代价法的计算公式为

$$h(n)=\min_{1\leqslant i\leqslant k}\left[c(n,n_i)+h(n_i)\right] \tag{3-8}$$

（4）若是端节点，但不是终节点，则 n 不可扩展，其代价定义为 $h(n)=\infty$。

（5）根节点的代价即解树的代价。

例 3-5 设图 3-14 所示的是一棵与或树，其中包括两棵解树，左边的解树由 S_0、A、t_1、C 及 t_3 组成，右边的解树由 S_0、B、t_2、D 及 t_4 组成。在此与或树中，t_1、t_2、t_3、t_4 为终节点，E、F 是端节点，边上的数字是该边的代价。请计算解树的代价。

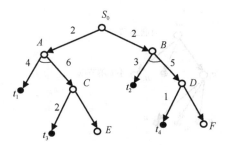

图 3-14　与或树的代价

解： 先计算左边的解树。

按和代价计算：$h(S_0) = 2 + 4 + 6 + 2 = 14$

按最大代价计算：$h(S_0) = 8 + 2 = 10$

再计算右边的解树。

按和代价计算：$h(S_0) = 1 + 5 + 3 + 2 = 11$

按最大代价计算：$h(S_0) = 6 + 2 = 8$

在本例中，无论是按和代价还是最大代价计算，右边的解树都是最优解。但在有些情况下，当采用的代价法不同时，找到的最优解树也有可能不同。

3.3.3　与或树的有序搜索

与或树的有序搜索是一种启发式搜索，它的目的是求出最优解树，即代价最小的解树。为了找到最优解树，搜索过程的任何时刻都应该选择那些最有希望成为最优解树的一部分的节点进行扩展。由于这些节点及其父节点所构成的与或树最有可能成为最优解树的一部分，因此称它为希望解树，简称希望树。应当注意的是，希望树是会随搜索过程而不断变化的。下面给出希望树的定义。

希望树 T：

（1）初始节点 S_0 在希望树 T 中。

（2）如果 n 是具有子节点 $n_1, n_2, \cdots, n_k$ 的或节点，则 n 的某个子节点 n_i 在希望树 T 中的充分必要条件是

$$\min_{1 \leqslant i \leqslant k} \left[c(n, n_i) + h(n_i) \right] \tag{3-9}$$

（3）如果 n 是与节点，则 n 的全部子节点都在希望树 T 中。

在搜索的过程中，随着新节点不断生成，节点的价值是在不断变化的，因此希望树也是在不断变化的。在某一时刻，这一部分节点构成希望树，但在另一时刻，可能是另一些节点构成希望树，随当时的情况而定。但不管如何变化，任一时刻的希望树都必须包含初始节点 S_0，而且它是对最优解树近根部的某种估计。

与或树的有序搜索是一个不断选择、修正希望树的过程。如果问题有解，则经过有序搜索将找到最优解树。搜索过程如下所述。

（1）把初始节点 S_0 放入 OPEN 表。

（2）求出希望树 T，即根据当前搜索树中节点的代价求出以 S_0 为根的希望树 T。

（3）依次把 OPEN 表中 T 的端节点 n 选出，并放入 CLOSED 表。

（4）如果节点 n 是终节点，则做如下工作。

① 标识节点 n 为可解节点。

② 对 T 应用可解标识过程，将 n 的先辈节点中的可解节点都标识为可解节点。

③ 若初始节点 S_0 能被标识为可解节点，则 T 就是最优解树，成功退出。

④ 否则，从 OPEN 表中删除具有可解性的先辈的所有节点。

（5）如果节点 n 不是终节点，且它不可扩展，则做如下工作。

① 标识节点 n 为不可解节点。

② 对 T 应用不可解标识过程，将 n 的先辈节点中的不可解节点都标识为不可解节点。

③ 若初始节点 S_0 能被标识为不可解节点，则失败退出。

④ 否则，从 OPEN 表中删除具有不可解性的先辈的所有节点。

（6）如果节点 n 不是终节点，但它可扩展，则做如下工作。

① 扩展节点 n，产生 n 的所有子节点。

② 把这些子节点都放入 OPEN 表，并为每个子节点配置指向父节点（节点 n）的指针。

③ 计算这些子节点的代价值及其先辈节点的代价值。

（7）转至第（2）步。

与或树的有序搜索算法的流程图如图 3-15 所示。

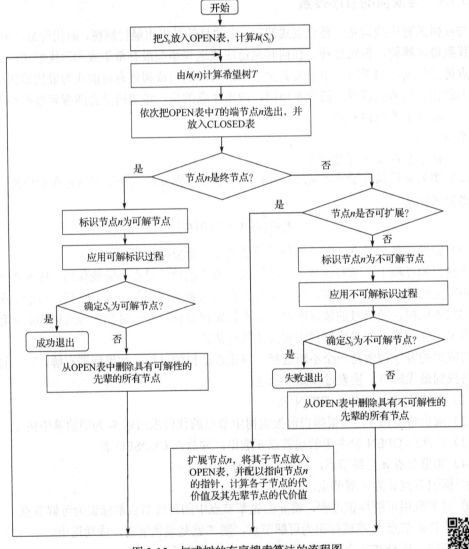

图 3-15　与或树的有序搜索算法的流程图

例 3-6　假设初始节点为 S_0，与或树每次扩展两层，并且一层是与节点，

微课视频

另一层是或节点。S_0 经扩展后得到图 3-16 所示的有待扩展的与或树，其中子节点 B、C、E、F 用启发式函数算出的 h 值分别为 $h(B)=3$、$h(C)=3$、$h(E)=3$、$h(F)=2$，假设每个节点到其子节点的代价为 1，即每条边的代价按 1 计算。

解：若按和代价计算，则有

$$h(A)=8，h(D)=7，h(S_0)=8$$

此时，S_0 右子树为希望树，因此对希望树的端点进行扩展。

假设对节点 E 扩展两层后的与或树如图 3-17 所示，节点旁的数为用启发式函数估算出的代价值。按照和代价计算可以得到：

$$h(G)=7，h(H)=6，h(E)=7，h(D)=11$$

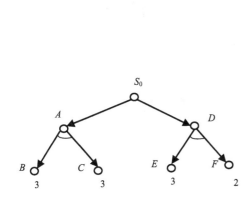

图 3-16　有待扩展的与或树

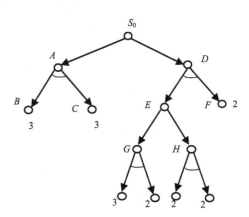

图 3-17　对节点 E 扩展两层后的与或树

此时，S_0 的右子树算出 $h(S_0)=12$。但是，由于 S_0 的左子树算出 $h(S_0)=9$，相比之下左子树的代价更小，所以改取左子树作为希望树，并对节点 B 进行扩展。

假设对节点 B 扩展两层后的与或树如图 3-18 所示，因为节点 L 的两个子节点是终节点，则按照和代价计算可以得到：

$$h(L)=2，h(M)=6，h(B)=3，h(A)=8$$

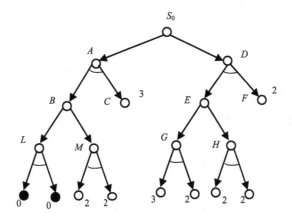

图 3-18　对节点 B 扩展两层后的与或树

由于节点 L 的两个子节点都是可解节点，所以节点 L、B 都是可解节点，但节点 C 不能确定为可解节点，所以节点 A 和 S_0 也不能确定为可解节点，所以对节点 C 进行扩展。

假设对节点 C 扩展两层后的与或树如图 3-19 所示，因为节点 N 的两个子节点是终节点，则按照和代价计算可以得到：

$$h(N)=2，h(P)=7，h(C)=3，h(A)=8$$

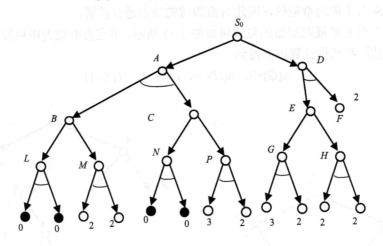

图 3-19　对节点 C 扩展两层后的与或树

由此推算，$h(S_0)=9$，最优解树由节点 S_0、A、B、C、L、N 构成。

3.4　博弈

广义的博弈涉及人类各方面的对策问题，如军事冲突、政治斗争、经济竞争等。博弈提供了一个可构造的任务领域，在这个领域中具有明确的胜利与失败。同样，博弈问题对人工智能研究提出了严峻的挑战，如如何表示博弈问题的状态、博弈过程和博弈知识等。所以，在人工智能领域中，通过计算机下棋等研究博弈的规律、策略和方法是具有实际意义的。本节将对二人博弈进行介绍。

3.4.1　博弈树

博弈是人们生活中常见的一种活动。下棋、打牌等活动均是博弈活动。博弈活动中一般有对立的几方，每一方都试图使自己的利益最大化。博弈活动的整个过程其实就是一个动态的搜索过程。本节介绍的博弈是二人博弈，具有二人零和、全信息、非偶然的特点，博弈双方的利益是完全对立的，从规则上容易得出：

（1）对垒的双方 MAX 和 MIN 轮流采取行动。

（2）博弈的结果只能有三种情况，即 MAX 胜，MIN 败；MAX 败，MIN 胜；和局。

（3）在博弈过程中，任何一方都了解当前的格局和过去的历史。

（4）任何一方采取行动前都根据当前的实际情况，进行得失分析，选择对自己最为有利而对对方最不利的对策，不存在"碰运气"的偶然因素，即双方都理智地决定自己的行为。

另外一种博弈是机遇性博弈，是指不可预测性的博弈，如掷币游戏等。对于机遇性博弈，由于不具备完备信息，所以在此不做讨论。

先来看一个例子，假设有七枚钱币，任一选手只能将已分好的一堆钱币分成两堆个数不等的钱币，两位选手轮流进行，直到每一堆都只有一个或两个钱币，不能再分为止，哪个选手遇到不能再分的情况，则为输。

用数字序列加上一个说明表示一种状态，其中数字表示不同堆中钱币的个数，说明表示下一步由谁来分，如（7，MIN）表示只有一个由七枚钱币组成的堆，由 MIN 来分，MIN 有三种可供选择的分法，即（6，1，MAX）、（5，2，MAX）、（4，3，MAX），其中 MAX 表示另一选手，不论哪一种方法，MAX 在它的基础上再做符合要求的划分，整个过程如图 3-20 所示。

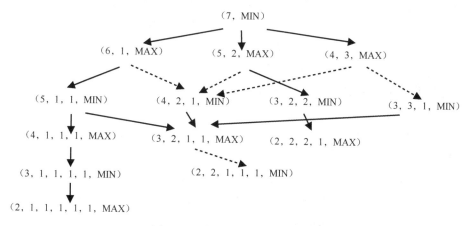

图 3-20　分钱币博弈的整个过程

在图 3-20 中已将双方可能的分法完全表示出来了，而且从中可以看出，无论 MIN 开始时怎么分，MAX 总可以获胜，取胜的策略用虚线表示。

实际的情况没有这么简单，任何一种棋都不可能将所有情况列尽，因此，只能模拟人"向前看几步"，然后做出决策，决定自己走哪一步最有利，也就是说，只能给出几层走法，然后按照一定的估算方法，决定走哪一步。

在双人完备信息博弈过程中，双方都希望自己能够获胜。因此当一方走步时，都是选择对自己最有利，而对对方最不利的走法。假设博弈双方为 MAX 和 MIN。在博弈的每一步，可供他们选择的方案都有很多种。从 MAX 的观点看，可供自己选择的方案之间是"或"关系，原因是主动权在自己手里，选择哪个方案完全由自己决定；而对那些可供 MIN 选择的方案之间是"与"的关系，这是因为主动权在 MIN 手中，任何一个方案都可能被 MIN 选中，MAX 必须防止那种对自己最不利的情况出现。

图 3-20 把双人博弈过程用图的形式表示了出来，这样就可以得到一棵与或树，这种与或树称为博弈树。在博弈树中，那些下一步该 MAX 走的节点称为 MAX 节点，而下一步该

MIN 走的节点称为 MIN 节点。博弈树具有如下特点。

（1）博弈的初始状态是初始节点。

（2）博弈树的与节点和或节点是逐层交替出现的。自己一方扩展的节点之间是或关系，对方扩展的节点之间是与关系。双方轮流扩展节点。

（3）整个博弈过程始终站在某一方的立场上，所以能使自己一方获胜的终局都是本原题，相应的节点也是可解节点，所有使对方获胜的节点都是不可解节点。

3.4.2 极大极小过程

在二人博弈问题中，为了从众多可选择的方案中选出一种对自己有利的方案，就要对当前情况以及将要发生的情况进行分析，从中选择最优者。最常见的分析方法是极大极小过程分析方法。假设博弈双方分别为 MAX 和 MIN，极大极小过程的基本思想如下。

（1）目的是为博弈双方中的一方（MAX 方）找到一种最优方案。

（2）计算当前所有可能的方案并进行比较，从而找到最优方案。

（3）方案的比较是指根据问题的特性定义一个估价函数，用来估算当前博弈树端节点的得分。此时估算出来的得分称为静态估值。对于静态估价函数，有如下规定：

① 有利于 MAX 方的态势，静态估值取值为正值。

② 有利于 MIN 方的态势，静态估值取值为负值。

③ 态势均衡的时候，静态估值取 0。

（4）当端节点的估值计算出来以后，再推算出其父节点的得分。推算的方法：对于或节点，选择其子节点中一个最大的得分作为父节点的得分，这是为了使自己在可供选择的方案中选一种对自己最有利的方案。对于与节点，选择其子节点中一个最小的得分作为父节点的得分，这是为了考虑最坏情况。这样计算出的父节点的得分称为倒推值。倒推值计算示例如图 3-21 所示，用□表示 MAX，○表示 MIN，端节点上的数字表示它对应的估价函数的值。

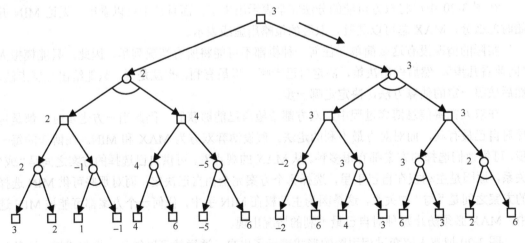

图 3-21 倒推值计算示例

（5）如果一种方案能获得较大的倒推值，则它就是当前最好的方案。

应当注意的是，当轮到 MIN 走步的节点时，MAX 应考虑最坏的情况，静态估值取极小值；当轮到 MAX 走步的节点时，MAX 应考虑最好的情况，静态估值取极大值。

在博弈问题中，每一个格局可供选择的方案有很多，因此会生成十分庞大的博弈树。试图利用完整的博弈树来进行极大极小过程分析是困难的，可行的方法是只生成一定深度的博弈树，然后进行极大极小过程分析，找出当前最好的方案。

例 3-7　一字棋游戏。设有如图 3-22（a）所示的 9 个空格。MAX 和 MIN 二人博弈，轮到谁走棋就往空格上放自己的一个棋子。谁先使自己的三个棋子串成一条直线，谁就取得胜利。

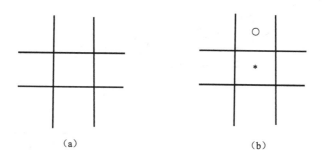

（a）　　　　　　　　　　　（b）

图 3-22　一字棋

解：设 MAX 的棋子用*表示，MIN 的棋子用〇表示。为了不至于生成太大的博弈树，假设每次仅扩展两层。设棋局为 p，估价函数 $e(p)$ 规定如下。

（1）若 p 为 MAX 必胜的棋局，则 $e(p)=+\infty$。

（2）若 p 为 MIN 必胜的棋局，则 $e(p)=-\infty$。

（3）若 p 为胜负未定的棋局，则 $e(p)=e(+p)-e(-p)$。

其中，$e(+p)$ 表示棋局 p 上所有空格都放上 MAX 的棋子*之后，三个*串成一条直线的总数目；$e(-p)$ 表示棋局 p 上所有空格都放上 MIN 的棋子〇之后，三个〇串成一条直线的总数目。因此，若 p 为图 3-22（b）所示的棋局，就有 $e(p)=6-4=2$。

另外，假定具有对称性的两个棋局是相同的，将二者视为同一个棋局。还假定 MAX 先走，我们站在 MAX 的立场上。

图 3-23 给出了 MAX 第一步走棋生成的博弈树，图中节点旁的数字表示相应节点的静态估值或推导值。由于*放在中间位置有最大的倒推值，故 MAX 第一步应选择 S_3。当 MAX 走 S_3 这一步棋后，MIN 的最优选择是 S_4。因为这一步棋的静态估值最小，对 MAX 最不利。不管 MIN 选择 S_4 还是 S_5，MAX 都将再次运用极大极小过程分析产生深度为 2 的博弈树，以决定下一步应该如何走棋，其过程与上面类似，这里不再赘述。

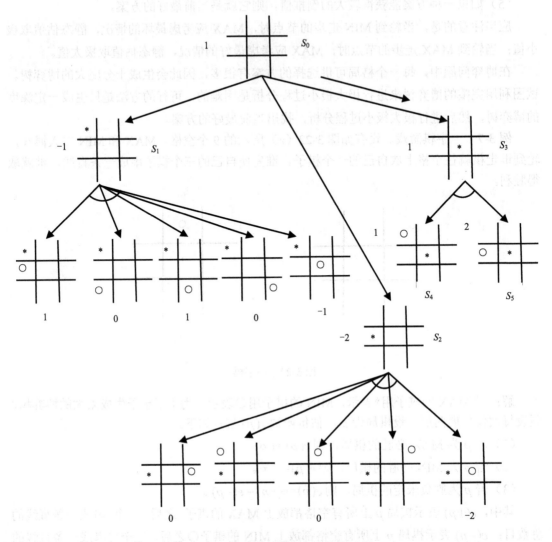

图 3-23　一字棋博弈的极大极小过程

3.4.3　α-β 过程

上面讨论的极大极小过程首先会生成一棵博弈树，而且会生成规定深度的所有节点。然后进行估值的倒推计算，这样使生成博弈树和估值的倒推计算两个过程完全分离，因此搜索效率较低。如果能边生成博弈树，边进行估值的倒推计算，则可能不必生成规定深度内的所有节点，以减少搜索的次数，这就是本节要讨论的 α-β 过程。

α-β 过程把生成后继节点和倒推计算结合起来，及时剪掉一些无用分支，以此来提高算法的效率。下面仍然以一字棋进行说明。现将图 3-23 所示的左边一部分画在图 3-24 中。

前面的过程实际上类似于宽度优先搜索，将每层格局均生成，现在用深度优先搜索来处理，比如在节点 A 处，若已生成 5 个子节点，并且节点 A 处的倒推值等于-1，将此下界叫作 MAX 节点的 α 值，即 α≥-1。现在轮到节点 B，产生它的第一个后继节点 C，节点

C 的静态估值为-1，可知节点 B 处的倒推值≤-1，此为上界 MIN 节点的 β 值，即节点 B 处 β≤-1，这样节点 B 最终的倒推值可能小于-1，但绝不可能大于-1，因此，节点 B 的其他后继节点的静态估值不必计算，自然不必再生成，反正节点 B 决不会比节点 A 好，所以通过倒推值的比较，就可以减少搜索的工作量。在图 3-24 中，MIN 节点 B 的 β 值小于或等于节点 B 的先辈 MAX 节点 S 的 α 值，则节点 B 的其他后继节点可以不必再生成。

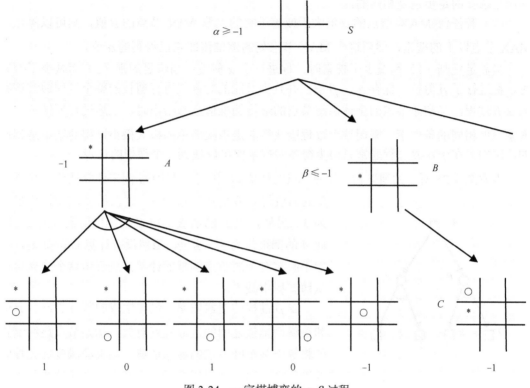

图 3-24　一字棋博弈的 α-β 过程

图 3-24 表示了 β 值小于或等于父节点的 α 值的情况，实际上，当某个 MIN 节点的 β 值不大于它先辈的 MAX 节点（不一定是父节点）的 α 值时，MIN 节点就可以终止向下搜索。同样，当某个节点的 α 值大于或等于它的先辈 MIN 节点的 β 值时，该 MAX 节点就可以终止向下搜索。

通过上面的讨论可以看出，α-β 过程首先使搜索树的某一部分达到最大深度，这时计算出某些 MAX 节点的 α 值，或者某些 MIN 节点的 β 值。随着搜索的继续，不断修改个别节点的 α 或 β 值。对任一节点，当其某一后继节点的最终值给定时，就可以确定该节点的 α 或 β 值。当该节点的其他后继节点的最终值给定时，就可以对该节点的 α 或 β 值进行修正。

注意对 α、β 值修正有如下规律。

（1）MAX 节点的 α 值永不减小。

（2）MIN 节点的 β 值永不增大。

因此可以利用上述规律进行剪枝，一般来说可把停止对某个节点进行搜索，即剪枝的规则表述如下。

（1）若任何 MIN 节点的 β 值小于或等于任何它的先辈 MAX 节点的 α 值，则可停止该 MIN 节点以下的搜索，然后这个 MIN 节点的最终倒推值即它已得到的 β 值。该值与真正的极大极小过程搜索结果的倒推值可能不相同，但是对开始节点而言，倒推值是相同的，使用它选择的走步也是相同的。

（2）若任何 MAX 节点的 α 值大于或等于它的先辈 MIN 节点的 β 值，则可以停止该 MAX 节点以下的搜索，然后这个 MAX 节点处的倒推值即它已得到的 α 值。

当满足规则（1）而减少了搜索时，称进行了 α 剪枝；当满足规则（2）而减少了搜索时，称进行了 β 剪枝。保存 α、β 值，并且当可能的时候就进行剪枝的整个过程通常被称为 α-β 过程，当初始节点的全体后继节点的最终倒推值全都给出时，上述过程便结束。在搜索深度相同的条件下，采用这个过程所获得的走步跟简单的极大极小过程的结果是相同的，区别只在于 α-β 过程通常只用少得多的搜索便可以找到一个理想的走步。

考察图 3-25 所示的博弈树。各端节点的估值如图所示，其中 G 尚未计算估值。由 D 与 E 的估值得到 B 的倒推值为 3，这表示 A 的倒推值最小为 3。另外，由 F 的估值得知 C 的倒推值最大为 2，因此 A 的倒推值为 3。这里，虽然没有计算 G 的估值，仍然不影响对上层节点倒推的计算，这表示这个分支可以从博弈树中减去。

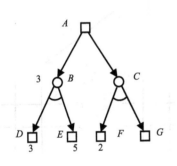

图 3-25 　α-β 剪枝示例

α-β 过程的搜索效率与最先生成的节点的 α、β 值和最终倒推值之间的近似程度有关。初始节点最终倒推值将等于某个叶节点的静态估值。如果在深度优先搜索的过程中，第一次就碰到了这个节点，则剪枝数最大，搜索效率最高。

假设一棵树的深度为 d，且每个非叶节点的分支系数为 b。对于最佳情况，即 MIN 节点先扩展出最小估值的后继节点，MAX 节点先扩展出最大估值的后继节点。这种情况可使得修剪的枝数最大。设叶节点的最小个数为 N_d，则有

$$N_d = \begin{cases} 2b^{\frac{d}{2}} - 1, & d\text{ 为偶数} \\ b^{\frac{d+1}{2}} + b^{\frac{d-1}{2}} - 1, & d\text{ 为奇数} \end{cases} \tag{3-10}$$

这说明，在最佳情况下，α-β 过程搜索生成深度为 d 的叶节点数目相当于极大极小过程所生成的深度为 $d/2$ 的博弈树的节点数。也就是说，为了得到最佳步数，α-β 过程只需要检测 $O(b^{d/2})$，而不是极大极小过程的 $O(b^d)$。这样，有效的分支系数是 $\sqrt{b}$，而不是 b。假设国际象棋可以有 35 种走步的选择，则现在是 6 种。从另一个角度看，在相同的代价下，α-β 过程向前看的走步数是极大极小过程向前看的走步数的两倍。

3.5　遗传算法

达尔文的进化论和孟德尔的遗传定律是人类科学史上的重要学说。在人工智能领域也有学者根据这两个学说抽象出了基于"进化"观点的学习理论，即进化计算。进化计算是一种模拟生物进化、自然选择过程与机制求解问题的自组织、自适应人工智能技术。遗传算法就是进化计算的典型。

3.5.1　基本过程

遗传算法的核心思想认为，生物进化过程是从简单到复杂、从低级到高级的过程，其本身是一个自然的、并行的、稳健的优化过程，优化的目标是对环境具有自适应性。生物种群通过"优胜劣汰"及遗传变异来达到进化（优化）的目的。遗传算法用模拟生物和人类进化的方法来求解复杂问题。它从初始种群出发，采用"优胜劣汰，适者生存"的自然法则选择个体，并通过杂交、变异来产生新一代种群，如此逐代进化，直到满足目标为止。

微课视频

遗传算法涉及的基本概念主要有以下 5 个。

（1）种群，是指用遗传算法求解问题时，初始给定的多个解的集合，是问题解空间的一个子集。遗传算法的求解过程是从这个子集开始的。

（2）个体，是指种群中的单个元素，通常由一个用于描述其基本遗传结构的数据结构来表示。例如，可以用 0 和 1 组成的串来表示个体。

（3）染色体，是指对个体进行编码后所得到的编码串。染色体中的每一个位称为基因，染色体上由若干基因构成的一个有效信息段称为基因组。

（4）适应度函数，是一种用来对种群中每个个体的环境适应性进行度量的函数。其函数值决定着染色体的优劣程度，是遗传算法实现优胜劣汰的主要依据。

（5）遗传操作，是指作用于种群而产生新的种群的操作。标准的遗传操作包括选择（或复制）、交叉（或重组）、变异三种基本形式。

遗传算法在实际操作中，需要确定一些控制参数，常见的控制参数主要如下。

（1）串长，编码字符串所含字符（或者数值）的个数，为常数。

（2）种群容量，每一代种群内个体的总数目，即种群内所含编码字符串的数目。一般情况下，每一代种群容量不变。

（3）交叉概率，就是种群中一个个体要被实施交叉算子的概率。

（4）变异概率，又称突变率，就是一个个体要被实施变异算子的概率，即一个个体发生基因突变的概率。基因突变的概率很小，一般情况下该值远远小于 0.1。

（5）进化代数。遗传算法完成一次遗传操作形成一代新种群。进化代数就是遗传算法生成新种群的次数。进化代数常用于控制遗传算法的终止。

遗传算法可形式化地描述为

$$GA = \left(P(0), N, L, s, g, P, f, T\right) \tag{3-11}$$

式中，$P(0) = \{P_1(0), P_2(0), \cdots, P_n(0)\}$ 表示初始种群；N 表示种群规模；L 表示编码串的长度；s 表示选择策略；g 表示遗传算子，包括选择算子 Q_r、交叉算子 Q_c 和变异算子 Q_m；P 表示遗传算子的操作概率，包括选择概率 P_r、交叉概率 P_c 和变异概率 P_m；f 是适应度函数；T 是终止标准。

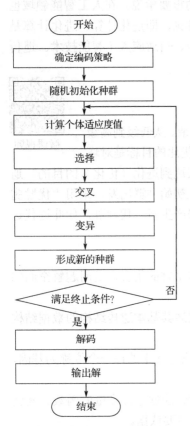

图 3-26　遗传算法的流程图

遗传算法主要由染色体编码、初始种群设定、适应度函数设定、遗传操作设计等几个部分组成，其流程图如图 3-26 所示，其主要内容和基本步骤可描述如下。

（1）确定编码策略。将问题搜索空间中每个可能的点用相应的编码策略表示出来，即形成染色体。

（2）定义遗传策略。定义种群规模 N，确定交叉、变异、选择方法，以及确定选择概率 P_r、交叉概率 P_c、变异概率 P_m 等遗传参数。

（3）令 $t = 0$，随机选择 N 个染色体初始化种群 $P(0)$。

（4）定义适应度函数 $f(f > 0)$。

（5）计算 $P(t)$ 中每个染色体的适应度值。

（6）$t = t + 1$。

（7）运用选择算子，从 $P(t-1)$ 中得到 $P(t)$。

（8）$P(t)$ 中的每个染色体，按概率 P_c 参与交叉。

（9）染色体中的基因，以概率 P_m 参与变异运算。

（10）判断群体性能是否满足预先设定的终止条件，若不满足，则返回第（5）步。

在该算法中，编码是指把实际问题的结构变换为遗传算法的染色体结构。选择是指按照选择概率和每个个体的适应度值，从当前种群中选出若干个体。交叉是指按照交叉概率和交叉策略把两个染色体的部分基因进行交配重组，产生出新的个体。变异是指按照变异概率和变异策略使染色体中的某些基因产生变化。例如，在二进制编码方式下，变异操作只是简单地将基因的二进制数取反，即将"0"变为"1"，将"1"变为"0"。

遗传算法具有如下特点。

（1）遗传算法从问题的解集中开始搜索，是群体搜索，而不是从单个解开始。这是遗传算法与传统优化算法的极大区别。传统优化算法从单个初始值迭代求最优解，容易误入局部最优解；遗传算法从串集开始搜索，覆盖面大，利于全局择优。

（2）遗传算法求解时使用特定问题的信息极少，容易形成通用算法程序。遗传算法使用适应度这一信息进行搜索，并不需要目标函数的导数等与问题直接相关的信息。遗传算法只需适应度和串编码等通用信息，故可处理很多传统解析优化算法无法解决的问题。

（3）遗传算法有极强的容错能力。遗传算法的初始串集本身带有大量与最优解相差甚远的信息，通过选择、交叉和变异操作能迅速排除与最优解相差极大的串。这是一个强烈的滤波过程，并且是一个并行滤波机制。故而，遗传算法有很高的容错能力。

（4）遗传算法中的选择、交叉和变异都是随机操作，执行概率转移准则，而不是确定的精确规则。

（5）遗传算法具有隐含的并行性。遗传算法在种群上进行选择、交叉和变异等遗传操作，所以在每一代种群上都相当于同时搜索多个解。传统的解析法优化算法每一次迭代只能沿着一个梯度方向进行搜索，而遗传算法实际上同时搜索在多方向上的可能解。

3.5.2　遗传编码

编码机制是遗传算法的基础，运用遗传算法解决问题时，首先要对待解决问题的模型结构和参数进行编码，一般用字符串表示。对于优化问题，一个串对应一个可能的解。对于分类问题，一个串可解释为一个规则，即串的前半部分为输入，后半部分为输出或结论。常用的遗传编码有二进制编码、格雷编码、实数编码和符号编码等。针对特定问题还可以混合应用多种基本编码。

3.5.2.1　二进制编码

二进制编码将原问题的结构变换为染色体的位串结构。在二进制编码中，首先确定二进制字符串的长度 L，该长度与变量的定义域和所求问题的计算精度有关。设某一参数的取值范围是 $[U_{\min}, U_{\max}]$，则二进制编码的精度为

$$\delta = \frac{U_{\max} - U_{\min}}{2^{l-1}} \tag{3-12}$$

假设某一个体的编码是 $x = [b_{L-1} \cdots b_1 b_0]$，则其对应的解码公式为

$$x = U_{\min} + \left(\sum_{i=0}^{L-1} b_i 2^i \right) \frac{U_{\max} - U_{\min}}{2^{l-1}} \tag{3-13}$$

例 3-8　假设变量 x 的定义域为[5,10]，要求的计算精度为 10^{-5}，则需要将[5,10]至少分为 600000 个等长小区间，每个小区间用一个二进制编码串表示。于是，串长至少等于 20，原因是

$$524288 = 2^{19} < 600000 < 2^{20} = 1048576$$

这样，对应区间[5,10]内满足精度要求的每个值 x，都可用一个 20 位的二进制编码串 $x = [b_{19} b_{18} \cdots b_1 b_0]$ 来表示。其对应的十进制数为

$$x' = \sum_{i=0}^{19} b_i \times 2^i$$

对应的变量 x 的值为

$$x = 5 + x' \times \frac{6}{2^{20} - 1} = 5 + \left(\sum_{i=0}^{20} b_i \times 2^i \right) \times \frac{6}{2^{20} - 1}$$

二进制编码的主要优点如下。

（1）自然且易于实现。二进制编码类似生物染色体的组成，其算法便于用生物遗传理论来解释，且遗传操作容易实现。

（2）能够处理的模式数目最多。模式是指能够对染色体之间的相似性进行解释的模板。这种模板是通过引入通配符"*"来实现的。通配符"*"可以认为是 1 或是 0。例如，模式

"*1*"描述了由 4 个染色体组成的染色体集合{010，011，110，111}。从理论上说，采用二进制编码，算法能处理的模式最多。

二进制编码的主要缺点如下。

（1）存在汉明悬崖。在二进制编码中，相邻二进制数的编码可能具有较大的汉明距离。例如，7 和 8 的二进制数分别为 0111 和 1000，当算法将编码从 0111 改进到 1000 时必须改变所有的位。这种较大的汉明距离无疑会降低遗传算法的搜索效率。

（2）缺乏串长的微调功能。采用二进制编码，需要先根据求解精度确定串长，串长被确定后，其长度在算法执行过程中不能改变。实际上，在算法开始阶段往往不需要太高的精度，或者说不需要太大的串长。串长太大会使算法效率下降，而要提高算法效率，就需要缩小串长，但缩小串长又会导致最优解的精度下降。这是一对矛盾，为解决这对矛盾，人们又提出了一些其他编码方法。

3.5.2.2　格雷编码

格雷编码是对二进制编码进行变换后所得到的一种编码。这种编码要求两个连续整数的编码之间只能有一个码位不同，其余码位都是完全相同的，其编码精度与同长度的二进制编码精度一样，其基本原理如下。

设有二进制编码串 $b_1, b_2, \cdots, b_n$，对应的格雷编码串为 $a_1, a_2, \cdots, a_n$，则从二进制编码到格雷编码的变换为

$$a_i = \begin{cases} b_1, & i = 1 \\ b_{i-1} \oplus b_i, & i > 1 \end{cases} \tag{3-14}$$

式中，$\oplus$ 表示模 2 加法。而从一个格雷编码串到二进制编码串的变换为

$$b_i = \sum_{i=1}^{i} a_j (\text{mod } 2) \tag{3-15}$$

例 3-9　十进制数 7 和 8 的二进制编码分别为 0111 和 1000，而其格雷编码分别为 0100 和 1100。

格雷编码有效地解决了二进制编码存在的汉明悬崖问题。对于格雷编码，任意两个整数之差是这两个整数所对应格雷编码间的汉明距离。这也是遗传算法中使用格雷编码进行个体编码的主要原因。二进制编码单个基因座的变异可能带来巨大的差异，如从 127 变到 255。而格雷编码串之间的一位差异，对应的参数也只是微小的差别。这样就增强了遗传算法的局部搜索能力，便于对连续函数进行局部空间搜索。

3.5.2.3　实数编码

实数编码是指将每个个体的染色体都用某一范围的一个实数（浮点数）来表示，其编码长度等于该问题变量的个数。这种编码方法将问题的解空间映射到实数空间上，然后在实数空间上进行遗传操作。由于实数编码使用的是变量的真实值，因此这种编码方法也称为真值编码方法。实数编码适用于多维、高精度的连续函数优化问题。

例如，若某一个优化问题含有 5 个变量 $x_i = (i = 1, 2, \cdots, 5)$，每个变量都具有其对应的上下限，则 x：[5.80 6.90 3.50 3.80 5.00]就表示了一个个体的基因型。

在实数编码方法中，必须保证基因值在给定的区间限制范围内。遗传算法所使用的交叉、变异的遗传算子也必须保证其运算结果所产生新个体的基因值也在该区域限制范围内。

实数编码的主要优点如下。

（1）适合在遗传算法中表示范围较大的数。

（2）适合精度要求较高的遗传算法。

（3）便于较大空间的遗传搜索。

（4）改善了遗传算法的计算复杂性，提高了运算效率。

（5）便于遗传算法与经典优化方法的混合使用。

（6）便于设计针对问题的专门知识的知识型遗传算子。

（7）便于处理复杂的决策变量约束条件。

3.5.2.4　符号编码

符号编码方法是指个体编码串的基因值取自一个无数值含义只有代码含义的符号集。这个符号集可以是一个字母，如{A，B，C，D，…}；也可以是一个数字序号，如{1，2，3，4，…}；还可以是一个代码，如{C_1，C_2，C_3，…}等。

对于使用符号编码的遗传算法，需要认真设计交叉、变异等遗传运算操作方法，以满足问题的各种约束要求。

符号编码的主要优点如下。

（1）符合有意义积木块编码原则。

（2）便于遗传算法与相关近似算法之间的混合使用。

（3）便于在遗传算法中利用所求解问题的专门知识。

3.5.3　适应度函数

微课视频

适应度函数是一种对个体的适应性进行度量的函数。通常，个体的适应度值越大，它被遗传到下一代种群中的概率就越大。

3.5.3.1　常用的适应度函数

在遗传算法中，有许多计算适应度值的方法，其中最常用的适应度函数有以下两种。

1. 原始适应度函数

它是指直接将待求解问题的目标函数 $f(x)$ 定义为遗传算法的适应度函数。例如，在求解极值问题

$$\max_{x \in [a,b]} f(x) \tag{3-16}$$

时，$f(x)$ 为 x 的原始适应度函数。

采用原始适应度函数的优点是，能够直接反映出待求解问题的最初求解目标；其缺点是，有可能出现适应度值为负的情况。

2. 标准适应度函数

遗传算法中一般要求适应度函数非负，并且适应度值越大越好。这就需要对原始适应

度函数进行某种变换，将其转换为标准的度量方式，以满足进化操作的要求，这样得到的适应度函数被称为标准适应度函数 $f_{normal}(x)$。

对于极小化问题，其标准适应度函数可定义为

$$f_{normal}(x) = \begin{cases} f_{max}(x) - f(x), & f(x) < f_{max}(x) \\ 0, & \text{否则} \end{cases} \tag{3-17}$$

式中，$f_{max}(x)$ 是原始适应度函数 $f(x)$ 的一个上界。如果 $f_{max}(x)$ 未知，则可用当前代或到目前为止各演化代中的 $f(x)$ 的最大值来代替。可见，$f_{max}(x)$ 是会随着进化代数的增加而不断变化的。

对于极大化问题，其标准适应度函数可定义为

$$f_{normal}(x) = \begin{cases} f(x) - f_{min}(x), & f(x) > f_{min}(x) \\ 0, & \text{否则} \end{cases} \tag{3-18}$$

式中，$f_{min}(x)$ 是原始适应度函数 $f(x)$ 的一个下界。如果 $f_{min}(x)$ 未知，则可用当前代或到目前为止各演化代中的 $f(x)$ 的最小值来代替。

3.5.3.2 适应度函数的加速变换

在某些情况下，适应度函数在极值附近的变化可能非常小，以至于不同个体的适应度值非常接近，难以区分出哪个染色体更占优势。对此，最好能定义新的适应度函数，使该适应度函数既与问题的目标函数具有相同的变化趋势，也有更快的变化速度。适应度函数的加速变换有两种基本方法：线性加速、非线性加速。下面重点讨论线性加速问题。

线性加速适应度函数的定义如下：

$$f'(x) = af(x) + \beta \tag{3-19}$$

式中，$f(x)$ 是加速转换前的适应度函数；$f'(x)$ 是加速转换后的适应度函数；α 和 β 是转换系数。α 和 β 的选择应满足如下条件。

（1）变换后得到的新的适应度函数的平均值要等于原适应度函数的平均值。这样可以保证父代种群中的适应度值接近于平均适应度值的个体，能够有相当数量被遗传到下一代种群中，即

$$a \times \frac{\sum_{i=1}^{n} f(x_i)}{n} + \beta = \frac{\sum_{i=1}^{n} f(x_i)}{n} \tag{3-20}$$

式中，$x_i(i=1,2,\cdots,n)$ 为当前代中的染色体。

（2）变换后得到的新的种群个体所具有的最大适应度值要等于其平均适应度值的指定倍数，即

$$a \times \max_{1 \le i \le n}\{f(x_i)\} + \beta = M \times \frac{\sum_{i=1}^{n} f(x_i)}{n} \tag{3-21}$$

式中，$x_i(i=1,2,\cdots,n)$ 为当前代中的染色体；M 是指将当前代中的最大适应度值放大为其平均值的 M 倍。这样，通过选择适当的 M 值，就可以拉开不同染色体间适应度值的差距。

关于 α 和 β 的值，可通过求解由式（3-20）和式（3-21）所组成的联立方程组而得到。除采用线性加速变换办法外，也可采用非线性加速变换方法。

幂函数变换方法：

$$f'(x) = f(x)^k \tag{3-22}$$

指数函数变换方法：

$$f'(x) = \exp(-\beta f(x)) \tag{3-23}$$

3.5.4 遗传操作

遗传算法中的基本遗传操作包括选择、交叉和变异三种，每种操作又包括多种方法，下面分别进行介绍。

3.5.4.1 选择操作

选择操作是指根据适者生存原则从种群中选择出生命力强、较适应环境的个体。这些被选中的个体用于繁殖下一代，产生新种群，故这一操作也称为繁殖。由于在选择用于繁殖下一代的个体时，根据个体对环境的适应度而决定其是否繁殖，所以还称其为非均匀繁殖。

选择操作以适应度为选择原则，体现出优胜劣汰的效果。具体的选择方法很多，都遵从两个原则：①适应度值较高的个体繁殖下一代的概率较高；②适应度值较低的个体繁殖下一代的概率较低，甚至会被淘汰。

常见的选择操作有如下几种。

1. 比例选择

比例选择的基本思想是，每个个体被选中的概率与其适应度值的大小成正比。由于随机操作的原因，这种选择方法的选择误差比较大。常用的比例选择法包括轮盘赌选择法和繁殖池选择法等。

轮盘赌选择法又称为转盘赌选择法或轮盘选择法，是比例选择法中最常用的一种方法。该方法的基本思想是，个体被选中的概率取决于该个体的相对适应度。相对适应度定义为

$$P(x_i) = \frac{f(x_i)}{\sum_{j=1}^{N} f(x_j)} \tag{3-24}$$

式中，$P(x_i)$ 是第 i 个个体 x_i 的相对适应度，即个体 x_i 被选中的概率；$f(x_i)$ 是个体 x_i 的原始适应度；$\sum_{j=1}^{N} f(x_j)$ 是种群的累加适应度。

轮盘赌选择法的基本思想是，根据每个个体被选中的概率 $P(x_i)$，将圆盘分成 N 个扇区，其第 i 个扇区的中心角为

$$2\pi \frac{f(x_i)}{\sum_{j=1}^{N} f(x_j)} = 2\pi P(x_i) \tag{3-25}$$

再设立一个固定指针。当进行选择时，可以假想转动圆盘，若圆盘静止时指针指向第

i 个扇区，则选择个体 x_i。其物理意义如图 3-27 所示。

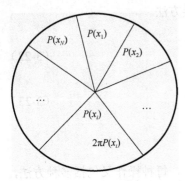

图 3-27　轮盘赌选择法的物理意义

从统计角度看，个体的适应度值越大，其对应的扇区的面积越大，被选中的可能性越大。从而，其基因被遗传到下一代的可能性也就越大。反之，适应度值越小的个体，被选中的可能性就越小，但仍有被选中的可能。这种方法有点类似发放奖品时使用的轮盘，并带有某种赌博的意思，因此被称为轮盘赌选择。

繁殖池选择法也是比例选择法中常用的一种方法，其基本思想是，首先计算种群中每个个体的繁殖数目 N_i，并分别把每个个体复制成 N_i 个个体；其次将这些复制后的个体组成一个临时种群，即形成一个繁殖池；再次从繁殖池中成对地随机抽取个体进行交叉操作，并用新产生的个体取代当前个体；最后形成下一代个体种群。

种群中第 i 个个体的繁殖数目 N_i 可按式（3-26）进行计算：

$$N_i = \text{round}(\text{rel}_i \times N) \tag{3-26}$$

式中，$\text{round}(x)$ 表示与 x 距离最小的整数；N 表示种群规模；rel_i 表示种群中第 i 个个体的相对适应度，其计算公式为

$$\text{rel}_i = \frac{f(x_i)}{\sum_{j=1}^{N} f(x_j)} \tag{3-27}$$

式中，$f(x_i)$ 是种群中第 i 个个体的适应度值。

可以看出，个体的适应度值越大，其相对适应度值越大和繁殖数目越多，即它在繁殖池中被选中的机会就越大。而那些 $N_i = 0$ 的个体肯定会被淘汰。

2. 排序选择

排序选择的基本思想是，首先对种群内的所有个体，按其相对适应度值的大小进行排序；然后根据每个个体的排列顺序，为其分配相应的选择概率；最后基于这些选择概率，采用比例选择法（如轮盘赌选择法）产生下一代种群。

这种方法的主要优点是，消除了个体适应度值因差别很大所产生的影响，使每个个体的选择概率仅与其在种群中的排序有关，而与其适应度值无直接关系。其主要缺点：一是忽略了适应度值之间的实际差别，使得个体的遗传信息未能得到充分利用；二是选择概率和序号的关系必须事先确定。

3. 竞技选择

竞技选择也称为锦标赛选择，其基本思想：首先在种群中随机选择 k 个（允许重复）个体进行锦标式比较，适应度值大的个体将胜出，并被作为下一代种群中的个体；重复以上过程，直到下一代种群中的个体数目达到种群规模为止。参数 k 被称为竞赛规模，通常取 $k = 2$。

这种方法实际上是将局部竞争引入到了选择过程中，既能使那些好的个体有较多的繁殖机会，也可避免某个个体因其适应度值过大而在下一代繁殖较多的情况。

4. 无回放随机选择

这种选择方法也称作期望值选择方法。它的基本思想是，根据每个个体在下一代群体中的生存期望值来进行随机选择。其具体操作过程如下所述。

计算群体中每个个体在下一代群体中的生存期望数目 n_i：

$$n_i = N \frac{f(x_i)}{\sum_{j=1}^{N} f(x_j)} \tag{3-28}$$

若某一个个体被选中参与交叉运算，则它在下一代中的生存期望值减小 0.5；若某一个个体未被选中，则它在下一代中的生存期望值减小 1.0。随着选择过程的进行，若某一个个体的生存期望值小于 0，则该个体不再有机会被选中。

这种选择操作方法能够降低一些误差，但操作不太方便。

3.5.4.2 交叉操作

交叉操作就是指在选中用于繁殖下一代的个体（染色体）中，对两个不同染色体相同位置上的基因进行交换，从而产生新的染色体，所以交叉操作又称为重组操作。当许多染色体相同或后代的染色体与上一代没有多大差别时，可通过染色体重组来产生新一代染色体。交叉操作分为两个步骤：首先进行随机配对，然后执行交叉操作。配对就是指从被选中用于繁殖下一代的个体中，随机地选取两个个体组成一对。交叉操作就是按照一定概率在某位置上交换配对编码的部分子串。这是一个随机信息交换过程，其目的在于产生新的基因组合，即产生新的个体。根据个体编码方法的不同，遗传算法中的交叉操作可分为二进制值交叉和实值交叉两种类型。

1. 二进制值交叉

二进制值交叉是指在二进制编码情况下采用的交叉操作，主要包括单点交叉、两点交叉、多点交叉和均匀交叉等方法。

1）单点交叉

单点交叉也称为简单交叉，是指先在两个父代个体的编码串中随机设定一个交叉点，然后对这两个父代个体交叉点前面或后面部分的基因进行交换，并生成子代中的两个新的个体。

假设两个父代个体的编码串分别是

$$X = x_1 \, x_2 \cdots x_k \, x_{k+1} \cdots x_n$$
$$Y = y_1 \, y_2 \cdots y_k \, y_{k+1} \cdots y_n$$

随机选择第 k 位为交叉点，若采用对交叉点后面的基因进行交换的方法，即将 X 中的 $x_{k+1} \sim x_n$ 部分与 Y 中的 $y_{k+1} \sim y_n$ 部分进行交换，交换后生成的两个新个体的编码串是

$$X' = x_1 \, x_2 \cdots x_k \, y_{k+1} \cdots y_n$$
$$Y' = y_1 \, y_2 \cdots y_k \, x_{k+1} \cdots x_n$$

交叉得到的新编码串不一定都能保留在下一代，可以仅保留适应度值大的那个编码串。

单点交叉的特点：若邻接基因座之间的关系能提供较好的个体性状和较大的个体适应度值，则这种单点交叉操作破坏这种个体性状和较小个体适应度值的可能性最小。

例 3-10   设有两个父代个体的编码串 $A = 001101$ 和 $B = 110010$，若随机交叉点为 4，则交叉后生成的两个新个体的编码串是

$$A' = 001110$$
$$B' = 110001$$

2）两点交叉

两点交叉是指先在两个父代个体的编码串中随机设定两个交叉点，再按这两个交叉点进行部分基因交换，生成子代中的两个新的个体。

假设两个父代个体的编码串分别是

$$X = x_1 \ x_2 \cdots x_i \cdots x_j \cdots x_n$$
$$Y = y_1 \ y_2 \ \cdots y_i \cdots y_j \cdots y_n$$

随机设定第 i、j 位为两个交叉点（其中 $i < j < n$），即将 X 中的 $x_{i+1} \sim x_j$ 部分与 Y 的 $y_{i+1} \sim y_j$ 部分进行交换，交叉后生成的两个新个体的编码串是

$$X' = x_1 \ x_2 \cdots x_i \ y_{i+1} \cdots y_j \ x_{j+1} \cdots x_n$$
$$Y' = y_1 \ y_2 \ \cdots y_i \ x_{i+1} \cdots x_j \ y_{j+1} \cdots y_n$$

例 3-11   设有两个父代个体的编码串 $A = 001011$ 和 $B = 110100$，若随机交叉点为 3 和 5，则交叉后生成的两个新个体的编码串是

$$A' = 001101$$
$$B' = 110010$$

3）多点交叉

多点交叉是指先在两个父代个体的编码串中随机生成多个交叉点，再按这些交叉点分段地进行部分基因交换，生成子代中的两个新的个体。

假设设置的交叉点个数为 m 个，则可将个体串（染色体）划分为 $m+1$ 个分段（基因组），其划分方法：当 m 为偶数时，对全部交叉点依次进行两两配对，构成 $m/2$ 个交叉段；当 m 为奇数时，对前 $m-1$ 个交叉点依次进行两两配对，构成 $(m-1)/2$ 个交叉段，而第 m 个交叉点按单点交叉方法构成一个交叉段。

为便于理解，下面以 $m = 3$ 为例进行讨论。假设两个父代个体的编码串分别是

$$X = x_1 \ x_2 \cdots x_i \cdots x_j \cdots x_k \cdots x_n$$
$$Y = y_1 \ y_2 \ \cdots y_i \cdots y_j \cdots y_k \cdots y_n$$

随机设定第 i、j、k 位为三个交叉点（$i < j < k < n$），则将构成两个交叉段。其中，第一个交叉段是由前两个交叉点构成一个两点交叉段，即将 X 中的 $x_{i+1} \sim x_j$ 部分与 Y 中的 $y_{i+1} \sim y_j$ 部分进行交换；第二个交叉段是由第三个交叉点构成的一个单点交叉段，即将 X 中的 $x_{k+1} \sim x_n$ 部分与 Y 中的 $y_{k+1} \sim y_n$ 部分进行交换。交叉后生成的两个新个体的编码串是

$$X' = x_1 \ x_2 \cdots x_i \ y_{i+1} \cdots y_j \ x_{j+1} \cdots x_k \ y_{k+1} \cdots y_n$$
$$Y' = y_1 \ y_2 \ \cdots y_i \ x_{i+1} \cdots x_j \ y_{j+1} \cdots y_k \ x_{k+1} \cdots x_n$$

例 3-12　设有两个父代个体的编码串 $A = 001101$ 和 $B = 110010$，若随机交叉点为 1、3 和 5，则交叉后生成的两个新个体的编码串是

$$A' = 010100$$
$$B' = 101011$$

4）均匀交叉

均匀交叉先随机生成一个与父代个体的编码串具有相同长度，并被称为交叉模板（或交叉掩码）的二进制串，再利用该模板对两个父代个体的编码串进行交叉，即将模板中 1 对应的位进行交换，而 0 对应的位不交换，依次生成子代中的两个新的个体。事实上，这种方法对父代个体的编码串中的每一位都是以相同的概率随机进行交叉的。

例 3-13　设有两个父代个体的编码串 $A = 001101$ 和 $B = 110010$，若随机生成的模板 $T = 010011$，则交叉后生成的两个新个体的编码串是 $A' = 011110$ 和 $B' = 100001$，即

$$T = 010011$$
$$A' = 011110$$
$$B' = 100001$$

2. 实值交叉

实值交叉是在实数编码情况下所采用的交叉操作，包括离散交叉和算术交叉等。

1）离散交叉

离散交叉又可分为部分离散交叉和整体离散交叉。部分离散交叉是指先在两个父代个体的编码向量中随机选择一部分分量，然后对这部分分量进行交换，生成子代中的两个新的个体。整体离散交叉则是指对两个父代个体的编码向量中的所有分量，都以 1/2 的概率进行交换，从而生成子代中的两个新的个体。

对于部分离散交叉，假设两个父代个体的 n 维实向量分别是 $X = [x_1\ x_2\ \cdots\ x_i\ \cdots\ x_k\ \cdots\ x_n]$ 和 $Y = [y_1\ y_2\ \cdots\ y_i\ \cdots\ y_k\ \cdots\ y_n]$，若随机选择第 k 个分量以后的所有分量进行交换，则生成的两个新个体的向量是

$$X' = [x_1\ x_2\ \cdots\ x_k\ y_{k+1}\ \cdots\ y_n]$$
$$Y' = [y_1\ y_2\ \cdots\ y_k\ x_{k+1}\ \cdots\ x_n]$$

例 3-14　设有两个父代个体的向量 $A = [20\ 16\ 19\ 32\ 18\ 26]$ 和 $B = [36\ 25\ 38\ 12\ 21\ 30]$，若随机选择第 3 个分量以后的所有分量进行交换，则交换后的两个新个体的向量是

$$A' = [20\ 16\ 19\ 12\ 21\ 30]$$
$$B' = [36\ 25\ 38\ 32\ 18\ 26]$$

2）算数交叉

算数交叉是指由两个个体线性组合而产生出两个新的个体。

假设在两个个体 X_A^t、X_B^t 之间进行算数交叉，则交叉后所产生的两个新个体是

$$\begin{cases} X_A^{t+1} = \alpha X_B^t + (1-\alpha)X_A^t \\ X_B^{t+1} = \alpha X_A^t + (1-\alpha)X_B^t \end{cases}$$

式中，α 为一个参数，它可以是一个常数，此时所进行的交叉运算称为均匀算数交叉；它也可以是一个由进化代数所决定的变量，此时所进行的交叉运算称为非均匀算数交叉。

3.5.4.3　变异操作

微课视频

变异也称为突变，是指对选中个体的染色体中的某些基因执行异向转化，以形成新的个体。变异也是生物遗传和自然进化中的一种基本现象，可增强种群的多样性。遗传算法中的变异操作增加了算法的局部随机搜索能力，从而可以维持种群的多样性。根据个体编码方式的不同，变异操作可分为二进制值变异和实值变异两种类型。

1. 二进制值变异

当个体的染色体用二进制编码表示时，其变异操作应采用二进制值变异方法。该变异方法是，先随机地产生一个变异位，然后将该变异位上的基因值由"0"变为"1"或由"1"变为"0"，产生一个新的个体。

例 3-15　设变异前个体的编码串为 $A = 001101$，若随机产生的变异位置是 2，则该个体的第 2 位将由"0"变为"1"，变异后的新个体的编码串是 $A' = 011101$。

2. 实值变异

当个体的染色体用实数编码表示时，其变异操作应采用实值变异方法。该方法是，用另一个在规定范围内的随机实数去替换原变异位上的基因值，产生一个新的个体。最常用的实值变异操作有基于位置的变异和基于次序的变异等。

基于位置的变异方法是，先随机地产生两个变异位置，然后将第二个变异位置上的基因移动到第一个变异位置的前面。

例 3-16　设选中的个体向量 $C = [20\ 16\ 19\ 12\ 21\ 30]$，若随机产生的两个变异位置分别是 2 和 4，则变异后的新的个体向量是

$$C' = [20\ 12\ 16\ 19\ 21\ 30]$$

基于次序的变异方法是，先随机地产生两个变异位置，然后交换这两个变异位置上的基因。

例 3-17　设选中的个体向量 $D = [20\ 12\ 16\ 19\ 21\ 30]$，若随机产生的两个变异位置分别是 2 和 4，则变异后的新的个体向量是

$$D' = [20\ 19\ 16\ 12\ 21\ 30]$$

例 3-18　用遗传算法求函数 $f(x) = x^2$ 的最大值。式中，x 为 $[0, 31]$ 上的整数。

解：

（1）编码。

由于 x 是区间 $[0, 31]$ 上的整数，用 5 位二进制数即可全部表示，因此可采用二进制编码方法，其编码串长度为 5。例如，用二进制编码串 00000 来表示 $x = 0$，用 11111 表示 $x = 31$ 等。其中的 0 和 1 为基因值。

（2）生成初始种群。

假设种群规模 $N = 4$，然后从全部个体中随机抽取 4 个个体组成初始种群。随机生成的初始种群（即第 0 代种群）表示为

$$S_{01} = 01101$$
$$S_{02} = 11001$$

$$S_{03} = 0\,1\,0\,0\,0$$
$$S_{04} = 1\,0\,0\,1\,0$$

（3）计算适应度值。

这里采用原始适应度函数计算其适应度值，将二进制编码转换成十进制整数，然后取其二次方作为该个体的适应度值，即

$$f(S) = f(x)$$

式中的二进制编码串 S 对应着变量 x 的值。根据此函数，初始种群情况如表 3-1 所示。可以看出，在 4 个个体中，S_{02} 的适应度值最大，是当前最佳个体。

表 3-1　初始种群情况

编　号	个体编码串 （染色体）	x	适 应 度 值	百分比/%	累计百分比/%	选 中 次 数
S_{01}	0 1 1 0 1	13	169	14.30	14.30	1
S_{02}	1 1 0 0 1	25	625	52.88	67.18	2
S_{03}	0 1 0 0 0	8	64	5.41	72.59	0
S_{04}	1 0 0 1 0	18	324	27.41	100	1

（4）选择操作。

采用简单的轮盘赌选择法选择个体，且依次生成的 4 个随机数（相当于轮盘上指针所指的数）为 0.85、0.32、0.12 和 0.46，经选择后得到的新的种群为

$$S_{01} = 1\,0\,0\,1\,0$$
$$S_{02} = 1\,1\,0\,0\,1$$
$$S_{03} = 0\,1\,1\,0\,1$$
$$S_{04} = 1\,1\,0\,0\,1$$

其中，染色体 11001 在种群中出现了两次，而原染色体 01000 则因适应度值太小而被淘汰。

（5）交叉。

令交叉概率 P_c 为 50%，即种群中只有 1/2 的染色体参与交叉。若规定种群中的染色体按顺序两两配对交叉，且有 S_{01} 与 S_{02} 交叉、S_{03} 与 S_{04} 不交叉，则初始种群的交叉情况如表 3-2 所示。

表 3-2　初始种群的交叉情况

编　　号	个体编码串 （染色体）	交 叉 对 象	交 叉 位	子　代	适 应 度 值
S_{01}	1 0 0 1 0	S_{02}	3	1 0 0 0 1	289
S_{02}	1 1 0 0 1	S_{01}	3	1 1 0 1 0	676
S_{03}	0 1 1 0 1	S_{04}	N	0 1 1 0 1	169
S_{04}	1 1 0 0 1	S_{03}	N	1 1 0 0 1	625

经交叉后得到的新的种群为

$$S_{01} = 10001$$
$$S_{02} = 11010$$
$$S_{03} = 01101$$
$$S_{04} = 11001$$

（6）变异。

变异概率 P_m 一般都很小，此处令变异概率 P_m 为 0.01，即平均每 100 位中有 1 位突变。本例题的群体只包含 4 个 5 位的字符串共 20 位。平均每遗传一代只有 0.2 位产生突变，每遗传 5 代才有 1 位发生突变。假设本次循环中没有发生变异，则变异前的种群为进化后所得到的第 1 代种群，即

$$S_{11} = 10001$$
$$S_{12} = 11010$$
$$S_{13} = 01101$$
$$S_{14} = 11001$$

对第 1 代种群重复上述第（4）～（6）步的操作。

对于第 1 代种群，其选择情况如表 3-3 所示。

表 3-3　第 1 代种群的选择情况

编　号	个体编码串 （染色体）	x	适　应　值	百分比/%	累计百分比/%	选 中 次 数
S_{11}	10001	17	289	16.43	16.43	1
S_{12}	11010	26	676	38.43	54.86	2
S_{13}	01101	13	169	9.61	64.47	0
S_{14}	11001	25	625	35.53	100	1

其中，若假设按轮盘赌选择法依次生成的 4 个随机数为 0.14、0.51、0.24 和 0.82，则经选择后得到的新的种群为

$$S_{11} = 10001$$
$$S_{12} = 11010$$
$$S_{13} = 11010$$
$$S_{14} = 11001$$

可以看出，染色体 11010 被选择了两次，而原染色体 01101 因适应度值太小而被淘汰。

对于第 1 代种群，若交叉概率为 1，则其交叉情况如表 3-4 所示。

表 3-4　第 1 代种群的交叉情况

编　号	个体编码串 （染色体）	交 叉 对 象	交 叉 位	子　代	适 应 度 值
S_{11}	10001	S_{12}	3	10010	324
S_{12}	11010	S_{11}	3	11001	625
S_{13}	11010	S_{14}	2	11001	625
S_{14}	11001	S_{13}	2	11010	676

可见，经交叉后得到的新的种群为

$$S_{11} = 1\,0\,0\,1\,0$$
$$S_{12} = 1\,1\,0\,0\,1$$
$$S_{13} = 1\,1\,0\,0\,1$$
$$S_{14} = 1\,1\,0\,1\,0$$

从这个新的种群来看，第 3 位基因均为 0，已经不可能通过交叉达到最优解。这种过早陷入局部最优解的现象称为早熟。为解决这一问题，需要采用变异操作。

对于第 1 代种群，其变异情况如表 3-5 所示。

表 3-5　第 1 代种群的变异情况

编　号	个体编码串 （染色体）	是否变异	变　异　位	子　代	适应度值
S_{11}	1 0 0 1 0	否		1 0 0 1 0	324
S_{12}	1 1 0 0 1	否		1 1 0 0 1	625
S_{13}	1 1 0 0 1	否		1 1 0 0 1	625
S_{14}	1 1 0 1 0	是	3	1 1 1 1 0	900

它是通过对 S_{14} 的第 3 位进行变异来实现的。变异后得到的第 2 代种群为

$$S_{21} = 1\,0\,0\,1\,0$$
$$S_{22} = 1\,1\,0\,0\,1$$
$$S_{23} = 1\,1\,0\,0\,1$$
$$S_{24} = 1\,1\,1\,1\,0$$

对第 2 代种群同样重复上述第（4）～（6）步的操作。

对于第 2 代种群，其选择情况如表 3-6 所示。

表 3-6　第 2 代种群的选择情况

编　号	个体编码串 （染色体）	x	适　应　值	百分比/%	累计百分比/%	选　中　次　数
S_{21}	1 0 0 1 0	18	324	13.10	13.10	1
S_{22}	1 1 0 0 1	25	625	25.26	38.36	1
S_{23}	1 1 0 0 1	25	625	25.26	63.62	1
S_{24}	1 1 1 1 0	30	900	36.38	100	1

其中，若假设按轮盘赌选择法依次生成的 4 个随机数为 0.42、0.15、0.59 和 0.91，则经选择后得到的新的种群为

$$S_{21} = 1\,1\,0\,0\,1$$
$$S_{22} = 1\,0\,0\,1\,0$$
$$S_{23} = 1\,1\,0\,0\,1$$
$$S_{24} = 1\,1\,1\,1\,0$$

对于第 2 代种群，其交叉情况如表 3-7 所示。这时，函数的最大值已经出现，其对应

的染色体为 11111，经解码后可知，问题的最优解是 $x=31$。

表 3-7　第 2 代种群的交叉情况

编　号	个体编码串 （染色体）	交叉对象	交叉位	子　代	适应度值
S_{21}	11001	S_{22}	3	11010	676
S_{22}	10010	S_{21}	3	10001	289
S_{23}	11001	S_{24}	4	11000	576
S_{24}	11110	S_{23}	4	11111	961

3.6　智能搜索应用案例

本节以一个元素选取实例来直观地理解遗传算法。

在一个长度为 50 的数组中，选取 10 个元素，要求这 10 个元素的和为数组内所有元素总和的 1/10 或尽可能接近。若采用穷举法解决该问题，从 50 个元素中选取 10 个元素，有 C_{50}^{10} 种选取结果，计算量非常大。下面采用遗传算法对该问题进行求解。

（1）创建随机个体，Python 参考代码如下。

```
def create_answer(number_set, n): # number_set 为数组， n 为创建的个体数目
    result = []
    for i in range (n):
        result.append(random.sample(number_set, 10))
    return result
```

（2）计算 error，用于选择交换个体。error 越大，其与真实值越接近，选取到的概率也就越大，其信息更容易保存下来（优胜劣汰）。Python 参考代码如下。

```
def error_level(new_answer, numbers_set): # new_answer 为所有个体
    error = []
    right_answer = sum(numbers_set)/10
    for item in new_answer:
        value = abs(right_answer - sum(item))
        if value == 0:
            error.append(10)# value 次小值为 0.1,1/value 为 10，这里大于或等于 10 都行
        else:
            error.append(1/value) # value 越小越好，即 error 越大
    return error

def choice_selected(old_answer, numbers_set):
    result = []
    error = error_level(old_answer,numbers_set)
```

```
error_one = [item/sum(error) for item in error] #error 归一化，所有个体的 error 和为 1，这里 error 可
```
视为后面选取的概率

```
        for i in range(1,len(error_one)):
            error_one[i] += error_one[i-1] #前面 error 求和，方便个体抽取
```

（3）交换信息，Python 参考代码如下。

```
    def choice_selected(old_answer, numbers_set):
        result = []  # 保存一次繁衍的所有子代
        error = error_level(old_answer,numbers_set)
        error_one = [item/sum(error) for item in error]
        for i in range(1,len(error_one)):
            error_one[i] += error_one[i-1]

        for i in range(len(old_answer)//2): #繁衍次数
            temp=[]
            for j in range(2):
                rand = random.uniform(0, 1)
                for k in range(len(error_one)):
                    if k == 0:
                        if rand<error_one[k]:
                            temp.append(old_answer[k])
                    else:
                        if rand>=error_one[k-1] and rand<error_one[k]:
                            temp.append(old_answer[k])
            rand = random.randint(0, 6)  # 选择连续的 3 个数进行交换，一共 10 个数
            temp_1 = temp[0][:rand] + temp[1][rand:rand+3] + temp[0][rand+3:]
            temp_2 = temp[1][:rand] + temp[0][rand:rand+3] + temp[1][rand+3:]
            if len(set(temp_1)) == 10 and len(set(temp_2)) == 10:  # 判断子代是否具有相同元素，若有则保
存父本和母本
                result.append(temp_1)
                result.append(temp_2)
            else:
                result.append(temp[0])
                result.append(temp[1])
        return result
```

（4）信息变异，Python 代码如下。

```
    def variation(old_answer, numbers_set, pro):  # pro 为产生变异的概率
        for i in range(len(old_answer)):
            rand = random.uniform(0, 1)
            if rand < pro:
                rand_num = random.randint(0, 9)
```

new_numbers_set = [i for i in numbers_set if i not in old_answer] # 变异的数不能与个体其他数相同

old_answer[i] = old_answer[i][:rand_num] + random.sample(new_numbers_set, 1) + old_answer[i][rand_num+1:]

（5）结果打印。在 0 到 1000 中随机选取 50 个数作为一个原始的数组，按照相应要求执行程序打印结果，Python 代码如下。

```python
import random
numbers_set = random.sample(range(0,1000), 50) # 在 0 到 1000 中随机选取 50 个数作为一个原始的数组
middle_answer = create_answer(numbers_set, 100)# 随机创建 100 个个体
first_answer = middle_answer[0]
great_answer = [ ] # 用来保存每一代最好的个体
for i in range(1000):# 共繁衍 1000 代
    middle_answer = choice_selected(middle_answer, numbers_set) # 交换信息后的个体
    middle_answer = variation(middle_answer, numbers_set, 0.1) # 个体产生变异
    error = error_level(middle_answer, numbers_set) # 计算每个个体的元素和与数组和 1/10 的 error
    index = error.index(max(error)) # 保存 error 最大个体的下标（error 越大越好，后面有解释）
    great_answer.append([middle_answer[index],error[index]])# 保存这一代最好的个体和 error
great_answer.sort(key= lambda x:x[1], reverse=True)# 按照 error 从大到小排序
print("正确答案为", sum(numbers_set)/10)
print("给出的最优解为", great_answer[0][0])
print("该和为", sum(great_answer[0][0]))
print("选择系数为", great_answer[0][1])
```

元素选取结果如图 3-28 所示。

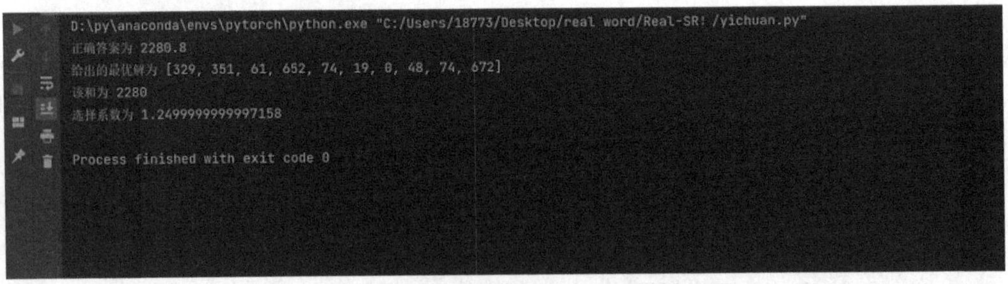

图 3-28　元素选取结果

本章小结

本章主要介绍了智能搜索策略的相关概念和基本理论，同时围绕启发式搜索方式介绍了一些常用的搜索策略，学习目标如下所述。

（1）了解并熟悉搜索的概念和相关基本知识。

（2）理解启发式搜索的含义。

（3）掌握启发式搜索、与或树搜索及博弈搜索算法。

（4）掌握遗传算法的应用及典型应用实例。

习题

一、选择题

1．关于与或图表示法的叙述，正确的是（　　）。

A 用"AND"和"OR"连接各部分的图形，用来描述各部分的因果关系

B 用"AND"和"OR"连接各部分的图形，用来描述各部分之间的不确定关系

C 用"与"节点和"或"节点组合起来的树形图，用来描述某类问题的求解过程

D 用"与"节点和"或"节点组合起来的树形图，用来描述某类问题的层次关系

2．在与或树、与或图中，把没有任何父节点的节点叫作（　　）。

A 叶节点　　　　　　B 端节点　　　　　　C 根节点　　　　　　D 起始节点

3．在启发式搜索中，通常 OPEN 表上的节点按照它们的估价函数值的（　　）顺序排列。

A 递增　　　　　　B 平均值　　　　　　C 递减　　　　　　D 最小

4．启发式搜索方法能够保证在搜索树中找到一条通向目标节点的（　　）路径（如果有路径存在时）。

A 可行　　　　　　B 最短　　　　　　C 最长　　　　　　D 解

5．下列属于遗传算法基本内容的是（　　）。

A 图像识别　　　　B 遗传算子　　　　C 语音识别　　　　D 神经调节

6．A*算法是一种（　　）。

A 图搜索策略　　　B 有序搜索算法　　　C 盲目搜索　　　D 启发式搜索

二、简答题

1．什么是搜索？有哪两大类不同的搜索方法？两者的区别是什么？

2．何为估价函数？在估价函数中，$g(n)$ 和 $h(n)$ 各起什么作用？

3．什么是遗传算法？简述其基本思想和基本结构。

4．常用的适应度函数有哪几种？

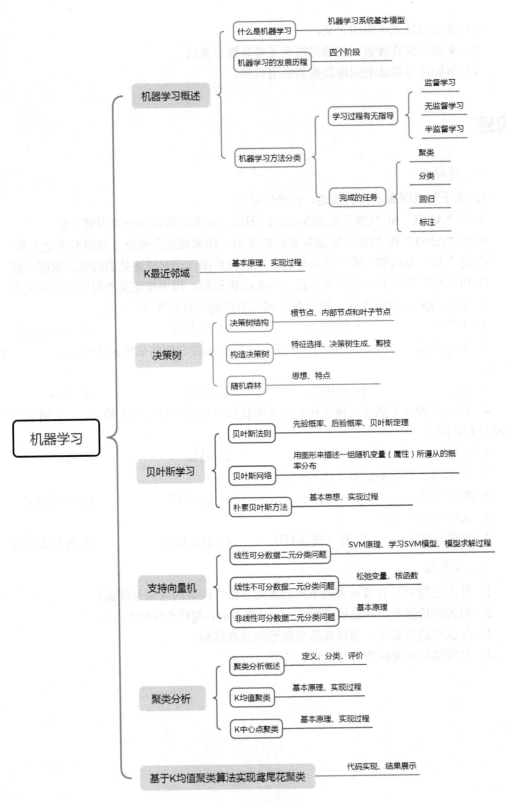

机器学习

- 机器学习概述
  - 什么是机器学习 —— 机器学习系统基本模型
  - 机器学习的发展历程 —— 四个阶段
  - 机器学习方法分类
    - 学习过程有无指导
      - 监督学习
      - 无监督学习
      - 半监督学习
    - 完成的任务
      - 聚类
      - 分类
      - 回归
      - 标注

- K最近邻域 —— 基本原理、实现过程

- 决策树
  - 决策树结构 —— 根节点、内部节点和叶子节点
  - 构造决策树 —— 特征选择、决策树生成、剪枝
  - 随机森林 —— 思想、特点

- 贝叶斯学习
  - 贝叶斯法则 —— 先验概率、后验概率、贝叶斯定理
  - 贝叶斯网络 —— 用图形来描述一组随机变量（属性）所遵从的概率分布
  - 朴素贝叶斯方法 —— 基本思想、实现过程

- 支持向量机
  - 线性可分数据二元分类问题 —— SVM原理、学习SVM模型、模型求解过程
  - 线性不可分数据二元分类问题 —— 松弛变量、核函数
  - 非线性可分数据二元分类问题 —— 基本原理

- 聚类分析
  - 聚类分析概述 —— 定义、分类、评价
  - K均值聚类 —— 基本原理、实现过程
  - K中心点聚类 —— 基本原理、实现过程

- 基于K均值聚类算法实现鸢尾花聚类 —— 代码实现、结果展示

第 4 章思维导图

第4章 机器学习

机器学习（Machine Learning，ML）是人工智能的核心分支，主要解决知识自动获取问题，正处于高速发展之中，其应用遍布人工智能的各个领域。机器学习的理论主要是设计和分析一些让计算机可以自动"学习"的算法，使其能够从数据中自动分析、获取规律，并利用规律对未知数据进行预测。关于机器学习的观点和方法层出不穷，所以机器学习是目前人工智能领域中最火热的一个研究方向。本章将主要介绍机器学习的相关概念和目前比较流行的机器学习方法。人工神经网络也是机器重要的学习途径，本书将在后续章节进行专门介绍。

4.1 机器学习概述

4.1.1 什么是机器学习

机器学习的核心是学习。关于学习，至今没有一个精确的、能被公认的定义。目前在机器学习领域影响较大的是美国卡内基梅隆大学教授西蒙的观点：如果一个系统能够通过执行某种过程而改进它自身的性能，这就是学习。这个阐述包含三个要点：学习是一个过程；学习是对一个系统而言的，这个系统可以是简单的一个人或者一台机器，也可以是相当复杂的一个计算系统，甚至是包括人在内的人机计算系统；学习能够改善系统性能。机器学习系统的基本模型如图 4-1 所示，其就是基于这一观点建立起来的，共包含 4 个部分，即环境、学习单元、知识库和执行单元。

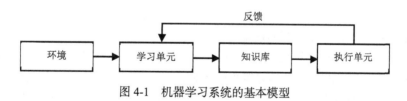

图 4-1　机器学习系统的基本模型

1. 环境

环境是指系统外部信息的来源，它可以是系统的工作对象，也可以包括工作对象和外界条件，为系统的学习提供相关对象的素材信息。如何构造高质量、高水平的信息，将对学习系统获取知识的能力有很大的影响。

2. 学习单元

学习单元用于处理环境提供的信息，相当于各种学习算法，通过对环境进行搜索获得外部信息，并将这些信息与执行单元所反馈的信息进行比较。一般情况下，环境提供的信息水平与执行单元所需的信息水平之间存在差距，经过分析、综合、类比和归纳等思维过程，学习单元从这些差距中获取相关对象的知识，并将这些知识存入知识库。

3. 知识库

知识库用于存储学习得到的知识，在存储时要进行适当的组织，使它既便于应用又便于维护。

4. 执行单元

执行单元用于处理系统面临的现实问题，即应用知识库中所学到的知识求解问题，如智能控制、自然语言理解和定理证明等，并对执行的效果进行评价，将评价的结果反馈给学习单元，以便系统进一步学习。

机器学习是定义在学习之上的，由于目前学习无统一定义，因此对机器学习也不可能给出一个严格的定义。从直观上理解，机器学习研究机器模拟人类的学习活动，获得知识和技能的理论和方法。机器学习是使计算机具有智能的根本途径，是人工智能领域中最具有智能特征的前沿研究领域之一。

4.1.2　机器学习的发展历程

人工智能发展早期，机器学习的研究处于非常重要的地位。纵观机器学习的发展历程，可以概括为以下四个阶段。

第一阶段为20世纪50年代至60年代，这个阶段属于机器学习的"萌芽期"，主要研究的是无知识学习。在此时期诸多经典的算法被提出，但大多数都集中在人工神经网络方向，主要代表性事件：1950年，"人工智能之父"图灵提出了著名的"图灵测试"，使人工智能成为计算机学科领域一个重要的研究课题；1957年，美国康奈尔大学教授弗兰克提出了 Perceptron 理论，首次用算法精确定义了自组织学习的神经网络数学模型，设计出了第一个计算机神经网络，这个机器学习算法成为神经网络模型的"开山鼻祖"；1959年，IBM公司的 Samuel 设计了一个具有学习能力的跳棋程序，曾经战胜了美国一位保持8年不败的冠军，这个程序向人们初步展示了机器学习的能力。当时的模型具有很大的局限性，其性能还达不到人们对机器学习系统的期望。

第二阶段为20世纪60年代到70年代，这一阶段属于机器学习的"低谷期"，主要研究符号概念获取，并提出了关于学习概念的各种假设。但是当时提出的备类机器学习算法，性能上存在缺陷，难以满足业务需求，学术界对机器学习的研究热情也由此陷入一个低谷期。这个时期的主要代表性事件：Hubel 和 Wiesel 发现猫脑皮层中独特的神经网络结构可以有效降低学习的复杂性，从而提出著名的 Hubel-Wiesel 生物视觉模型，并启发了之后提出的多种神经网络模型；1969年，人工智能研究的先驱者 Marvin Minsky 和 Seymour Paper 出版了对机器学习研究具有深远影响的著作 *Perceptron*，但其中提出的 XOR 问题给感知机研究带来了沉重打击，此后的十几年基于神经网络的人工智能研究进入低潮。

第三阶段为20世纪80年代到90年代，这一阶段属于机器学习的"复苏期"。标志性事件是1980年在美国召开了首届机器学习国际研讨会，其标志着业界对机器学习的研究重新回到了正轨。更重要的是人们普遍认识到，一个系统在没有知识的条件下是不可能学到高级概念的，因此人们引入大量知识作为学习系统的背景知识，并且从学习单个概念扩展到学习多个概念，探索不同的学习策略和各种学习方法，尝试把学习系统与各种应用结合起来。这使得机器学习理论研究出现了新的局面，促进了机器学习的发展。这个时期的主要代表性事件：1980 年，在美国卡内基梅隆大学举行了第一届机器学习国际研讨会，标志着机器学习研究在世界范围内兴起；1982 年，Hopfield 发表了一篇关于神经网络模型的论文，构造出能量函数并把这一概念引入 Hopfield 网络，同时通过对动力系统性质的认识，实现了 Hopfield 网络的最优化解，推动了神经网络的深入研究和发展应用；1986 年，*Machine Learning* 创刊，标志着机器学习逐渐为世人瞩目并开始加速发展。

第四阶段，也就是进入 21 世纪之后，属于机器学习的"成熟期"。这个阶段最重要的标志是深度学习模型的提出，它突破了对原浅层人工神经网络的限制，可以更好地应对复杂的学习任务，其也是目前为止模拟人类学习能力最佳的智能学习方法。此外，人工智能技术和计算机技术的快速发展，也为机器学习提供了新的更强有力的研究手段和环境。这个时期的主要代表性事件：2006 年，机器学习领域的泰斗 Geoffrey Hinton 和 Ruslan Salakhutdinov 发表文章提出了深度学习模型，开启了深度神经网络机器学习的新时代；2012 年，Hinton 研究团队采用深度学习模型赢得了计算机视觉领域最具有影响力的 ImageNet 比赛冠军，标志着深度学习进入第二阶段；当前，Google 翻译、苹果智能语音助手 Siri、微软的人工智能助理 Cortana，特别是 Google 公司的 AlphaGo 人机大战获胜的奇迹等，使机器学习成为计算机学科的一个新的领域。

4.1.3　机器学习方法分类

机器学习方法种类繁多，可以从不同角度对机器学习方法进行分类。

4.1.3.1　按学习过程有无指导分类

从学习的过程来看，机器学习方法可以分为监督学习（Supervised Learning）、无监督学习（Unsupervised Learning）和半监督学习（Semi-supervised Learning）等类别。

1. 监督学习

监督学习也称为有导师学习，其学习对象是有标签数据，有标签数据是指已经给出明确标记的数据，即在学习之前事先知道输入数据的标准输出。在学习的每一步都能明确地判定当前学习结果的对错或者计算出确切误差，用于指导下一步学习的方向。监督学习的学习过程就是不断地修正学习模型参数使其输出向标准输出不断逼近，直至达到稳定的收敛为止。监督学习可用于解决分类、回归和预测等问题，其典型方法有 K 最近邻域方法、人工神经网络方法、决策树方法和支持向量机方法等。

2. 无监督学习

无监督学习也称为无导师学习，其训练数据没有标签，即在学习之前没有或者不知道关于输入数据的标准输出，对学习结果的判定由学习模型自身设定的条件决定。无监督学习的学习过程一般是一个自组织的过程，一般直接从原始数据中学习，不借助任何人工给出的标签或反馈等指导信息。如果说监督学习建立输入与输出之间的映射关系，那么无监督学习就是发现隐藏在数据中的有用信息，包括有效的特征、类别、结构及概率分布等。无监督学习一般用来从无标签的数据中挖掘新信息，其典型方法有主成分分析、稀疏编码和 K 均值聚类等。

3. 半监督学习

半监督学习是监督学习和无监督学习相结合的一种学习方法，它利用少量已标记样本来帮助对大量未标记样本进行标记。

4.1.3.2 按完成的任务分类

根据机器学习所完成的任务，即其所解决的基本问题，机器学习方法可以分为聚类、分类、回归和标注等。

1. 聚类

聚类（Clustering）模型用于将训练数据按照某种关系划分为多个族，将关系相近的训练数据分在同一个族中。聚类属于无监督学习，它的训练数据没有标签，但经预测后的测试数据会被标注上标签，该标签是它所属族的族号。

2. 分类

分类是机器学习中最为广泛的一个任务，它用于将某个事物判定为属于预先设定的多个类别中的某一个。分类一般采用一种学习算法，根据输入数据建立分类模型，该模型可以很好地拟合输入数据中类别和属性之间的关系。分类属于监督学习，数据的标签是分类的类别号。分类模型分为二分类模型和多分类模型。例如，预测明天是否下雨，是一个二分类问题；预测明天是阴、晴还是下雨，则是一个多分类问题。

3. 回归

回归（Regression）模型预测的不是属于哪一类别，而是什么值，可以看成将分类模型的类别数无限增加，即标签值不再只是几个离散的值，而是连续的值。例如，预测明天的气温是多少度，因为一整天的温度是一组连续的值，所以这是一个回归模型要解决的问题。回归也属于监督学习。

4. 标注

标注（Label）模型用于处理有前后关联关系的序列问题。在预测时，它的输入是一个观测序列，该观测序列的元素一般具有前后的关联关系。它的输出是一个标签序列，也就是说，标注模型的输出是一个向量，该向量的每个元素是一个标签，标签的值是有限的离散值。标注模型常用于处理自然语言处理方面的问题，因为一个文本句子中的词出现的位置是有关联的。可以认为标注模型是分类模型的一个推广，它也属于监督学习。

4.2 K 最近邻域

K 最近邻域（K-Nearest Neighbor，KNN）算法是最简单的机器学习算法之一。该算法的基本思想：已知样本空间中的部分样本及其分类，通过相似性计算获得与待分类样本最接近的 K 个样本，并对这 K 个样本投票决定待分类样本归属的类别。

在实际的计算中往往用距离来表征两个样本间的相似性，距离越近，相似性越大，距离越远，相似性越小。距离的度量有多种方法，如闵可夫斯基距离、曼哈顿距离、欧几里得距离和切比雪夫距离等，最常用的是欧几里得距离。

假设两个 m 维样本 $\boldsymbol{x}_i = (x_{i1}, x_{i2}, \cdots, x_{im})^{\mathrm{T}}$ 和 $\boldsymbol{x}_j = (x_{j1}, x_{j2}, \cdots, x_{jm})^{\mathrm{T}}$，$\boldsymbol{x}_i$ 与 $\boldsymbol{x}_j$ 的欧几里得距离定义为

$$\mathrm{dist}(\boldsymbol{x}_i, \boldsymbol{x}_j) = \sqrt{\sum_{l=1}^{m}(x_{il} - x_{jl})^2} \tag{4-1}$$

给定训练样本集 $S = \{t_1, t_2, \cdots, t_n\}$ 和一组类别属性 $C = \{c_1, c_2, \cdots, c_m\}(m \leqslant n)$，要对待分类样本 t 进行分类，K 最近邻域算法的基本步骤如下。

（1）先求出 t 与 S 中所有训练样本 t_i（$1 \leqslant i \leqslant n$）的距离 $\mathrm{dist}(t, t_i)$，并对所有求出的 $\mathrm{dist}(t, t_i)$ 值递增排序。

（2）选取与待测样本距离最小的 K 个样本，组成集合 N。

（3）统计 N 中 K 个样本所属类别出现的频率。

（4）频率最高的类别作为待测样本的类别。

对应的 K 最近邻域算法如下。

输入：训练样本集 S，近邻数目 K，待分类样本。

输出：输出类别 C。

方法：其过程描述如下。

$N=\varnothing$；

for(对于 $\boldsymbol{d} \in S$)

{　　if(N 中元素个数 $\leqslant K$)　　　　//取前 K 个样本

　　　　$N = N \cup \{\boldsymbol{d}\}$；

　　else

　　{　　dist$d$=dist(t,$\boldsymbol{d}$)；　　　　//计算训练样本 $\boldsymbol{d}$ 与待分类样本 t 的距离 dist$d$

　　　　for(j=1;j<=K;j++)　　　//从 N 中找出一个满足条件 dist(t,t_j)>dist(t,$\boldsymbol{d}$)的 t_j

　　　　{　　dist$j$= dist(t,t_j)；　//求从 t 到 t_j 的距离

　　　　　　if(dist$d$<dist$j$)　　　//t 到 $\boldsymbol{d}$ 的距离比 t 到 t_j 的距离更短（更相似）

　　　　　　{　　将 t_j 用 $\boldsymbol{d}$ 替换；

　　　　　　　　break；　　　　//找到这样的 t_j 后退出内层 for 循环

　　　　　　}

　　　　}

　　}

}

$c=N$ 中最多的类别；

例 4-1　以表 4-1 所示的人员信息表作为样本数据。假设 K=5，并只将"身高"用于距

离计算。采用 K 最近邻域算法对〈Pat，女，1.6〉进行分类。

表 4-1　人员信息表

姓　名	性　别	身高/m	类　别	姓　名	性　别	身高/m	类　别
Kristina	女	1.6	矮	Worth	男	2.2	高
Jim	男	2	高	Steven	男	2.1	高
Maggie	女	1.9	中等	Debbie	女	1.8	中等
Martha	女	1.83	中等	Todd	男	1.95	中等
Stephanie	女	1.7	矮	Kim	女	1.9	中等
Bob	男	1.85	中等	Amy	女	1.8	中等
Kathy	女	1.6	矮	Wynette	女	1.75	中等
Dave	男	1.7	矮				

解： 这里 $t=$〈Pat，女，1.6〉，用"身高"计算距离，求出 t 与样本数据集中所有样本 t_i（$1 \leqslant i \leqslant 15$）的距离，即距离 dist=$|t_i$ 身高$-t$ 身高$|$，按距离递增排序，取前 5 个样本构成样本集合 N，如表 4-2 所示，其中 4 个属于矮个、一个属于中等个，最终认为 Pat 为矮个。

表 4-2　5 个样本集合 N

姓　名	性　别	身高/m	类　别
Kristina	女	**1.6**	矮
Dave	男	**1.7**	矮
Kathy	女	**1.6**	矮
Wynette	女	**1.75**	中等
Stephanie	女	**1.7**	矮

　　K 最近邻域算法在决策时仅依靠少数的邻近样本，所以对类域交叉或者重叠较多的非线性可分数据来说，较其他算法更为合适。但是在决策时，由于需要把它所有已知类别的样本都比较一遍，所以具有较大的开销。例如，一个文本分类系统有上万个类别，每个类别即便只有 20 个训练样本，为了判断一个新样本的类别，也要做 20 万次向量比较。这个缺陷可以通过对样本空间建立索引来弥补。另外，当样本分布不平衡时，如果一个类别的样本容量很大，而其他类别的样本容量很小，那么有可能使得当输入一个新样本时，该样本的 K 个邻居中大容量类别的样本占多数，从而导致分类错误。此时，可以采用权值的方法（和待测样本距离小的邻居权值大）来进行改进。

4.3　决策树

　　决策树学习是以训练样本为基础的归纳推理算法，一般用于解决分类问题。从一组无次序、无规则的样本中推理出树形结构的分类规则，该规则被称为决策树，也能被表示为多个 IF-THEN 规则，以提高可读性。决策树采用自顶向下的递归方式，对内部节点进行属性值的比较，并根据不同的属性值从内部节点向下分支，直至用于表示类别的叶子节点。

从根到叶子节点的一条路径就对应着一条合取规则，整个决策树就对应着一组析取表达式规则。基于决策树的决策算法在学习过程中不需要了解任何领域知识或参数设置，而且决策树模型可读性好、具有描述性，效率高，一次构建可反复使用，因此在多个领域被广泛应用。本节将对决策树结构、判别标准及构建算法进行介绍。

4.3.1　决策树结构

一棵决策树由 3 类节点构成：根节点、内部节点（决策节点）和叶子节点。其中，根节点和内部节点都对应着要进行分类的属性集中的一个属性，而叶子节点是分类中的类标签的集合。图 4-2 所示为一颗水果分类的决策树。在该水果分类问题中，采用的特征向量为{颜色，尺寸，形状，味道}，其中颜色属性的取值范围为{红，绿，黄}，尺寸属性的取值范围为{大，中，小}，味道属性的取值范围为{甜，酸}，形状属性的取值范围为{圆，细}。那么，对于一个新的水果实例，观测到了其特征向量，就可以根据决策树判定它是哪一类水果。先测试"颜色"属性，对应的是根节点；当颜色属性取值为"绿"时，再测试"尺寸"属性，对应内部节点；若尺寸属性取值为"大"，则该分支的叶子节点表示该水果为西瓜。

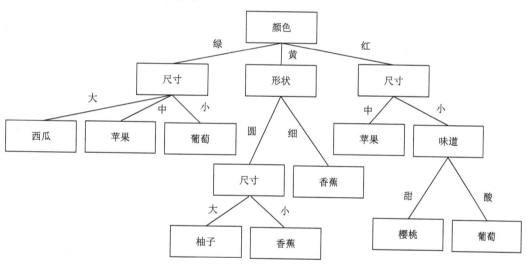

图 4-2　一棵水果分类的决策树

实际上，一棵决策树是对于样本空间的一种划分，根据各属性的取值把样本空间分成若干个子区域，在每个子区域中，如果某个类别的样本占优势，便将该子区域中所有样本的类别标为这个类别。决策树学习适合解决具有以下特征的问题。

（1）实例是用一系列固定的属性及其值来描述的。在简单的决策树学习中，每个属性只取离散值。在扩展的决策树学习中，一般将连续值属性进行离散化处理。

（2）目标函数具有离散的输出值。决策树在叶子节点上给每个实例赋予一个确定的类别，即其目标值域也是离散值的集合。

（3）训练数据可以包含错误。决策树学习对错误有很好的鲁棒性。无论是训练样例的分类错误，还是属性值错误，决策树学习都可以较好地处理这些错误数据。

（4）训练数据可以包含缺少属性值的实例。决策树甚至可以在有未知属性值的训练样例中使用。

4.3.2　构造决策树

构造一棵决策树，需要解决如下问题。

（1）特征选择：从训练数据众多的特征中选择一个特征作为当前节点的一个分类标准，如何选择特征有很多不同的评估标准，从而衍生出不同的决策树算法。

（2）决策树生成：根据选择的特征评估标准，从上至下递归地生成子节点，直到数据集不可分，则决策树停止生长。对于树结构来说，递归结构是最容易理解的方式。

（3）剪枝：决策树容易过拟合，一般都需要剪枝，缩小树结构规模、缓解过拟合。

划分数据集的最大原则是，使无序变得有序。如果训练数据中有若干个特征，那么选择哪个特征作为划分依据呢？这就必须采用量化的方法来判断，量化的方法有很多种，例如信息论度量信息分类、基尼系数、距离及分类信息等特征度量方法。基于信息论的决策树算法有 ID3 算法、C4.5 算法和 CART 算法等，其中 C4.5 算法和 CART 算法是由 ID3 算法衍生出来的。本节主要介绍 ID3 算法和 C4.5 算法。

4.3.2.1　ID3 算法

ID3 算法建立在"奥卡姆剃刀"的基础上，越小型的决策树越优于大型的决策树。ID3 算法采用自顶向下的贪婪搜索遍历可能的决策空间，在每个节点选取能最好分类的特征。这一过程一直反复，直至这棵树能完美分类训练样本，或所有的特征都已被使用过。在此过程中，ID3 算法主要根据信息论的信息增益评估和选择特征，每次选择信息增益最大的特征来做判决节点。

在构造决策树时，对于数据集 S，根据其中信息增益最大的特征 A_i 将其划分成若干个子区域，其中，某个子区域 S_j 停止划分样本的方式：如果 S_j 中所有样本的类别相同（假设为 a_{ij}），那么停止划分样本（以 a_{ij} 类别作为叶子节点）；如果没有剩余特征可以用来进一步划分数据集，那么使用多数表决，取 S_j 中多数样本的类别作为叶子节点的类别；如果 S_j 为空，那么以 S 中的多数类别作为叶子节点的类别。

从信息论角度看，通过特征可以减少类别的不确定性，而不确定性可以用熵来描述。假设训练样本集 S 中共有 n 组数据和 m 个特征，其中 $A_1, A_2, \cdots, A_m$ 为特征，或称描述属性，C 为类别，即标签。类别 C 的不同取值个数（即类别数）为 u，其值域为 $(c_1, c_2, \cdots, c_u)$，在 S 中类别 C 取值为 $c_i (1 \leqslant i \leqslant u)$ 的数据个数为 s_i。

对于特征 $A_k (1 \leqslant k \leqslant m)$，它的不同取值个数为 v，其值域为 $(a_1, a_2, \cdots, a_v)$。在类别 C 取值为 $c_i (1 \leqslant i \leqslant u)$ 的子区域中，特征 A_k 取 $a_j (1 \leqslant j \leqslant v)$ 的数据个数为 s_{ij}。

基于以上条件，类别 C 的无条件熵 $E(C)$ 为

$$E(C) = -\sum_{i=1}^{u} p(c_i) \log_2 p(c_i) = -\sum_{i=1}^{u} \frac{s_i}{n} \log_2 \frac{s_i}{n} \tag{4-2}$$

式中，$p(c_i)$ 为 $C = c_i (1 \leqslant i \leqslant u)$ 的概率。注意，信息用二进制位编码，所以对数函数以 2 为底。

$E(C)$ 反映了 C 取值的不确定性，当所有 $p(c_i)$ 相同时，此时 $E(C)$ 最大，呈现最大的不确定性；当有一个 $p(c_i) = 1$ 时，此时 $E(C)$ 最小为 0，呈现最小的不确定性。

熵是信息论中一个非常重要的概念，从平均意义上来表征信源的总体信息测度。在这里将 S 中任一个特征 X 看成一个离散的随机变量，$E(X)$ 表示特征 X 所包含的信息量的多少，也就是特征 X 对 S 的分类能力。$E(X)$ 越小，表示特征 X 的分布越不均匀，这个特征越纯，其分类能力越强；反之，$E(X)$ 越大，表示特征 X 的分布越均匀，这个特征越不纯，其分类能力越弱。在信息论中，信息熵只能减少而不能增加，这就是著名的信息不增性原理。

对于描述属性 A_k $(1 \leqslant k \leqslant m)$，类别 C 的条件熵 $E(C, A_k)$ 定义为

$$E(C, A_k) = -\sum_{j=1}^{v} \frac{s_j}{n} \left(-\sum_{i=1}^{u} \frac{s_{ij}}{s_j} \log_2 \frac{s_{ij}}{s_j} \right) \tag{4-3}$$

条件熵 $E(C, A_k)$ 表示在已知特征 A_k 的情况下，类别 C 对训练样本集 S 的分类能力。显然，描述特征 A_k 会增强类别 C 的分类能力，或者说通过 A_k 可以减少 C 的不确定性，所以总是有 $E(C, A_k) \leqslant E(C)$。

不同特征减少类别不确定性的程度不同，即不同特征对减少类别不确定性的贡献不同。因此，可以采用类别的无条件熵与条件熵的差（信息增益）来度量特征减少类别不确定性的程度。

给定特征 A_k $(1 \leqslant k \leqslant m)$，对应类别 C 的信息增益（Information Gain）定义为

$$G(C, A_k) = E(C) - E(C, A_k) \tag{4-4}$$

$G(C, A_k)$ 表示在已知描述属性 A_k 的情况下，类别属性 C 对训练样本集 S 分类能力增加的程度，或者说，$G(C, A_k)$ 反映 A_k 减少 C 不确定性的程度，$G(C, A_k)$ 越大，A_k 对减少 C 不确定性的贡献越大，或者说选择测试属性 A_k 对分类提供的信息越多。

ID3 算法就是利用信息增益这种启发式信息来选择决策特征的，即每次从特征集中选取信息增益值最大的特征来划分数据集。

建立决策树的 ID3 算法 Generate_decision_tree$((S, A))$。

输入：训练样本集 S，特征集合 A 和类别 C。

输出：决策树（以 Node 为根节点）。

方法：其过程描述如下。

创建对应 S 的节点 Node（初始时为决策树的根节点）；

if（S 中的样本属于同一类别 c）

{　　以 c 标识 Node 并将它作为叶子节点；

　　return;

)

if（A 为空）

{　　以 S 中占多数的样本类别 c 标识 Node 并将它作为叶子节点；

　　return;

}

for（对于属性集合 A 中每个属性 A_k）

$\quad A_i = \text{MAX}\{G(C, A_k)\}$ //选择对 S 而言信息增益最大的描述属性 A_i

将 A_i 作为 Node 的测试属性；

for（A_i 的每个可能取值 a_{ij}）

{   产生 S 的一个子集 S_j；   //S_j 为 S 中 $A_i = a_{ij}$ 的样本集合

if（S_j 为空）

{   创建对应 S_j 的节点 Node_j；

以 S 中占多数的样本类别 c 标识 Node_j；

将 Node_j 作为叶子节点形成 Node 的一个分枝；

}

else

Generate_decision_tree($\{S_j, A - \{A_i\}\}$);   //递归创建子树形成 Node 的一个分枝

}

例 4-2 对于表 4-3 所示的训练样本集 S，给出利用 S 构造对应决策树的过程。

表 4-3 训练样本集 S

编 号	特征属性				类别属性（标签）
	年龄/岁	收 入	学 生	信 誉	购买计算机
1	≤30	高	否	中	否
2	≤30	高	否	优	否
3	31～40	高	否	中	是
4	>40	中	否	中	是
5	>40	低	是	中	是
6	>40	低	是	优	否
7	31～40	低	是	优	是
8	≤30	中	否	中	否
9	≤30	低	是	中	是
10	>40	中	是	中	是
11	≤30	中	是	优	是
12	31～40	中	否	优	是
13	31～40	高	是	中	是
14	>40	中	否	优	否

解：（1）求训练样本集 S 中类别属性的无条件熵：

$$E(购买计算机) = -(9/14) \times \log_2(9/14) - (5/14) \times \log_2(5/14) \approx 0.940286$$

（2）求特征属性集合｛年龄，收入，学生，信誉｝中每个属性的信息增益，选取最大值的属性作为划分属性。

对于"年龄"属性：

① 年龄为"≤30"的元组数为 $S_1 = 5$，其中类别属性取"是"时共有 $S_{11} = 2$ 个元组，类

别属性取"否"时共有 S_{21}=3 个元组。

② 年龄为"31~40"的元组数为 S_2=4，其中类别属性取"是"时共有 S_{12}=4 个元组，类别属性取"否"时共有 S_{22}=0 个元组。

③ 年龄为">40"的元组数为 S_3=5，其中类别属性取"是"时共有 S_{13}=3 个元组，类别属性取"否"时共有 S_{23}=2 个元组。

因此，

E(购买计算机，年龄)$=-[(2/5)\times\log_2(2/5)+(3/5)\times\log_2(3/5)]\times(5/14)-[(4/4)\times\log_2(4/4)]\times$
$\qquad (4/14)-[(3/5)\times\log_2(3/5)+(2/5)\times\log_2(2/5)]\times(5/14)\approx 0.693536$

则

$$G(购买计算机，年龄)=0.940286-0.693536=0.24675$$

同样，

E(购买计算机，收入)$=-[(3/4)\times\log_2(3/4)+(1/4)\times\log_2(1/4)]\times(4/14)-[(4/6)\times\log_2(4/6)+$
$\qquad (2/6)\times\log_2(2/6)]\times(6/14)-[(2/4)\times\log_2(2/4)+(2/4)\times\log_2(2/4)]\times(4/14)$
$\qquad \approx 0.911063$

$$G(购买计算机，收入)=0.940286-0.911063=0.0292226$$

E(购买计算机，学生)$=-[(6/7)\times\log_2(6/7)+(1/7)\times\log_2(1/7)]\times(7/14)-[(3/7)\times\log_2(3/7)-$
$\qquad (4/7)\times\log_2(4/7)]\times(7/14)\approx 0.78845$

$$G(购买计算机，学生)=0.940286-0.78845=0.151836$$

E(购买计算机，信誉)$=-[(6/8)\times\log_2(6/8)+(2/8)\times\log_2(2/8)]\times(8/14)-[(3/6)\times\log_2(3/6)+$
$\qquad (3/6)\times\log_2(3/6)]\times(6/14)\approx 0.892159$

$$G(购买计算机，信誉)=0.940286-0.892159=0.048127$$

通过比较，求得信息增益最大的描述属性为"年龄"，选取该描述属性来划分训练样本集 S，构造决策树的根节点，选择年龄属性作为根节点，如图 4-3 所示。

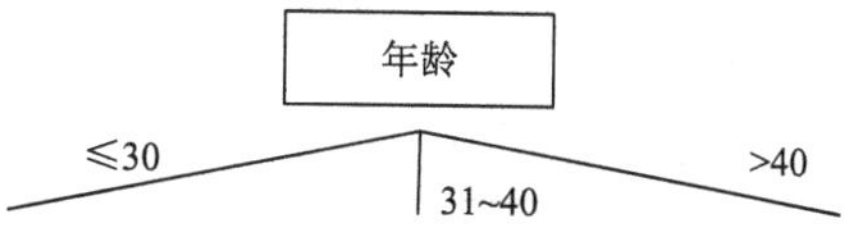

（3）求年龄属性取值为"≤30"的子树。此时的样本集 S_1 如表 4-4 所示，描述属性集合为 {收入，学生，信誉}。

图 4-3 选择年龄属性作为根节点

① 选择样本集 S_1 的划分属性。

求类别属性的无条件熵：

$$E(购买计算机)=-(2/5)\times\log_2(2/5)-(3/5)\times\log_2(3/5)\approx 0.970951$$

E(购买计算机，收入)$=-[(1/1)\times\log_2(1/1)]\times(1/5)-[(1/2)\times\log_2(1/2)+(1/2)\times\log_2(1/2)]\times(2/5)-$
$\qquad [(2/2)\times\log_2(2/2)]\times(2/5)=0.4$

$$G(购买计算机，收入)=0.970951-0.4=0.570951$$

$$G(购买计算机，学生)=-[(2/2)\times\log_2(2/2)]\times(2/5)-[(3/3)\times\log_2(3/3)]\times(3/5)=0$$

$$E(购买计算机，学生)=0.970951-0=0.970951$$

G(购买计算机，信誉)$=-[(1/3)\times\log_2(1/3)+(2/3)\times\log_2(2/3)]\times(3/5)-[(1/2)\times\log_2(1/2)+$
$\qquad [(1/2)\times\log_2(1/2)]\times(2/5)\approx 0.950978$

$$G(购买计算机，信誉)=0.970951-0.950978=0.019973$$

通过比较，求得信息增益最大的描述属性为"学生"。选取该描述属性来划分样本集 S_1。

表4-4　年龄属性取值为"≤30"的样本集 S_1

编　号	描 述 属 性			类 别 属 性
	收　入	学　生	信　誉	购买计算机
1	高	否	中	否
2	高	否	优	否
8	中	否	中	否
9	低	是	中	是
11	中	是	优	是

② 对于样本集 S_1，求学生属性取值为"否"的子树，此时的样本集 S_{11} 如表4-5所示，其中全部类别属性值相同，该分支结束。

表4-5　学生属性取值为"否"的样本集 S_{11}

编　号	描 述 属 性		类 别 属 性
	收　入	信　誉	购买计算机
1	高	中	否
2	高	优	否
8	中	中	否

③ 对于样本集 S_1，求学生属性取值为"是"的子树。此时的样本集 S_{12} 如表4-6所示，其中全部类别属性值相同，该分支结束。

表4-6　学生属性取值为"是"的样本集 S_{12}

编　号	描 述 属 性		类 别 属 性
	收　入	信　誉	购买计算机
9	低	中	是
11	中	优	是

此时构造部分决策树（1）如图4-4所示。

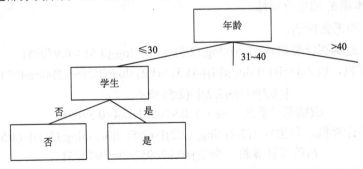

图4-4　部分决策树（1）

（4）求年龄属性取值为"31～40"的子树。此时的样本集 S_2 如表4-7所示，描述属性

集合为 {收入，学生，信誉}，其中全部类别属性值相同，该分支结束。此时构造部分决策树（2）如图 4-5 所示。

表 4-7　年龄属性取值为 "31~40" 的样本集 S_2

编　号	描 述 属 性			类 别 属 性
	收　入	学　生	信　誉	购买计算机
3	高	否	中	是
7	低	是	优	是
12	中	否	优	是
13	高	是	中	是

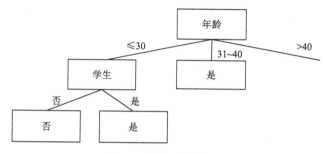

图 4-5　部分决策树（2）

（5）求年龄属性取值为 ">40" 的子树。此时的样本集 S_3 如表 4-8 所示，描述属性集合为 {收入，学生，信誉}。

表 4-8　年龄属性取值为 ">40" 的样本集 S_3

编　　号	描 述 属 性			类 别 属 性
	收　入	学　生	信　誉	购买计算机
4	中	否	中	是
5	低	是	中	是
6	低	是	优	否
10	中	是	中	是
14	中	否	优	否

① 选择样本集 S_3 的划分属性。

$$E(购买计算机)=-(3/5) \times \log_2 (3/5)-(2/5) \times \log_2 (2/5) \approx 0.970951$$

$$E(购买计算机，收入)=-[(1/2) \times \log_2 (1/2)+(1/2) \times \log_2 (1/2)] \times (2/5)-[(2/3) \times \log_2 (2/3)+(1/3) \times \log_2 (1/3)] \times (3/5)=0.950978$$

$$G(购买计算机，收入)=0.970951-0.950978=0.019973$$

$$E(购买计算机，学生)=-[(2/3) \times \log_2 (2/3)+(1/3) \times \log_2 (1/3)] \times (3/5)-[(1/2) \times \log_2(1/2)+(1/2) \times \log_2 (1/2)] \times (2/5) \approx 0.950978$$

$$G(购买计算机，学生)=0.970951-0.950978=0.019973$$

$$E(购买计算，信誉)=-[(3/3) \times \log_2 (3/3)] \times (3/5)-[(2/2) \times \log_2 (2/2)] \times (2/5)=0$$

$$G(购买计算机，信誉)=0.970951-0=0.970951$$

通过比较，求得信息增益最大的描述属性为"信誉"，选取该描述属性来划分样本集 S_3。

② 对于样本集 S_3，求信誉属性取值为"优"的子树。此时的样本集 S_{31} 如表 4-9 所示，其中全部类别属性值相同，该分支结束。

表 4-9　信誉属性取值为"优"的样本集 S_{31}

编　号	描　述　属　性		类　别　属　性
	收　入	学　生	购买计算机
6	低	是	否
14	中	否	否

③ 对于样本集 S_3，求信誉属性取值为"中"的子树。此时的样本集 S_{32} 如表 4-10 所示，其中全部类别属性值相同，该分支结束。

表 4-10　信誉取值为"中"的样本集 S_{32}

编　号	描　述　属　性		类　别　属　性
	收　入	学　生	购买计算机
4	中	否	是
5	低	是	是
10	中	是	是

最后构造的最终决策树如图 4-6 所示。

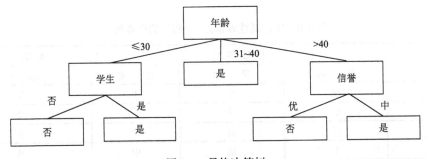

图 4-6　最终决策树

建立了决策树之后，可以对从根节点到叶子节点的每条路径创建一条 IF-THEN 分类规则。

对于图 4-6 所示的决策树，转换成以下 IF-THEN 分类规则。

IF 年龄="≤30" AND 学生="否"　　　THEN 购买计算机="否"

IF 年龄="≤30" AND 学生="是"　　　　THEN 购买计算机="是"

IF 年龄="31~40"　　　　　　　　　THEN 购买计算机="是"

IF 年龄=">40" AND 信誉="优"　　　THEN 购买计算机="否"

IF 年龄=">40" AND 信誉="中"　　　THEN 购买计算机="是"

ID3 算法的理论清晰，方法简单，学习能力较强，可以得到节点个数较少的决策树，但是信息增益度量会偏向于取值较多的特征，特别是当某特征可能值的数目大大多于类别数目时，该特征就会有很大的信息增益。为了避免这个缺陷，可以使用信息增益率来度量。C4.5 算法就是采用信息增益率来选择特征的。

4.3.2.2　C4.5 算法

为了改进 ID3 算法的缺陷，Quinlan 有针对性地提出了更为完善的 C4.5 算法，C4.5 算法同样以"信息熵"作为核心，是在 ID3 算法基础上的优化改进，同时，也保持了分类准确率高、速度快的特点。

与 ID3 算法不同，C4.5 算法挑选具有最高信息增益率的特征作为决策分类节点。对于样本集 T，假设变量 a 有 k 个特征，特征取值为 $a_1, a_2, \cdots, a_k$，对应 a 取值为 a_i 的样本个数分别为 n_i，若 n 是样本的总数，则应有 $n_1 + n_2 + \cdots + n_k = n$。Quinlan 利用特征 a 的熵值 $H(X,a)$ 来定义为了获取样本关于特征 a 的信息所需要付出的代价，即

$$H(X,a) = -\sum_{i=1}^{k} P(a_i) \log_2 P(a_i) \approx -\sum_{i=1}^{k} \frac{n_i}{n} \log_2 \frac{n_i}{n} \tag{4-5}$$

信息增益率定义为平均互信息与获取 a 信息所付出代价的比值，即

$$E(X,a) = \frac{g(X,a)}{H(X,a)} \tag{4-6}$$

信息增益率是单位代价所获得的信息量，是一种相对的信息量不确定性度量。信息增益率作为决策分类节点选择标准，选择最大的特征 a 作为根节点。

以 ID3 算法思想为核心，C4.5 算法在此基础上重点从以下几个方面进行了改进。

（1）利用信息增益率作为新的特征判别能力度量，较好地解决了 ID3 算法优先选择具有较多值的属性，而不是最优特征可能导致过拟合的现象。

使用信息增益率能解决数据集合划分的问题，也会产生一个新的问题：既然是增益率，就不能避免分母为 0 或者非常小（当某个 S_i 接近 S 时出现）的情况，其后果就是要么增益率非常大，要么就未定义。为了避免这种情况的出现，可以将信息增益率计算分两步来解决：首先计算所有特征的信息增益，忽略结果低于平均值的特征，仅对高于平均值的特征进一步计算信息增益率，从中择优选取分类特征。

（2）缺失数据的处理思路。在面对缺失数据这一点上，C4.5 算法针对不一样的情况，采取不一样的解决方法。

① 若某一特征 x 在计算信息增益或者信息增益率过程中，出现某些样本没有特征 x 的情况，C4.5 算法的处理方式：一是直接忽略这些样本；二是根据缺失样本占总样本的比例，对特征 x 的信息增益或信息增益率进行相应"打折"；三是将特征 x 的一个均值或者最常见的值赋给这些缺失样本；四是总结分析其他未知特征的规律，补全这些缺失样本。

② 若特征 x 已被选为分类特征，分支过程中出现样本缺失特征 x 的情况，C4.5 算法的处理方式：一是直接忽略这些样本；二是用一个出现频率最高的值或者均值赋给这些样本特征 x；三是直接将这些缺失特征 x 的样本依据规定的比例分配到所有子集中去；四是将所有缺失样本归为一类，全部划分到一个子集中；五是总结分析其他样本，相应地分配一个值给缺失特征 x 的样本。

③ 若某个样本缺失了特征 x，又未被分配到子集中去，面对这种情况，C4.5 算法的处理方式：一是将单独的缺失分支直接分配到该分支中；二是将其直接赋予一个最常见的特征 x 的值，然后进行正常的划分；三是综合分析特征 x 已存在的所有分支，按照一定的概率将其直接分配到其中某一类中；四是根据其他特征来进行分支处理；五是所有待分类样本在特征 x 节点处都终止分类，然后依据当前 x 节点所覆盖的叶节点类别，为其直接分配一个概率最高的类别。

（3）连续属性的处理思路。

面对连续特征的情况，C4.5 算法的思路是先将连续特征离散化，分成不同的区间段，再进行相应的处理。具体处理过程：一是按照一定的顺序排列连续特征；二是选取相邻两个特征值的中点作为潜在划分点，计算其信息增益；三是修正划分点计算后的信息增益；四是在修正后的划分点中做出选择，小于均值的划分点可以直接忽略；五是计算最大信息增益率；六是选择信息增益率最大的划分点作为分类点。

（4）剪枝策略。

C4.5 算法有两种基本剪枝策略：子树替代法和子树上升法。前者的思路：从树的底部向树根方向，若某个叶子节点替代子树后，误差率与原始树很接近，便可用这个叶子节点取代整棵子树；后者的思路：误差率在一定合理范围时，将一棵子树中出现频率最高的子树用于替代整棵子树，使其上升到较高节点处。

C4.5 算法虽说突破了 ID3 算法在很多方面的瓶颈，产生的分类规则准确率也比较高、易于理解，但是在核心思想上还是保持在"信息熵"的范畴，最终会生成多叉树。同时，其缺点也较为明显：构造树时，训练集要进行多次排序和扫描，所以效率不高。此外，C4.5 算法只能处理驻留于内存的数据集，若训练集过大，超过内存容量，算法便无能为力了。

4.3.3 随机森林

随机森林算法是一种典型的集成学习方法。集成学习就是把有限个性能较弱的学习模型组合在一起，达到提高整体模型泛化能力的目的。

微课视频

4.3.3.1 随机森林算法的思想

随机森林算法是对决策树算法的一种改进，简单地说，就是用随机方式建立一个森林，森林由很多棵决策树组成，每棵决策树单独进行预测，最终结果由森林中所有决策树的结果组合后决定，一般采用简单投票法。简单投票法就是，每个基模型学习结果的权重大小一样，按照少数服从多数的原则，选择投票最多的类型作为最终结果。随机森林的决策树之间没有相互关联，每棵决策树的建立依赖于一个独立采样的数据集。单棵决策树的分类能力可以很弱，但是最后组合的能力通常很强。随机森林算法一般用于解决分类问题。但是对顶层的整合策略稍加改造就可用于解决预测问题，如把投票法改为平均法等。

随机森林算法有两个随机采样的过程：对训练数据的行（数据的数量）与列（数据的特征）都进行采样。对数据行进行采样，就是由原始训练数据集 D 生成多个子训练数据集 D_k，每个子训练数据集对应生成一棵决策树。子训练数据集由 Bootstrap 方法产生，即采用有放回的采样方式。若原始训练数据集 D 有 n 个数据，则子训练数据集 D_k 也会有 n 个数据（可能有重复）。在训练时，每一棵决策树都不是全部样本。虽然单棵决策树的分类能力差，容易过拟合。但是，经过集成之后，在整体上整个森林相对而言不容易出现过拟合现象。对数据列进行采样，就是从数据的 M 个维度（属性、特征）中随机选出 m 个（$m<M$）进行决策树学习，或者是在学习过程中从 m 个最好的分类属性中随机选择一个进行分类。

4.3.3.2　随机森林算法的特点

随机森林算法的优点如下所述。

（1）随机性的引入使得算法不容易陷入过拟合，并且具有很好的抗噪能力。

（2）具有天然的并行性，易于并行化实现，适用于大数据机器学习和挖掘。

（3）能够计算特征的重要性，可用于数据降维和特征选择。

随机森林算法的缺点如下所述。

（1）结构的可解释性不如决策树算法。

（2）在大数据环境下，随机森林算法中决策树的增加，可能使最后生成的模型过大，耗用内存较大。

4.4　贝叶斯学习

贝叶斯学习是指基于贝叶斯定理的机器学习方法。贝叶斯定理也称为贝叶斯法则，其核心是贝叶斯公式。

4.4.1　贝叶斯法则

贝叶斯法则解决的机器学习任务一般是，在给定训练数据 D 时，确定假设空间 H 中的最优假设，是典型的分类问题。贝叶斯法则基于假设的先验概率、给定假设下观察到不同数据的概率以及观察到的数据本身，提供了一种计算假设概率的方法。在进一步讨论贝叶斯法则之前，首先明确几个相关概念。

1. 先验概率

先验概率（Prior Probability）就是还没有训练数据之前，某个假设 H 的初始概率，记为 $P(H)$。先验概率反映了背景知识，表示 H 是一个正确假设的可能性大小。类似地，$P(D)$ 表示训练数据 D 的先验概率，也就是在任何假设都未知或不确定时，D 的概率。$P(D|H)$ 表示已知假设 H 成立时 D 的概率，称为条件概率。

2. 后验概率

后验概率（Posterior Probability）就是在训练数据 D 上经过学习之后，获得的假设 H 成立的概率，记为 $P(H|D)$。也就是说，$P(H|D)$ 表示给定训练数据 D 时假设 H 成立的概率，后验概率是学习的结果，反映了在看到训练数据 D 之后，假设 H 成立的置信度。因此，后验概率用作解决问题时的依据。对于给定数据，根据该概率可做出相应决策，如判断数据的类别或选择某种结论等。

需要注意的是，后验概率 $P(H|D)$ 是在训练数据 D 上得到的学习结果，反映了训练数据 D 的影响。如果训练数据本身变化了，那么学习结果也会有变化。也就是说，这个学习结果是与训练数据相关的。与此相反，先验概率是与训练数据 D 无关的，是独立于 D 的。

假设 X 是类别未知的数据样本，H 为某种假设，数据样本 X 属于某特定的类别 C。对于分类问题就是要确定 $P(H|X)$，即给定观测数据样本 X，求出 H 成立的概率。若已知 $P(H)$、$P(X)$ 和 $P(X|H)$，求 $P(H|X)$ 的贝叶斯定理如下：

$$P(H|X) = \frac{P(X|H)P(H)}{P(X)} \tag{4-7}$$

式中，$P(H)$ 是关于 H 的先验概率；$P(X)$ 是关于 X 的先验概率；$P(H)$ 是独立于 X 的。先验概率通常是根据先验知识确定的，通常来源于经验和历史资料，反映随机变量的总体信息，而 $P(X|H)$ 表示在条件 H 下 X 的后验概率。

从直观上看，$P(H|X)$ 随着 $P(H)$ 和 $P(X|H)$ 的增大而增大，同时也可看出，$P(H|X)$ 随着 $P(X)$ 的增大而减小。这是很合理的，因为如果 X 独立于 H 时被确定的可能性越大，那么 X 对 H 的支持度越小。

例如，假定样本集由各种水果组成，每种水果都可以用形状和颜色来描述。如果用 X 代表红色并且是圆的，H 代表 X 属于苹果这个假设，则 $P(H|X)$ 表示在已知 X 是红色并且是圆的条件下 X 是苹果的概率（确信程度）。在求 $P(H|X)$ 时通常已知以下概率。

$P(H)$：拿出任意一个水果，不管它是什么颜色和形状，它属于苹果的概率。

$P(X)$：拿出任意一个水果，不管它是什么水果，它是红色并且是圆的的概率。

$P(X|H)$：一个水果，已知它是一个苹果，则它是红色并且是圆的的概率。

此时可以直接利用贝叶斯定理求 $P(H|X)$。

例 4-3 某高中将毕业生分为优秀生和一般生两个等级，根据历年的高考情况得出考取一本的学生总概率为 38%，而考取一本的学生中优秀生占 82%。当前一届毕业生中有 40% 属于优秀生时，张三是该校的一名应届毕业生，他八成是优秀生，那么张三考取一本的可能性有多大呢？

解：该校的全体应届毕业生构成训练样本集。该训练样本集有两个属性：一个是学生等级，其值域为 {优秀生，一般生}，它是特征；另一个是类别，即是否考取一本，其值域为 {考取一本，未考取一本}。用 H 表示"考取一本"这一假设，因此有 $P(H)=0.38$；用 X 表示优秀生，则 $P(X)=0.4$，依历史数据有 $P(X|H)=0.82$。根据贝叶斯定理，$P(H|X)=(0.82\times 0.38)/0.4 \approx 0.78$，它表示优秀生中考取一本的可能性为 78%。$P("张三")=0.8$ 表示张三是优秀生的概率。所以张三考上一本的概率为 $P(H|X) \times P("张三")=0.78\times 0.8 \approx 0.62$，即张三考取一本有 62% 的可能性。

4.4.2 贝叶斯网络

贝叶斯网络，也称为贝叶斯信念网络，用图形来描述一组随机变量（属性）所遵从的概率分布，即联合概率分布。贝叶斯网络是一个带有概率标注的有向无环图，是表示变量（属性）间概率依赖关系的图像模式。其中，一个节点表示一个变量，有向边表示变量间的概率依赖关系，每个节点的概率只受其父节点影响，即任何一个变量在给定父节点的条件下，独立于其非后继节点。每一个节点都对应着一个条件概率分布表，指明变量与父节点之间概率依赖的数量关系。不连通的节点就表示条件独立。贝叶斯网络中一组变量 $\langle a_1, a_2, \cdots, a_n \rangle$ 的联合概率可用式（4-8）计算：

$$P(a_1, a_2, \cdots, a_n) = \prod_j P(a_j \mid \text{Parent}(a_j)) \tag{4-8}$$

式中，$\text{Parent}(a_j)$ 表示 a_j 节点的父节点；$P(a_j \mid \text{Parent}(a_j))$ 的值等于与节点 a_j 关联的条件概率表中的值。若 a_j 没有父节点，则 $\text{Parent}(a_j)$ 等于 $P(a_j)$。

例如，有 X、Y 和 Z 三个二元随机变量（取值只有 0、1 两种情况），假设 X、Y 之间是独立的，它们之间的条件概率表如表 4-11 所示，一个贝叶斯网络如图 4-7 所示。

表 4-11　X、Y 之间的条件概率表

条件	$X=1$，$Y=1$	$X=1$，$Y=0$	$X=0$，$Y=1$	$X=0$，$Y=0$
$Z=1$	0.8	0.5	0.7	0.1
$Z=0$	0.2	0.5	0.3	0.9

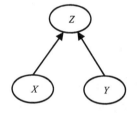

图 4-7　一个贝叶斯网路

4.4.3　朴素贝叶斯方法

朴素贝叶斯分类基于一个简单的假定：给定分类特征时，特征值之间是相互独立的。该方法的基本思想是，对于给定的待分类数据对象，求解在此数据出现条件下各个类别出现的概率，哪个类别的概率最大，就认为此待分类数据对象属于该类别。

设样本的 n 个特征为 $A_1, A_2, \cdots, A_n$（A_i 之间相互独立），类别为 C。其中，假设样本中共有 m 个类别，分别用 $C_1, C_2, \cdots, C_m$ 表示，对应的贝叶斯网络如图 4-8 所示。给定一个未知类别的样本 $X = \{x_1, x_2, \cdots, x_n\}$，朴素贝叶斯方法将预测 X 属于具有最高后验概率 $P(C_i \mid X)$ 的类别，即将 X 分配给类别 C_i，当且仅当：

$$P(C_i \mid X) > P(C_j \mid X), \ 1 \leqslant j \leqslant m, \ i \neq j \tag{4-9}$$

根据贝叶斯定理，存在

$$P(C_i \mid X) = \frac{P(X \mid C_i) P(C_i)}{P(X)} \tag{4-10}$$

式中，$P(X)$ 为常数；所以只需要最大化 $P(X \mid C_i) P(C_i)$ 即可。同时，由于各属性间相互独立，所以式（4-10）可以改写为

$$P(X \mid C_i) = P(A_1, A_2, \cdots, A_n \mid C_i) = \prod_{k=1}^{n} P(A_k \mid C_i) \tag{4-11}$$

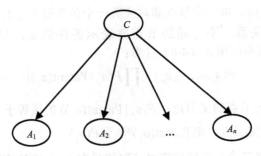

图 4-8 对应的贝叶斯网路

那么，对于某个样本 $(a_1, a_2, \cdots, a_n)$ 所在的类别，可以根据式（4-12）进行判断。

$$C = \underset{C_i}{\arg\max}\{P(C_i)\prod_{k=1}^{n}P(a_k \mid C_i)\} \qquad (4\text{-}12)$$

式中，$P(C_i) = s_i / s$，s_i 是训练样本集中类别 C_i 的样本数，s 是总的样本数。如果对应的描述属性 A_k 是离散属性，$P(a_k \mid C_i) = s_{ik} / s_i$，$s_{ik}$ 是在属性 A_k 上具有值 a_k 的类别 C_i 的训练样本数；如果对应的描述属性 A_k 是连续属性，通常假定该属性服从高斯分布，即

$$P(a_k \mid C_i) = g(a_k, \mu_{C_i}, \sigma_{C_i}) = \frac{1}{\sqrt{2\pi}\sigma_{C_i}}e^{\frac{(a_k - \mu_{C_i})}{2\sigma_{C_i}^2}} \qquad (4\text{-}13)$$

式中，$g(a_k, \mu_{C_i}, \sigma_{C_i})$ 是高斯分布函数，μ_{C_i}、σ_{C_i} 分别为类别 C_i 的平均值和标准差。

对于训练样本集 S，产生各个类别的先验概率 $P(C_i)$ 和各个类别的后验概率 $P(a_1, a_2, \cdots, a_n \mid C_i)$ 的朴素贝叶斯分类参数学习算法如下。

输入：训练样本集 S。

输出：各个类别的先验概率 $P(C_i)$，各个类别的后验概率 $P(a_1, a_2, \cdots, a_n \mid C_i)$。

方法：其描述过程如下。

for (S 中每个训练样本 $S(a_{s1}, \cdots, a_{sn}, C_s)$)

{   统计类别 C_s 中的 $C_s \cdot \text{count}$；

for（每个描述属性值 a_{si}）

统计类别 C_s 中描述属性值 a_{si} 的计数 $C_s \cdot a_{si} \cdot \text{count}$；

}

for（每个类别 C）

{ $P(C) = \dfrac{C \cdot \text{count}}{|S|}$；   ///$|S|$ 为 S 中的样本总数

for（每个描述属性 A_i）

for（每个描述属性值 a_i）

$P(a_i \mid C) = \dfrac{C \cdot a_i \cdot \text{count}}{C \cdot \text{count}}$；

for(每个 $a_1, \cdots, a_m$)

$P(a_1, \cdots, a_n \mid C) = \prod_{i=1}^{n}P(a_i \mid C)$；

}

对于一个样本 $(a_1, a_2, \cdots, a_n)$，求其类别的朴素贝叶斯分类算法如下。

输入：各个类别的先验概率 $P(C_i)$，各个类别的后验概率 $P(a_1, a_2, \cdots, a_n | C_i)$，新样本 $r(a_1, a_2, \cdots, a_n)$。

输出：新样本的类别 maxc。

方法：其描述过程如下。

maxp=0;

for(每个类别 C)

{ $p = P(C_i) P(a_1, a_2, \cdots, a_n | C_i)$；

    If（$p > $ maxp）p>maxp)

    maxc= C_i；

}

Return maxc;

例 4-4　对于表 4-3 所示的训练样本集 S，有以下新样本 X：年龄="≤30"，收入="中"，学生="是"，信誉="中"，采用朴素贝叶斯分类算法求 X 所属类别的过程如下。

解：（1）由训练样本集 S 建立贝叶斯网络，如图 4-9 所示。

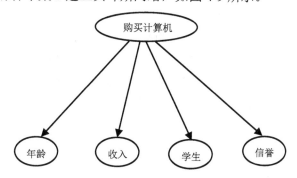

图 4-9　由训练样本集 S 建立贝叶斯网络

（2）根据类别"购买计算机"属性的取值，分为两个类别，C_1 表示购买计算机为"是"的类别，C_2 表示购买计算机为"否"的类别，它们的先验概率 $P(C_i)$ 根据训练样本集计算如下；

$$P(C_1) = P（购买计算机="是"）=9/14 \approx 0.64$$
$$P(C_2) = P（购买计算机="否"）=5/14 \approx 0.36$$

（3）为了计算 $P(a_i | C_i)$，求出下面的条件概率：

$$P（年龄 ="≤30"|购买计算机="是"）=2/9 \approx 0.22$$
$$P（年龄="≤30"|购买计算机="否"）=3/5=0.6$$
$$P（收入="中"|购买计算机="是"）=4/9 \approx 0.44$$
$$P（收入="中"|购买计算机="否"）=2/5=0.4$$
$$P（学生="是"|购买计算机="是"）=6/9 \approx 0.67$$
$$P（学生="是"|购买计算机="否"）=1/5=0.2$$

P（信誉="中"|购买计算机="是"）=6/9≈0.67

P（信誉="中"|购买计算机="否"）=2/5=0.4

（4）假设条件具有独立性，使用以上概率得到：

P（X|购买计算机="是"）=P（年龄="≤30"|购买计算机="是"）×

P（收入="中"|购买计算机="是"）×

P（学生="是"|购买计算机="是"）×

P（信誉="中"|购买计算机="是"）

≈0.22×0.44×0.67×0.67≈0.04

P（X|购买计算机="否"）=P（年龄="≤30"|购买计算机="否"）×

P（收入="中"|购买计算机="否"）×

P（学生="是"|购买计算机="否"）×

P（信誉="中"|购买计算机="否"）

=0.6×0.4×0.2×0.4≈0.02

（5）分类。

考虑"购买计算机='是'"的类别：

P（X|购买计算机="是"）×P（购买计算机="是"）≈0.04×0.64≈0.03

考虑"购买计算机='否'"的类别：

P（X|购买计算机="否"）×P（购买计算机="否"）≈0.02×0.36≈0.01

因此，对于样本 X，采用朴素贝叶斯分类预测为"购买计算机='是'"的结果与前面采用决策树所得到的分类结果是一致的。朴素贝叶斯分类算法的优点是易于实现，多数情况下其结果较令人满意。缺点是由于假设描述属性间相互独立，丢失了准确性，因为实际上属性间存在依赖关系。

4.5 支持向量机

支持向量机（Support Vector Machine，SVM）主要针对的是二元分类问题，其主要思想是寻找一个超平面作为两类训练样本点的分割，以保证最小的分类错误率。在线性情况下，存在一个或多个超平面使得训练样本完全分开，SVM 的目标是找到其中的最优超平面。所谓最优超平面是使得每一类数据与超平面距离最接近的向量与超平面之间的距离最大的平面；对于线性不可分的情况，可使用非线性核函数将低输入空间线性不可分的样本转化为高维空间特征，从而使其线性可分。

4.5.1 线性可分数据二元分类问题

线性可分数据的二元分类问题是指原数据可以用一条直线或一个超平面进行划分。图 4-10 所示为一个二维线性可分数据的示例，其中圆形和矩形表示不同类别的样本。在该示例中，存在直线可以将所有的样本分成截然不同的两部分，为线性可分问题。实际上，满足条件的直线有很多条，现在的问题是希望从众多

微课视频

条直线中找出一条最好的直线，即利用该直线进行分类时，出错的概率最小。同理，在三维空间中，希望找到一个最好的平面；在 n 维空间中，希望找到一个最好的超平面。

那么，什么样的超平面（二维情况下为直线）最好呢？将图 4-11 所示的任意一条直线平行地上下移动，直到在某一方向上碰到任意一个数据点，这时会得到一个区间。在图 4-11（a）中，由直线 L_1 移动后形成了区间 M_1；在图 4-11（b）中，由直线 L_2 移动后形成了区间 M_2。通常认为，如果一个超平面移动后所形成的区间较宽，则该超平面比较好。图 4-11（b）所示的区间 M_2 要比图 4-11（a）所示的区间 M_1 宽，因此，直线 L_2 要比 L_1 好。

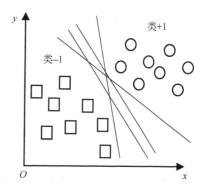

图 4-10　一个二维线性可分数据的示例

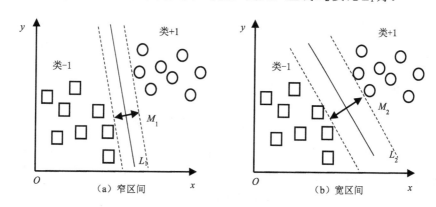

图 4-11　线性可分示例

4.5.1.1　SVM 原理

对于 n 维空间二元分类问题，假设一个包含 N 个训练样本的集合，其中第 i 个样本表示成 $(\boldsymbol{X}_i, Y_i)$，$\boldsymbol{X}_i = (x_{i1}, x_{i2}, \cdots, x_{in})^{\mathrm{T}}$ 为第 i 个样本的属性集，$Y_i \in \{-1, +1\}$ 表示样本的类别，类别为 +1 的类为正类，类别为 -1 的类为负类。设用于分类决策的超平面为

$$\boldsymbol{W}\boldsymbol{X} + b = 0 \tag{4-14}$$

式中，$\boldsymbol{W} = (w_1, w_2, \cdots, w_n)$；$\boldsymbol{X} = (x_1, x_2, \cdots, x_n)^{\mathrm{T}}$ 为超平面上的样本；b 是一个偏移量。可以证明，对于任何决策超平面上方的样本 $\boldsymbol{X}_s$，有 $\boldsymbol{W}\boldsymbol{X}_s + b > 0$；对于任何决策超平面下方的样本 $\boldsymbol{X}_s$，有 $\boldsymbol{W}\boldsymbol{X}_s + b < 0$。

$\boldsymbol{W}$ 和 b 确定了，就可以利用式（4-15）预测新样本 $\boldsymbol{X}_z$ 的类别号 Y_z：

$$Y_z = \begin{cases} 1, & \boldsymbol{W}\boldsymbol{X}_z + b > 0 \\ -1, & \boldsymbol{W}\boldsymbol{X}_z + b < 0 \end{cases} \tag{4-15}$$

调整决策边界的参数 $\boldsymbol{W}$ 和 b，使用于分类决策的超平面分别向两个类别的点平移，直到遇到第一个数据点，可以找到两个超平面 H_1 和 H_2，它们是平行的，没有点落在两者之间，这两个超平面表示为

$$H_1 : \boldsymbol{WX} + b = m \tag{4-16}$$
$$H_2 : \boldsymbol{WX} + b = -m \tag{4-17}$$

式中，m 为常数，为了计算方便，通常取 $m = 1$。

这两个超平面称为决策边界的边缘，用于决策分类的超平面位于这两个平面的正中间，其示意图如图 4-12 所示。为了计算边缘，令 $\boldsymbol{X}_1$ 是 H_1 上的一个点，$\boldsymbol{X}_2$ 是 H_2 上的一个点，则有

$$\boldsymbol{WX}_1 + b = 1 \tag{4-18}$$
$$\boldsymbol{WX}_2 + b = -1 \tag{4-19}$$

式（4-18）和式（4-19）相减得到

$$d = \frac{2}{\|\boldsymbol{W}\|^2} \tag{4-20}$$

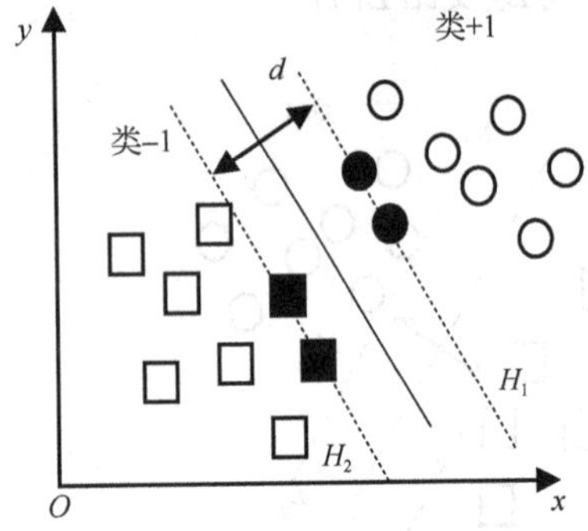

式中，$\|\boldsymbol{W}\|^2 = \sqrt{w_1^2 + w_2^2 + \cdots + w_n^2}$，表示向量 $\boldsymbol{W}$ 的欧几里得范数；d 表示向量 $\boldsymbol{X}_1$ 和 $\boldsymbol{X}_2$ 之间的垂直距离，即 H_1、H_2 的间隔，也就是两个类别的分类间隔。

位于两个超平面 H_1 和 H_2 之上的样本称为支持向量，如图 4-12 所示的实心圆和方块。

图 4-12　决策边界的边缘示意图

4.5.1.2　学习 SVM 模型

SVM 的训练阶段包括从训练样本中估计决策边界的参数 $\boldsymbol{W}$ 和 b。对于训练样本集中的任意样本 $(\boldsymbol{X}_i, Y_i)$，参数必须满足下面的两个条件：

$$\begin{aligned} \boldsymbol{WX}_i + b > 0, & \quad \text{如果} Y_i = 1 \\ \boldsymbol{WX}_i + b < 0, & \quad \text{如果} Y_i = -1 \end{aligned} \tag{4-21}$$

这些条件要求所有类别为 1 的训练样本都必须位于超平面 H_1 中或位于它的上方，而类别为 -1 的训练样本都必须位于超平面 H_2 中或位于它的下方。式（4-21）可以改写成另一种紧凑的形式：

$$Y_i (\boldsymbol{WX}_i + b) \geqslant 1 \tag{4-22}$$

在满足上述约束条件下，可以通过最小化 $\|\boldsymbol{W}\|^2$ 获得具有最大分类间隔的超平面对。也就是说，最大化决策区间的边缘等价于在满足上述约束条件下最小化以下目标函数：

$$f(\boldsymbol{W}) = \frac{\|\boldsymbol{W}\|^2}{2} \tag{4-23}$$

或者，在可分的情况下，线性 SVM 的学习任务可以形式化地描述为以下优化问题：

$$\min_{\boldsymbol{W}} \frac{\|\boldsymbol{W}\|^2}{2} \tag{4-24}$$

受限于

$$Y_i (\boldsymbol{WX}_i + b) \geqslant 1, \quad i = 1, 2, \cdots, N$$

4.5.1.3　模型求解过程

在上述优化问题中，约束条件关于参数 W 和 b 是线性的。这是一个二次规划问题，由于目标函数是凸的，所以可以通过标准的拉格朗日乘子方法求解。

首先，必须改写目标函数，考虑施加在解上的约束。新目标函数称为该优化问题的拉格朗日函数：

$$L_P = \frac{1}{2}\|W\|^2 - \sum_{i=1}^{N}\lambda_i[Y_i(WX_i + b) - 1] \tag{4-25}$$

式中，λ_i 称为拉格朗日乘子。拉格朗日函数中的第一项与原目标函数相同，而第二项则捕获了不等式约束。

1. 求拉格朗日乘子 λ_i

关于 W、b 最小化 L_P，令 L_P 关于 λ_i 所有的导数为零，要求约束 $\lambda_i \geq 0$（称此特殊约束集为 C_1）。由于是凸优化问题，它可以等价地求解对偶问题：最大化 L_P，使得 L_P 关于 W、b 的偏导数为零，并使得 $\lambda_i > 0$（称此特殊约束集为 C_2）。这是根据对偶性得到的，即在约束 C_2 下最大化 L_P 所得到的 W、b 值与在约束 L_P 下最小化 L_P 所得到的 W、b 值相同。

令 L_P 关于 W、b 的导数为零，即

$$\frac{\partial L_P}{\partial W} = 0 \Rightarrow W = \sum_{i=1}^{N}\lambda_i Y_i X_i \tag{4-26}$$

$$\frac{\partial L_P}{\partial b} = 0 \Rightarrow \sum_{i=1}^{N}\lambda_i Y_i = 0 \tag{4-27}$$

对于对偶形式中的等式约束，代入 L_P 得

$$L_D = \sum_{i=1}^{N}\lambda_i - \frac{1}{2}\sum_{i,j}\lambda_i\lambda_j Y_i Y_j X_i X_j \tag{4-28}$$

拉格朗日乘子有不同的下标，P 对应原始问题，D 对应对偶问题，L_P 和 L_D 由同一目标函数导出，但具有不同约束。

也就是说，线性可分情况下的支持向量训练，相当于在约束 $\sum_{i=1}^{N}\lambda_i Y_i = 0$ 以及 $\lambda_i \geq 0$ 条件下关于 λ_i 最大化 L_D。需要注意的是，该问题仍然是一个有约束的最优化问题，需要进一步使用数值计算技术通过训练样本数据求解 λ_i，这里不再详述。

在求出 λ_i 的解后，解中每一个点对应一个拉格朗日乘子 λ_i，$\lambda_i > 0$ 的点就是支持向量，这些点位于超平面 H_1 或 H_2 中；其他点的 $\lambda_i = 0$，这些点位于 H_1 或 H_2 中 [$Y_i(WX_i + b) = 1$]，或在 H_1 上方或 H_2 的下方 [$Y_i(WX_i + b) > 1$]。

2. 求 W 参数

通过 $W = \sum_{i=1}^{N}\lambda_i X_i Y_i$，求解出 W。

3. 求 b 参数

b 需满足约束条件为 $Y_i(WX_i + b) \geq 1$ 的不等式。处理不等式约束的一种方法就是把它变

换成一组等式约束。只要限制 λ_i 非负，这种变换就是可行的。这种变换导致如下拉格朗日乘子约束，称为 Karush-Kuhn-Tucker（KKT）条件：

$$\lambda_i \geq 0$$
$$\lambda_i[Y_i(WX_i+b)-1]=0 \qquad (4\text{-}29)$$

KKT 条件在约束优化问题的解处是满足的。事实上，满足该条件的很多 λ_i 都为 0。该约束表明，除非训练样本满足 $Y_i(WX_i+b)-1=1$，否则拉格朗日乘子必须为 0。

上述 KKT 条件转化为 $Y_i(WX_i+b)-1=0$，即当 $Y_i=1$ 时，$b=1-WX_i$；当 $Y_i=-1$ 时，$b=-1-WX_i$。

由于 λ_i 采用数值计算得到，可能存在误差，计算出的 b 可能不唯一，所以通常使用 b 的平均值作为分类决策超平面的参数。

当求出 W、b 的可行解后，可以构造出决策边界，分类问题即得以解决。

例 4-5 对于二维空间，以表 4-12 所示的 8 个点作为训练样本，求出其线性可分 SVM 的决策边界。假设已求出每个训练样本的拉格朗日乘子。

表 4-12　一个训练样本集（含拉格朗日乘子）

点编号 i	X_i		Y_i	拉格朗日乘子
	X_1	X_2		
1	0.3858	0.4687	−1	65.5261
2	0.4871	0.611	1	65.5261
3	0.9218	0.4103	1	0
4	0.7382	0.8936	1	0
5	0.1763	0.0579	−1	0
6	0.4057	03529	1	0
7	0.9355	0.8132	1	0
8	0.2146	0.099	−1	0

解：

令 $W=(W_1,W_2)$，b 为决策边界的参数。这里 $N=8$，则

$$W_1=\sum_{i=1}^{N}\lambda_i Y_i X_{i1}=65.5261\times(-1)\times0.3858+65.5261\times1\times0.4871\approx6.64$$

$$W_2=\sum_{i=1}^{N}\lambda_i Y_i X_{i2}=65.5261\times(-1)\times0.4687+65.5261\times1\times0.611\approx9.32$$

对于训练样本 1（$Y=-1$），有

$$b_1=-1-WX_1=-1-\sum_{j=1}^{2}W_j X_{1j}\approx-1-(6.64\times0.3858+9.32\times0.4687)\approx-7.93$$

对于训练样本 2（$Y=1$），有

$$b_2=1-WX_2=1-\sum_{j=1}^{2}W_j X_{2j}\approx1-(6.64\times0.4871+9.32\times0.611)\approx-7.93$$

取 b_1、b_2 的平均值得到 $b=-7.93$，则决策边界为

$$6.64X_1+9.32X_2-7.93=0$$

对于训练样本 $X=(X_1,X_2)$，若 $6.64X_1+9.32X_2-7.93>0$，则划分于类别 1 中；若 $6.64X_1+9.32X_2-7.93\leqslant0$，则划分于类别–1 中。

4.5.2　线性不可分数据二元分类问题

在实际情况中，很多问题是线性不可分的，如图 4-13 所示的样本集便是如此，无法找到一个理想的超平面将两类样本完全分开。

微课视频

由于样本线性不可分，所以不能达到原来对间隔的要求，可以采用一种称为软边缘的方法，学习允许一定训练错误的决策边界，也就是在一些线性不可分的情况下构造线性的决策边界，为此必须考虑边缘的宽度与线性决策边界允许的训练错误数目之间的折中。

对于线性不可分问题，原目标函数 $f(\boldsymbol{W})=\dfrac{\|\boldsymbol{W}\|^2}{2}$ 仍然是可用的，但决策边界不再满足 $Y_i(\boldsymbol{W}\boldsymbol{X}_i+b)\geqslant1$ 给定的所

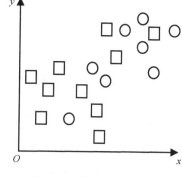

图 4-13　线性不可分示例

有约束。为此应使约束条件弱化，以适应线性不可分样本。可以通过在优化问题的约束中引入正值的松弛变量 ξ 来实现（松弛变量 ξ 用于描述分类的损失），即

$$\begin{aligned}\boldsymbol{W}\boldsymbol{X}_i+b&\geqslant1-\xi_i,\quad\text{如果}Y_i=1\\\boldsymbol{W}\boldsymbol{X}_i+b&\leqslant-1-\xi_i,\quad\text{如果}Y_i=-1\end{aligned}\tag{4-30}$$

式中，对于任意训练样本 $\boldsymbol{X}_i$，$\xi_i>0$。

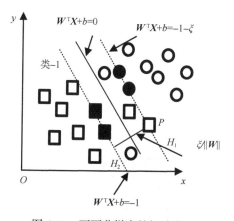

图 4-14　不可分样本的松弛变量

不可分样本的松弛变量如图 4-14 所示，P 是一个样本，它违反了原来的约束。设 $\boldsymbol{W}\boldsymbol{X}_i+b\leqslant-1-\xi_i$ 是一条经过点 P，且平行于决策边界的直线。可以证明它与超平面 $\boldsymbol{W}\boldsymbol{X}_i+b=-1$ 之间的距离为 $\dfrac{\xi}{\|\boldsymbol{W}\|^2}$。因此，$\xi$ 提供了决策边界在训练样本 P 上的误差估计。

显然希望松弛变量 ξ 最小化（如果 $\xi=0$，则就是前面的线性可分问题）。于是，在优化目标函数中使用惩罚参数 C 来引入对 ξ 最小化的目标。这样，修改后的目标函数如下：

$$f(\boldsymbol{W})=\frac{\|\boldsymbol{W}\|^2}{2}+C\left(\sum_{i=1}^N\xi_i\right)^k\tag{4-31}$$

这样，求解的问题变为

$$\min_{\boldsymbol{W},\,b}\frac{\|\boldsymbol{W}\|^2}{2}+C\left(\sum_{i=1}^N\xi_i\right)^k\tag{4-32}$$

受限于

$$Y_i(\boldsymbol{W}\boldsymbol{X}_i+b+1)\geqslant1-\xi_i,\quad i=1,2,\cdots,N$$

理论上讲，k 可以是任意正整数，对应的方法称为 k 阶软边缘方法。取 $k=1$ 的一个优点是 ξ 和拉格朗日乘子 λ_i 在对偶问题中不再出现。

在 $k=1$ 时，该优化问题也可转换成对偶问题：

$$L_D = \sum_{i=1}^{N} \lambda_i - \frac{1}{2} \sum_{i,j} \lambda_i \lambda_j Y_i Y_j (X_i^T X_j) \tag{4-33}$$

$$\sum_{i=1}^{N} \lambda_i Y_i = 0 \tag{4-34}$$

$$\xi = 0, \quad 0 \leqslant \lambda_i \leqslant C \tag{4-35}$$

求该对偶问题的数值解得到拉格朗日乘子 λ_i，通过 $w_j = \sum_{i=1}^{N} \lambda_i Y_i x_{ij}$ 求出 W，再通过 $b_j = Y_j - \sum_{i=1}^{N} Y_i \lambda_i (X_i^T X_j)$ 求出支持向量的 b_j，并平均 b_j 得到 b。

除了上述软边缘的方法，还有一种非线性硬间隔方法，其基本思路：将低维空间中的曲线（曲面）映射为高维空间中的直线或平面。数据经这种映射后，在高维空间中是线性可分的。图 4-15 所示为低维空间向高维空间转换的示例。

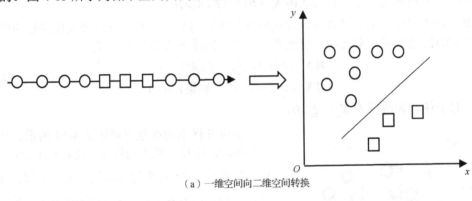

（a）一维空间向二维空间转换

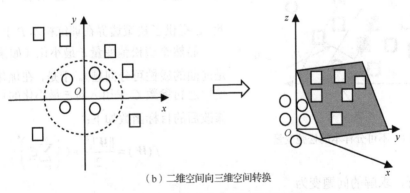

（b）二维空间向三维空间转换

图 4-15 低维空间向高维空间转换的示例

核函数的定义：设 s 是输入空间（欧氏空间或离散集合），H 为特征空间（希尔伯特空间），如果存在一个从 s 到 H 的映射 $\varphi(x): s \to H$，使得对所有的 $x, z \in s$，函数 $k(x,z) = \varphi(x) \cdot \varphi(z)$，则称 $k(x,z)$ 为核函数，$\varphi(x)$ 为映射函数，$\varphi(x) \cdot \varphi(z)$ 为 x, z 映射到特

征空间上的内积。映射函数十分复杂，难以进行计算，在实际中，通常使用核函数来求解内积，其计算复杂度并没有增加，映射函数仅仅作为一种逻辑映射，表征输入空间到特征空间的映射关系。

常用的核函数主要有以下几种。

（1）线性（Linear）核函数：

$$k(\boldsymbol{x}, \boldsymbol{y}) = \boldsymbol{x}^{\mathrm{T}} \boldsymbol{y} \tag{4-36}$$

（2）多项式（Polynomial）核函数：经常表示非线性的特征映射，常用形式为

$$k(\boldsymbol{x}, \boldsymbol{y}) = (\boldsymbol{x}^{\mathrm{T}} \boldsymbol{y} + c)^q, \quad q \in N, \quad c \geqslant 0 \tag{4-37}$$

（3）高斯（Gaussian）核函数（又称为径向基函数，RBF）：在支持向量机的研究与应用中最常用的一个核函数。

$$k(\boldsymbol{x}, \boldsymbol{y}) = \exp\left(-\frac{\|\boldsymbol{x} - \boldsymbol{y}\|^2}{2\sigma^2}\right), \quad \sigma > 0 \tag{4-38}$$

$$k(\boldsymbol{x}, \boldsymbol{y}) = \exp(-\lambda \|\boldsymbol{x} - \boldsymbol{y}\|^2), \quad \lambda > 0 \tag{4-39}$$

（4）指数型径向基核函数：

$$k(\boldsymbol{x}, \boldsymbol{y}) = \exp\left(-\frac{\|\boldsymbol{x} - \boldsymbol{y}\|}{2\sigma^2}\right), \quad \sigma > 0 \tag{4-40}$$

（5）sigmoid（或 2 层感知机）

$$k(\boldsymbol{x}, \boldsymbol{y}) = \tanh[a(\boldsymbol{x}, \boldsymbol{z}) + v], \quad a > 0, \quad v > 0 \tag{4-41}$$

式中，a 是一个标量；v 为位移参数。此时，SVM 是包含一个隐藏层的多层感知机，隐藏层节点数由算法自动确定。

（6）傅里叶（Fourier）核函数：

$$k(\boldsymbol{x}, \boldsymbol{y}) = \frac{(1 - q^2)(1 - q)}{2[1 - 2q\cos(\boldsymbol{x} - \boldsymbol{y}) + q^2]}, \quad 0 < q < 1 \tag{4-42}$$

此外，还有条件正定核函数（CPD 核函数）：

$$k(\boldsymbol{x}, \boldsymbol{y}) = -\|\boldsymbol{x} - \boldsymbol{y}\|^q + 1, \quad 0 < q \leqslant 2 \tag{4-43}$$

它并不满足 Mercer 条件，但可以用于核学习方法，另外还有样条核函数及张量积核函数等。

4.5.3　非线性可分数据二元分类问题

即便是引入了松弛变量，用直线划分一些问题还是存在很大的误差，即输入空间中不存在该问题的线性分类超平面，这种问题叫作非线性可分问题。处理这类问题时，通过某种映射使得训练样本线性可分，即将输入空间映射到高维空间中后，通过训练支持向量机得到该问题在高维空间中的最优分类超平面，解决该类分类问题。

设原问题对应输入空间 R^n 的训练集为

$$T = \left\{ (x_1 y_2), \cdots, (x_i y_i) \right\}$$

则对应的高维空间的新训练集为

$$T = \left\{ \left(\phi(x_1) y_1\right), \cdots, \left(\phi(x_i) y_i\right) \right\}$$

于是相应特征空间的原问题为

$$\min \frac{1}{2}\|W\|^2 + c\sum_{i=1}^{l}\xi_i \quad \text{s.t.} \quad y(Wx_i+b) \geqslant 1-\xi_i, \quad \xi_i \geqslant 0, \quad i=1,2,\cdots,l \quad (4\text{-}44)$$

转化为对偶问题为

$$\min \frac{1}{2}\sum_{i=1}^{l}\sum_{j=1}^{l}y_i y_j a_i a_j K(x_i x_j) - \sum_{j=1}^{l}a_j \quad \text{s.t.} \quad \sum_{i=1}^{l}y_i a_i = 0, \quad 0 \leqslant a_i \leqslant c, \quad i=1,2,\cdots,l \quad (4\text{-}45)$$

式中，$K(x_i x_j) = \phi(x_i)\phi(x_j)$。

求解得到拉格朗日系数的值 a^*，则 $w^* = \sum_{i=1}^{l}y_i a_i^* x_i$，选取 a^* 的一个正分量 a_j^*（支持向量），并据此计算 $b^* = y_j - \sum_{i=1}^{l}y_i a_i^* K(x_i x_j)$。

归纳起来，SVM 具有很好的性质，已经成为广泛使用的分类算法之一，有如下主要几个特点。

（1）由于 SVM 的求解最后转化成二次规划问题的求解，因此 SVM 的解是全局唯一的最优解。

（2）SVM 在解决小样本、非线性及高维模式识别问题时表现出许多特有的优势，并能够推广应用到函数拟合等其他机器学习问题中。

（3）SVM 是一种有坚实理论基础的新颖的小样本学习方法。它基本上不涉及概率测度及大数定律等，因此不同于现有的统计方法。从本质上看，它避开了从归纳到演绎的传统过程，实现了高效的从训练样本到预报样本的"转导推理"，大大简化了通常的分类和回归等问题。

（4）SVM 的最终决策函数只由少数的支持向量所确定，计算的复杂性取决于支持向量的数目，而不是样本空间的维数，这在某种意义上避免了"维数灾难"。

（5）少数支持向量决定了最终结果，这不但有助于抓住关键样本、剔除大量多余样本，而且注定了该方法不但算法简单，而且具有较好的"鲁棒"性。

SVM 的两个不足之处如下所述。

（1）SVM 对大规模训练样本难以实施。SVM 是借助二次规划来求解支持向量的，而求解二次规划将涉及 N 阶矩阵的计算（N 为样本的个数），当 N 很大时，该矩阵的存储和计算将耗费大量的机器内存和运算时间。

（2）用 SVM 解决多分类问题存在困难。经典的 SVM 算法只给出了二元分类的算法，而在数据挖掘的实际应用中，一般要解决多类的分类问题，可以通过多个二元 SVM 的组合来解决。

4.6 聚类分析

"物以类聚，人以群分"，聚类是人类认识世界的一种重要方法。所谓聚类就是按照事物的某些属性把事物聚集成族，使族内的对象之间具有较高的相似性，而不同族的对象之间的相似程度较低。聚类是一个无监督学习过程，它同分类的主要区别在于：分类需要事先知道所依据的对象特征，而聚类要找到这个对象特征。因此，在很多应用中，聚类分析作为一种数据预处理过程，是进一步分析和处理数据的基础。同一类事物往往具有更多的近似特征，分门别类地对事物进行研究远比在一个混杂多变的集合中研究更为清晰、细致。本节将介绍两种典型的聚类分析算法，即 K 均值聚类算法和 K 中心点聚类算法。

4.6.1　聚类分析概述

微课视频

聚类（Clustering）是一种常见的数据分析方法，就是将对象集合分组成由类似的对象组成的多个类或族的过程。由聚类所生成的类是对象的集合，这些对象与同一个类中的对象彼此相似，与其他类中的对象相异。在许多应用中，可以将一个类中的数据对象作为一个整体来对待。下面给出聚类的数学描述。

被研究的对象集为 X，度量对象空间相似度的标准为 s，聚类系统的输出是对象的区分结果，即 $C = \left\{ C_1, C_2, \cdots, C_k \right\}$，其中 $C_i \subseteq X, i = 1, 2, \cdots, k$，且满足如下条件。

（1）$C_1 \bigcup C_2 \bigcup \cdots \bigcup C_k = X$。

（2）$C_i \bigcap C_j = \Phi$, $i, j = 1, 2, \cdots, k$, $i \neq j$。

C 中的成员 $C_1, C_2, \cdots, C_k$ 称为类或族。由第一个条件可知，对象集 X 中的每个对象必定属于某一个类；由第二个条件可知，对象集 X 中的每个对象最多只属于一个类。每个类可以通过一些特征来描述，有如下几种表示方式。

（1）通过类的中心或边界点表示一个类。

（2）使用对象属性的逻辑表达式表示一个类。

（3）使用聚类树中的节点表示一个类。

聚类分析就是根据发现的数据对象的特征及其关系的信息，将数据对象分族。族内的相似性越大，族间差别越大，聚类就越好。虽然聚类也起到了分类的作用，但和大多数分类是有差别的。大多数分类都是演绎的，即人们事先确定某种事物分类的准则或各类别的标准，分类的过程就是比较分类的要素与各类别标准，然后将各要素划归于各类别。聚类分析是归纳的，不需要事先确定分类的准则来分析数据对象，不考虑已知的类标记。聚类算法取决于数据的类型、聚类的目的和应用。按照聚类分析算法主要思路的不同，聚类分析算法可以分为划分方法、层次方法、基于密度的方法、基于网格的方法、基于模型的方法。

（1）划分方法（Partitioning Method）。给定一个包含 n 个对象的数据集，划分方法构建数据集的 k 个划分，每个划分表示一个族，并且 $k \leqslant n$。划分方法首先创建一个初试划分，然后采用一种迭代的重定位技术，尝试通过对象在划分间的移动来改进划分。也就是说，它将数据集划分为 k 个组，同时满足以下要求：每个组至少包括一个对象，并且每个对象必须属于且只属于一个组（硬划分）。属于该类的聚类分析算法有 K 均值聚类算法、K 中心点聚类算法、PAM（Partitioning Around Medoid，围绕中心点的划分）算法、CLARA（Clustering Large Application，大型应用中的聚类）算法等。

（2）层次方法（Hierarchy Method）。划分方法获得的是单级聚类，而层次方法是将数据集分解成多级进行聚类，层的分解可以用树形图来表示。根据层次的分解方法，层次方法可以分为凝聚的（Agglomerative）和分裂的（Divisive）。凝聚的方法也称为自底向上的方法，一开始将每个对象作为单独的一族，然后不断地合并相近的对象或族。分裂的方法也称为自顶向下的方法，一开始将所有的对象置于一个族中，在迭代的每一步中，一个族被分裂为更小的族，直到每个对象在一个单独的族中，或者达到算法终止条件。相对于划分方法，层次方法不需要指定聚类数目，在凝聚或者分裂的层次聚类算法中，用户可以定义希望得到的聚类数目来作为一个约束条件。

（3）基于密度的方法（Density-based Method）。绝大多数划分方法基于对象之间的距离进行聚类，这样的方法只能发现球状的类，而在发现任意形状的类上有困难。基于密度的方法的主要思想：只要临近区域的密度（对象或数据点的数目）超过某个阈值就继续聚类。也就是说，对给定类中的每个数据点，在一个给定范围的区域中必须至少包含某个数目的点。这样的方法可以用来过滤噪声和孤立点数据，发现任意形状的类。属于该类的聚类算法有 DBSCAN（Density Based Spatial Clustering of Application with Noise）算法、OPTICS（Ordering Point To Identify the Clustering Structure）算法等。

（4）基于网格的方法（Grid-based Method）。基于网格的方法首先把对象空间划分成有限个单元的网状结构，所有的处理都是以单个单元为对象的。这种方法的主要优点是处理速度快，其处理时间独立于数据对象的数目，只与划分数据空间的单元数有关。属于该类的聚类算法有 STING（Statistical Information Grid）算法、CLIQUE（Clustering In Quest）算法等。

（5）基于模型的方法（Model-based Method）。基于模型的方法为每个族假定一个模型，然后去寻找能够很好地满足这个模型的数据集。这种方法经常基于这样的假设：数据集是由一系列的概率分布所决定的。基于模型的方法主要有两类：统计学模型方法和神经网络模型方法。

评价聚类效果的评价函数着重考虑两个方面：每个族中的对象应该是紧凑的；各个族间对象的距离应该尽可能远。实现这种考虑的一种直接方法就是观察聚类 C 的类内差异 $w(C)$ 和类间差异 $b(C)$。类内差异衡量类内对象之间的紧凑性，类间差异衡量不同类之间的距离。

类内差异可以用距离函数来表示，最简单的就是计算类内每个对象点到它所属类中心的距离的平方和，即

$$w(C) = \sum_{i=1}^{k} w(C_i) = \sum_{i=1}^{k} \sum_{x \in C_i} d\left(x, \overline{x_i}\right)^2 \tag{4-46}$$

类间差异定义为类中心之间距离的平方和，即

$$b(C) = \sum_{1 \leq j \leq i \leq k} d\left(\overline{x_j}, \overline{x_i}\right)^2 \tag{4-47}$$

式（4-46）和式（4-47）中的 $\overline{x_i}$、$\overline{x_j}$ 分别是类 C_i、C_j 的中心。

聚类 C 的聚类质量可用 $w(C)$ 和 $b(C)$ 的一个单调组合来表示，比如 $w(C)/b(C)$。

4.6.2 K 均值聚类

K 均值（K-Means）聚类算法是一种最老的、最广泛使用的聚类分析算法。K 均值使用

质心来表示一个族，其中质心是一组数据对象点的平均值。该聚类方法以 k 为输入参数，将 n 个数据对象划分为 k 个族，使得族内数据对象具有较高的相似度，通常用于连续空间中的对象聚类。

K 均值聚类算法是一种基于距离的聚类分析算法，采用欧几里得距离作为相似性的评价指标，即认为两个对象的距离越近，其相似度就越大。该算法认为族是由距离靠近的对象组成的，因此把得到紧凑且独立的族作为最终目标。

K 均值聚类算法的目标函数 E 定义为

$$E = \sum_{i=1}^{i=k} \sum_{i \in C_i} \left[d(\boldsymbol{x}, \overline{\boldsymbol{x}_i}) \right]^2 \tag{4-48}$$

式中，$\boldsymbol{x}$ 为空间中的点，表示给定的数据对象；$\overline{\boldsymbol{x}_i}$ 是族 C_i 的数据对象的平均值；$d(\boldsymbol{x}, \overline{\boldsymbol{x}_i})$ 表示 $\boldsymbol{x}$ 与 $\overline{\boldsymbol{x}_i}$ 之间的距离。该目标函数可以保证生成的族尽可能紧凑和独立。

K 均值聚类算法的实现过程如下所述。

（1）首先输入 k 的值，即希望将数据集 $D = \{o_1, o_2, \cdots, o_n\}$ 经过聚类得到 k 个分类或分组。

（2）从数据集 D 中随机选择 k 个数据点作为族质心，每个质心代表一个族。这样得到的族质心集合为 Centroid=$\{ Cp_1, Cp_2, \cdots, Cp_k \}$。

（3）对数据集 D 中每一个数据点 o_i，计算 o_i 与 $Cp_j (j = 1, 2, \cdots, k)$ 的距离，得到一组距离值，从中找出最小距离值对应的族质心 Cp_s，则将数据点 o_i 划分到以 Cp_s 为质心的族中。

（4）根据每个族所包含的对象集合，重新计算得到一个新的族质心。若 $|C_x|$ 是第 x 个族 C_x 中的对象个数，m_x 是这些对象的质心，即

$$m_x = \frac{1}{|C_x|} \sum_{o \in C_x} \boldsymbol{o} \tag{4-49}$$

这里的族质心 m_x 是族 C_x 的均值，这就是 K 均值聚类算法名称的由来。

（5）如果这样划分后满足目标函数的要求，可以认为聚类已经达到期望的结果，算法终止。否则需要迭代第（3）～（5）步。通常目标函数设定为所有族中各个对象与均值间的误差平方和（Sum of the Squares of Errors，SSE）小于某个阈值 ε，即

$$\text{SSE} = \sum_{x=1}^{k} \sum_{o \in C_x} |\boldsymbol{o} - m_x|^2 \leqslant \varepsilon \tag{4-50}$$

例 4-6　假设要进行聚类的元组为 $\{2,4,10,12,3,20,30,11,25\}$，假设求的族的数量为 $k=2$，应用 K 均值进行聚类。

解：（1）初始时用前两个数值作为族的质心，这两个族的质心记作：$m_1=2$，$m_2=4$。

（2）对剩余的每个对象，根据其与各个族中心的距离，将它指派到最近的族中，可得 $C_1=2=\{2, 3\}$，$C_2=\{4, 10, 12, 20, 30, 11, 25\}$。

（3）计算族的新质心：$m_1 =(2+3)/2=2.5$，$m_2 = (4+10 + 12 +20 +30+11+25)/7=16$。

重新对族中的成员进行分配，可得 $C_1=\{2, 3, 4\}$ 和 $C_2 =\{10, 12, 20, 30, 11, 25\}$，不断重复这个过程，均值不再变化时最终可得到两个族：$C_1 =\{2, 3, 4, 10, 11, 12\}$ 和 $C_2=\{20, 30, 25\}$。

K 均值聚类算法的优点如下所述。

（1）框架清晰、简单、容易理解。

（2）确定的 k 个划分使误差平方和最小。当族是密集的、球状或团状的，且族与族之间区别明显时，效果较好。

（3）对于处理大数据集，这个方法是相对可伸缩和高效的。

K 均值聚类算法的缺点如下所述。

（1）k 是事先给定的，k 值的选定是难以估计的。很多时候，事先并不知道给定的数据集应该分多少个类别才最合适。

（2）首先要选择 k 个初始聚类中心来确定一个初始划分，然后对初始划分进行优化。这个初始聚类中心的选择对聚类结果有较大的影响，对于不同的初始值，可能会导致不同的聚类结果。

（3）算法需要不断地进行样本分类调整，不断地计算调整后新的聚类中心，因此当数据量非常大时，算法的时间开销是非常大的。可以进行某种改进来提高算法的有效性，例如，可以通过一定的相似性准则来去掉聚类中心的候选集。

（4）不适合发现非凸形状的族、不同密度或者大小差异很大的族。

（5）仅适合对数值型数据聚类，只有在族均值有定义的情况下才能使用。

（6）对噪声和离群点等异常数据很敏感，少量的该类数据能够对中心产生较大的影响。

4.6.3　K 中心点聚类

K 均值聚类算法对离群数据对象点是敏感的，一个极大值的对象可能在相当大的程度上扭曲数据的分布。目标函数式（4-48）的使用更是进一步恶化了这一影响。为了减轻 K 均值聚类算法对孤立点的敏感性，K 中心点聚类算法不采用族中对象的平均值作为族中心，而是在每个族中选出一个最靠近均值的实际的对象来代表该族，其余的每个对象指派到与其距离最近的代表对象所在的族中。在 K 中心点聚类算法中，每次迭代后的族的代表对象点都从族的样本点中选取，选取的标准就是当该样本点成为新的代表对象点后能提高族的聚类质量，使得族更紧凑。该算法使用绝对误差标准作为度量聚类质量的目标函数，其定义如下：

$$E = \sum_{x=1}^{k} \sum_{O \in C_x} d(O, O_x) \tag{4-51}$$

式中，E 是数据集中所有数据对象的绝对误差之和；O 是空间中的点，代表族 C_x 中一个给定的数据对象；O_x 是族 C_x 中的代表对象。如果某样本点成为代表对象点，绝对误差能小于原代表对象点所造成的绝对误差，那么 K 中心点聚类算法认为该样本点是可以取代原代表对象点的，再一次迭代重新计算族代表对象点的时候，选择绝对误差最小的那个样本点成为新的代表对象点。通常，该算法重复迭代，直到每个代表对象都成为它的族的实际中心点，或最靠中心的对象。

K 中心点聚类算法的实现过程如下所述。

（1）任意选择 k 个对象作为 k 个中心点。

（2）计算每个非中心点对象到每个中心点的距离。

（3）把每个非中心点对象分配到距离它最近的中心点所代表的族中。

（4）随机选择一个非中心点对象 O_i，计算用 O_i 代替某个族 C_x 的中心点 O_x 所能带来的好处（用 ΔE 表示代替后和代替前误差函数值之差，意思是使误差 E 增加多少）。

（5）若 $\Delta E < 0$ ，表示代替后误差会减小，则用 O_i 代替 $\boldsymbol{O}_x$ ，即将 O_i 作为族 C_x 的中心点；否则，不代替。

（6）重复第（2）～（4）步，直到 k 个中心点不再发生改变。

对应的 K 中心点聚类算法如下所述。

输入：数据对象集合 D ，族数目 k 。

输出： k 个族的集合。

方法：

在 D 中随机选择 k 个对象作为初始族中心点，建立仅含中心点的 k 个族， $C_1, C_2, \cdots, C_k$ ；

do

{   将 D 中剩余对象分配到距离最近的族中；

　　　for(对于每个未被处理族 C_x ，其中心点为 $\boldsymbol{O}_x$ 以及 D 中每个未被选择的非中心点对象)

　　　　　　计算用 O_i 代替 $\boldsymbol{O}_x$ 的总代价并记录在 S 中；

　　　if(S 中所有非中心点代替所有中心点后计算出的总代价小于 0)

　　　{   找出 S 中用非中心点替代中心点后代价最小的一个；

　　　　　　用该中心点替代对应的中心点，形成一个新的中心点的集合;

　　　}

}until（没有发生族的重新分配，即所有的 $S > 0$ ）；

K 中心点聚类算法与 K 均值聚类算法的区别如下所述。

（1）当存在噪声和离群点时，K 中心点聚类算法比 K 均值聚类算法更加鲁棒，这是因为中心点不像均值那样易被极端数据（噪声或者离群点）影响。

（2）K 中心点聚类算法的执行代价比 K 均值聚类算法的要高。

（3）两种算法都需要事先指定族的数目 k 。

（4）两种算法对小的数据集非常有效，对大数据集效率不高，特别是 n 和 k 都很大的时候。

例 4-7 有 9 个人的年龄分别是 1、2、6、7、8、10、15、17、20，采用 K 中心点聚类算法将年龄分为 3 组。

解：

（1）随机选取 3 个年龄作为中心点，假设是 6、7、8。

（2）计算每个年龄和这 3 个中心点的距离后，将年龄分为 3 组：{1，2，6}，{7}，{8，10，15，17，20}，对应的 E=5+4+0+0+0+2+7+9+12=39。

（3）假设随机选取年龄 10，用它代替中心点 6，即新的 3 个中心点为 10、7、8，这样产生的分组为{1，2，6，7}，{8}，{10，15，17，20}，对应的 E'=6+5+1+0+0+0+5+7+10=34。 $\Delta E = E' - E = 34 - 39 = -5 < 0$ ，则用 10 代替中心点 6，新的 E=34。

（4）再随机选取年龄 17，用它代替中心点 7，即新的 3 个中心点为 10、17、8，这样产生的分组为{1，2，6，7，8}，{10}，{15，17，20}，对应的 E'=7+6+2+1+0+0+2+0+3=21。 $\Delta E = E' - E = 21 - 34 = -13 < 0$ ，则用 17 代替中心点 7，新的 E=21。

（5）再随机选取年龄 1，用它代替中心点 10，即新的 3 个中心点为 1、17、8，这样产生的分组为{1，2}，{6，7，8，10}，{15，17，20}，对应的 E'=0+1+2+1+0+2+2+0+3=11。$\Delta E=E'-E$=11-21=-10<0，则用 1 代替中心点 10。

（6）以后重复执行操作均不会改变中心点，算法结束，所以最后生成的族为{1，2}，{6，7，8，10}，{15，17，20}。

4.7 基于 K 均值聚类算法实现鸢尾花聚类

本节使用 K 均值聚类算法对鸢尾花（Iris）数据集进行聚类。鸢尾花数据集记录了山鸢尾（Setosa）、变色（Versicolor）鸢尾和弗吉尼亚（Virginica）鸢尾三种不同种类鸢尾花的数据信息，三种花各有 50 个样本数据，共 150 个样本数据，每个样本数据包含了鸢尾花的 4 种属性（花萼长度、花萼宽度、花瓣长度、花瓣宽度）和对应的标签。

该数据为公开数据，可以下载后将数据导入。另外，sklearn 模块提供了鸢尾花数据集，所以可以直接通过 from sklearn.datasets import load_iris、load_iris( )直接导入数据。本节通过 xlrd 模块将 excel 表格中的数据导入，参考代码如下。

```
import xlrd
file_location = r'E:\3.Python\code\Case\1.xls'      # 字符串形式
file = xlrd.open_workbook(file_location)        # excel 中全部数据
sheet4= file.sheet_by_index(3)              # sheet4 数据
rows = sheet4.nrows                    # 150 行
col = sheet4.ncols                    # 4 列
data = np.mat([[sheet4.cell_value(r, c) for c in range(col)] for r in range(rows)]) # 样本特征数据，数组
```

为了在二维平面显示鸢尾花数据集，这里使用花萼长度和花萼宽度两个特征进行可视化，鸢尾花数据集如图 4-16 所示。

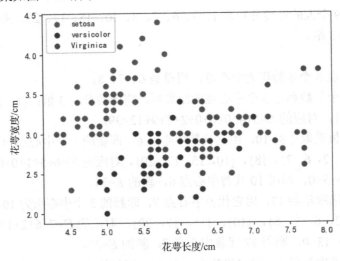

扫码看彩图

图 4-16 鸢尾花数据集

随机初始化质心，采用欧氏距离衡量样本间的距离，根据数据集，将聚类数 k 设置为 3，迭代次数设置为 6，K 均值聚类模型参考代码如下。

```python
def KMeans(dataSet, K, distMeans=distance_ou, createCent=randCent):
    clusterAssement = np.mat(np.zeros([rows, 2])) # 151 行 2 列矩阵
    centroids = createCent(dataSet, K) # 初始化 K 个质心
    clusterChanged = True # 迭代标志位
    while clusterChanged:
        clusterChanged = False
        for i in range(rows):
            minDist = np.inf  # 样本到质心距离最小值 初始化无穷大
            minIndex = -1 # 样本属于第几类 初始化哪个都不是
            for j in range(K):  # 找到 K 个质心当中离第 i 个样本最近的那一个
                dist_j = distMeans(centroids[j, :], dataSet[i, :]) # 计算各点与新的聚类中心的距离
                if dist_j < minDist: # 更改最小距离
                    minDist = dist_j
                    minIndex = j
            if clusterAssement[i, 0] != minIndex: # 如果质心变了，那么继续循环；若没变，则跳出去
                clusterChanged = True
            # 第 1 列为所属质心，第 2 列为距离
            clusterAssement[i, :] = minIndex, minDist ** 2
        print('-' * 50)
        print(centroids)
        # 更换质心
        for cent in range(K):
            # 把同一类点抓出来
            ptsInClust = dataSet[np.nonzero(clusterAssement[:, 0].A == cent)[0]]
            #去第一列等于 cent 的所有列
            centroids[cent, :] = np.mean(ptsInClust, axis=0) # 沿矩阵列方向进行均值计算，重新计算质心
    return centroids, clusterAssement
```

可视化聚类结果如图 4-17 所示，与图 4-16 对比，聚类效果较好。可视化参考代码如下。

```python
plt.figure(1)     # 聚类图
plt.rcParams['font.sans-serif'] = ['SimHei']
plt.rcParams["axes .unicode_minus"] = False
plt.title('分类')   # 样本散点图
plt.scatter(lst0_x[:], lste_y[:], color='red', marker='+', label='class0')
plt.scatter(lst1_x[:], lst1_y[:], color='blue', marker='+', label='class1')
plt.scatter(lst2_x[:], lst2_y[:], color=green, marker='+', label='class2')
# 质心点
plt.scatter(Center[0, 0], Center[0,1], color='red', marker='o', label="K0')
plt.scatter(Center[1, 0], Center[1,1], color='blue', marker='o', label='K1')
```

```
plt,scatter(Center[2,0], Center[2,1], color='green', marker='o',label='K2')
plt.legend(loc=2) # 图例左上角
plt.show()
```

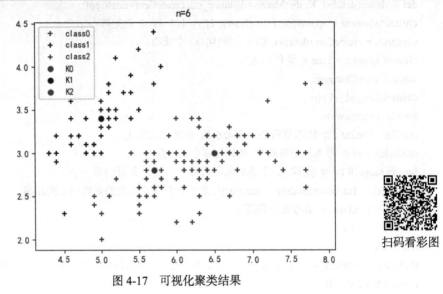

图 4-17　可视化聚类结果

本章小结

本章主要介绍了机器学习的相关概念和目前机器学习研究中的一些基本理论，同时围绕分类问题和聚类问题介绍了一些常用的算法，学习目标如下所述。

（1）了解并熟悉机器学习的基本知识。

（2）掌握 K 最近邻域、决策树、贝叶斯学习和支持向量机等常用分类算法。

（3）掌握 K 均值聚类算法和 K 中心点聚类算法，并理解二者的区别。

（4）掌握常用分类算法和聚类算法的应用及典型应用实例。

习题

一、选择题

1．关于 K 最近邻域算法说法错误的是（　　）。

A 是机器学习　　　　　　　　　　　B 是无监督学习

C K 代表分类个数　　　　　　　　　D K 的选择对分类结果没有影响

2．关于 K 最近邻域算法说法错误的是（　　）。

A 一般使用投票法进行分类任务　　　B K 最近邻域算法属于懒惰学习

C 训练时间普遍偏长　　　　　　　　D 距离计算方法不同，效果也可能显著不同

3．关于决策树算法说法错误的是（　　　）。

A 受生物进化启发　　　　　　　　　　B 属于归纳推理

C 用于分类和预测　　　　　　　　　　D 自顶向下递推

4．利用信息增益来构造决策树的算法是（　　　）。

A ID3 算法　　　　B 递归　　　　　C 归约　　　　　D FIFO

5．决策树构成的顺序是（　　　）。

A 特征选择、决策树生成、决策树剪枝　　B 决策树剪枝、特征选择、决策树生成

C 决策树生成、决策树剪枝、特征选择　　D 特征选择、决策树剪枝、决策树生成

6．朴素贝叶斯分类器属于（　　　）假设。

A 样本分布独立　　　B 属性条件独立　　C 后验概率已知　　D 先验概率已知

7．支持向量机是指（　　　）。

A 对原始数据进行采样得到的采样点　　B 决定分类平面可以平移的范围的数据点

C 位于分类面上的点　　　　　　　　　D 能够被正确分类的数据点

8．关于支持向量机描述错误的是（　　　）。

A 是一种监督学习的方式　　　　　　　B 可用于多分类问题

C 支持非线性核函数　　　　　　　　　D 是一种生成式模型

9．关于 K 均值聚类算法描述错误的是（　　　）。

A 算法开始时，K 均值聚类算法需要指定中心点

B 算法效果不受初始中心点的影响

C 算法需要样本与中心点之间的距离

D 属于无监督学习

10．K 中心点聚类算法与 K 均值聚类算法最大的区别在于（　　　）。

A 中心点的选择规则　　　　　　　　　B 距离的计算方法

C 应用层面　　　　　　　　　　　　　D 聚类效果

二、简答题

1．K 最近邻域算法的基本思想是什么？

2．决策树的叶子节点和非叶子节点分别表示什么？

3．决策树的基本思想是什么？

4．聚类的目的、宗旨是什么？

5．常用的核函数有哪些？

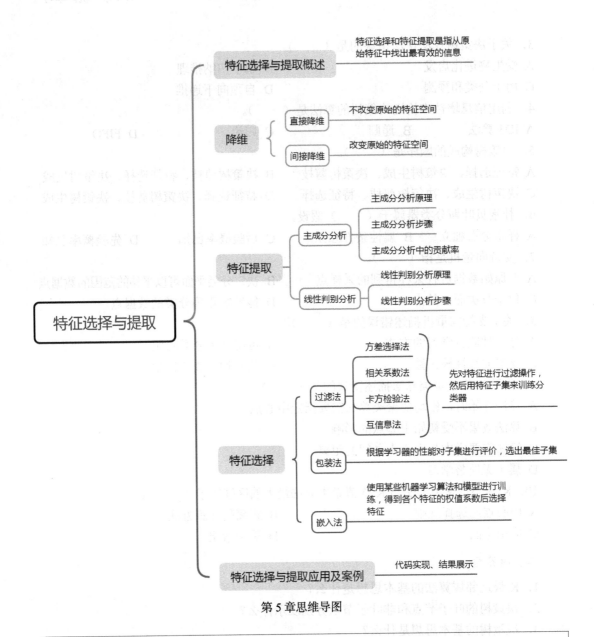

第 5 章思维导图

第5章　特征选择与提取

业界广泛流传："数据和特征决定了机器学习的上限，而模型和算法只是逼近这个上限而已。"由此可见，特征对于提高机器学习的性能起着至关重要的作用。特征选择与提取是获取特征的关键步骤，特别是对于海量、高维的数据，如果不能有效地从原始数据中获得特征向量，将会直接导致学习失败。即便是使用同一种学习算法，运用不同的特征选择和提取方法也会得到不同的学习结果和学习效率。本章将介绍特征选择与提取的相关内容。

5.1　特征选择与提取概述

微课视频

在机器学习的时候，通常不会直接采用观察到的原始数据进入训练学习过程，绝大多数的学习过程都是把原始数据预先处理一下，获得特征数据，然后对特征数据进行训练学习。一方面，原始数据的数据量大，需要大量的空间和时间，降低了计算的效率，并很可能突破资源约束而无法实现；另一方面，大量无关的信息构成了强大的噪声，掩盖了本质规律，会导致学习失败。

因此，获取特征数据的首要任务就是减少或去除无关信息（噪声），突出问题的本质特征，使其便于区分；其次是减小数据量，使得学习算法可以在现实的时空内运行；最后是便于运算。特征选择和特征提取都是为了获取有效特征信息、压缩特征空间，即从原始特征中找出最有效的信息。

5.2　降维

在很多应用中机器学习问题有上千维，甚至上万维特征，这不仅影响了训练速度，通常还很难找到比较好的解，这样的问题称为维数灾难（Curse of Dimensionality）。降低向量的维数是数据分析中一种常用的手段。

降维就是通过保留一些比较重要的特征，去除一些冗余的特征，减少数据特征的维度。在高维数据中，有一些特征是无效的，还有些特征可能是线性相关的，在算法中衡量特征上的信息，使得在降维的过程中，在减少特征数量的同时又能保留更多有效的信息。也就是说，将那些重复的信息（线性相关的信息）合并，把无效的特征去除，得到一个保留原来特征矩阵大部分信息且特征数目比原来少的新的特征矩阵。降维存在一定的信息损失，但控制在一定的范围内，不仅可以让算法的运算速度更快，节省大量的存储空间、运行时间和成本，还可以使数据可视化。数据可视化是指把高维数据降到二维或三维，然后把特征在二维空间或三维空间表示出来，能直观地发现一些规则。

降维的使用条件有以下几点。

（1）特征维度过大，可能会导致过拟合。

（2）某些样本数据不足。

（3）特征间的相关性比较大。

降维的目的有以下几点。

（1）提高准确率。数据降维算法可以去除无效特征，提高模型的准确率，同时缓解模型的过拟合现象。

（2）减少数据量。减少特征的数目，可以提高后续的处理速度，降低计算成本；减小所需的储存空间，降低存储成本。

图 5-1　直接降维（特征选择）

（3）数据可视化。某些数据降维算法可以很好地将高维数据在二维或三维空间进行展示。非线性的特征提取方法常用于数据可视化。

降维的方法分为以下两类。

（1）直接降维。采用特征选择的方法从原始特征数据集中选择出重要的特征数据，构成特征子集，是一种包含的关系，没有改变原始的特征空间，直接降维（特征选择）如图 5-1 所示。

（2）间接降维。采用特征提取的方法通过映射，组合不同的属性得到新的属性，这样就改变了原始的特征空间。根据数据特征的不同又分为线性降维和非线性降维。下面以线性降维为例进行讲解。

降维的目标是将两个特征 x 和 y 拟合成一个特征 z，使用简单的线性函数表示：

$$z = ax + by \tag{5-1}$$

式中，a 和 b 均为实数。由于分类器的性能与特征幅值的缩放倍数无关，因此可以对幅值加以限制，如

$$a^2 + b^2 = 1 \tag{5-2}$$

由式（5-1）和式（5-2）可得

$$z = x\cos\theta + y\sin\theta \tag{5-3}$$

式中，θ 为一个新的变量，它决定了 x 和 y 在组合中的比例。

若训练样本集中每个对象都对应二维特征空间（x-y 平面）中的一个点，则式（5-3）描述了所有对象在 z 轴上的投影。显然，可以选取 θ 使类间距离最大，并利用投影进行降维，线性降维（利用投影降维）如图 5-2 所示。

基于线性变换来进行降维的方法称为线性降维法。要对降维效果进行评价，可比较降维前后学习器的性能，若性能提高，则认

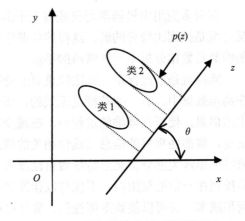

图 5-2　线性降维（利用投影降维）

为降维起到了作用。若将维数降低到二维或三维，则可通过可视化的方法直接观察降维效果。

5.3　特征提取

特征提取是指由于描述对象的属性不一定反映潜在的规律或模式，对属性进行重新组合，获得一组反映事物本质的少量的新的属性的过程，也就是通过映射或变换的方法把高维的原始特征变换为低维的新特征，新的特征包含了原有特征的有用信息。只有适当地选取特征，才能更好地识别对象。

良好的特征应具有以下特点。

（1）可分性。对于不同类别的对象，它们的特征应具有明显的差异。例如，对于苹果和香蕉，水果的形状属性是一个很好的特征。

（2）可靠性。同类对象的特征值应比较相近。例如，对于橘子和橙子，果肉均成橘黄色瓣状是一个很好的特征。

（3）独立性。所使用的各个特征之间应彼此不相关。例如，水果的直径与质量属于高度相关的特征。因为这两个特征基本反映了水果的大小，所以，描述水果大小时，一般不将直径和质量作为单独的特征使用。

（4）数量少。模式识别系统的复杂度随系统的维数（特征个数）迅速增加。尤其重要的是，训练数据和测试结果的样本数量随特征的数量增加呈指数级增长，导致分类器的设计和选择遭遇困难，分类能力下降，特别是在训练集大小有限的情况下。

在一般情况下，特征提取是指从原始数据中自动构造新特征，改变了原有的特征空间。通常，得到的原始数据（如音频、图像、文本等）使用列表数据表示，其原始特征集通常可达数百万维。对于如此高的维数，将它减少以利于建模，就是特征提取需要做的事情。特征提取可使用主成分分析（Principal Component Analysis，PCA）法、线性判别分析（Linear Discriminant Analysis，LDA）法、典型相关分析（Canonical Correlation Analysis，CCA）法等进行降维，提取重要的特征表示。

主成分分析法是一种不考虑样本类别输出的无监督学习的降维技术，是目前应用最广泛的数据降维方法。线性判别分析法是一种考虑样本类别输出的有监督学习的降维技术。下面将对这两种降维技术进行详细讲解。

5.3.1　主成分分析

微课视频

主成分分析（PCA）最早由 Karl Pearson 于 1901 年提出，后经 Harold Hotelling 发展并命名，成为一种经典的统计方法。主成分分析法是一种常用的无监督学习方法，通过正交变换将一组可能存在相关性的变量转换为一组线性不相关的变量，转换后的这组变量叫作主成分。主成分的个数通常小于原始变量的个数，可以去除冗余、降低噪音，达到降维的目的。

5.3.1.1 主成分分析原理

主成分分析法的主要思想：将 n 维特征映射到 k 维上。k 维是全新的正交特征，也称为主成分，是在原有 n 维特征的基础上重新构造出来的特征。主成分分析法的工作就是从原始空间中顺序地找出一组相互正交的坐标轴，新坐标轴的选择与数据本身密切相关。其中，第 1 个新坐标轴选择的是原始数据中方差最大的方向；第 2 个新坐标轴选择的是与第 1 个新坐标轴正交的平面中使得方差最大的方向，主成分分析投影图如图 5-3 所示；第 3 个新坐标轴选择的是与第 1、2 个新坐标轴正交的平面中方差最大的方向。依次类推，可以得到 n 个这样的新坐标轴。从新坐标轴中可以发现，大部分方差都包含在前 k 个坐标轴中，后面的坐标轴所含的方差几乎为 0。于是，可以忽略余下的坐标轴，只保留前 k 个含有绝大部分方差的坐标轴。事实上，这相当于只保留包含绝大部分方差的维度特征，而忽略包含方差几乎为 0 的维度特征，从而实现对数据特征的降维处理。

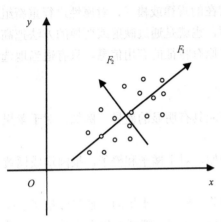

图 5-3　主成分分析投影图

可以通过计算数据矩阵的协方差矩阵，得到协方差矩阵的特征值和特征向量，选择特征值最大（即方差最大）的 k 个特征所对应的特征向量组成矩阵，从而将数据矩阵转换到新的空间中，实现数据特征的降维。因此，主成分分析法是基于最大投影方差的降维方法。

主成分分析法是基于线性映射的，p 维向量 $\boldsymbol{X}$ 到一维向量 $\boldsymbol{F}$ 的一个线性映射表示为

$$F = \sum_{i=1}^{p} w_i \boldsymbol{X}_i = w_1 \boldsymbol{X}_1 + w_2 \boldsymbol{X}_2 + \cdots + w_p \boldsymbol{X}_p \tag{5-4}$$

式中，w_i 为对应的第 i 个向量的均值系数。主成分分析就是指把 p 维原始向量（实际问题）$\boldsymbol{X}$ 线性映射到 k 维新向量 $\boldsymbol{F}$ 的过程，$k \leqslant p$，即

$$\begin{bmatrix} F_1 \\ \vdots \\ F_k \end{bmatrix} = \boldsymbol{W} \begin{bmatrix} \boldsymbol{X}_1 \\ \vdots \\ \boldsymbol{X}_p \end{bmatrix} \tag{5-5}$$

$$\boldsymbol{W} = \begin{bmatrix} w_{11} & \cdots & w_{p1} \\ \vdots & \ddots & \vdots \\ w_{1k} & \cdots & w_{pk} \end{bmatrix} \tag{5-6}$$

式中，$\boldsymbol{W}$ 为正交矩阵。为了去除数据的相关性，各主成分应正交，此时正交的基构成的空间称为子空间。k 维新向量 $\boldsymbol{F}$ 按照保留原始数据主要信息量的原则来充分反映原变量的信息，并且各分量相互独立。

采用主成分分析法实现降维，通常的做法是寻求向量的线性组合 F_i，使其满足下列条件：

（1）每个主成分的系数 w_{ik}^2（$1 \leqslant k \leqslant p$）的平方和为 1，即

$$w_{i1}^2 + w_{i2}^2 + \cdots + w_{ip}^2 = 1 \tag{5-7}$$

（2）主成分之间相互独立，无重复的信息，协方差 $\text{Cov}(F_i, F_j)$ 为 0，即

$$\text{Cov}\left(F_i, F_j\right) = 0, \quad i \neq j, \quad i,j = 1,2,\cdots,p \tag{5-8}$$

（3）主成分的方差 $\text{Var}\left(F_p\right)$ 依次递减，即

$$\text{Var}\left(F_1\right) \geqslant \text{Var}\left(F_2\right) \geqslant \cdots \geqslant \text{Var}\left(F_p\right) \tag{5-9}$$

方差越大，包含信息越多。

5.3.1.2　主成分分析步骤

首先约定

$$\boldsymbol{\Sigma}_x = \left[\frac{1}{n-1} \sum\nolimits_{i=1}^{n} (\boldsymbol{X}_i - \bar{\boldsymbol{X}})(\boldsymbol{X}_i - \bar{\boldsymbol{X}})^{\text{T}} \right]_{p \times p} \tag{5-10}$$

$$\boldsymbol{X}_i = \left(x_{1i}, x_{2i}, \cdots, x_{pi}\right)^{\text{T}}, \quad i = 1,2,\cdots,n$$

第一步：求出自变量（原始数据）的协方差矩阵 $\boldsymbol{\Sigma}_x$（或相关系数矩阵）。

第二步：求出协方差矩阵（或相关系数矩阵）的特征值 λ，即解方程

$$\left| \boldsymbol{\Sigma}_x - \lambda I \right| = 0 \tag{5-11}$$

得到特征值后将其排序：

$$\lambda_1 \geqslant \lambda_2 \geqslant \cdots \geqslant \lambda_p \geqslant 0 \tag{5-12}$$

第三步：分别求出特征值所对应的特征向量 $\boldsymbol{W}_1$, $\boldsymbol{W}_2$, $\cdots$, $\boldsymbol{W}_P$, $\boldsymbol{W}_i = \left(w_{1i}, w_{2i}, \cdots, w_{pi}\right)^{\text{T}}$。

第四步：给出恰当的主成分个数：

$$F_i = \boldsymbol{W}_i^{\text{T}} \boldsymbol{X}, \quad i = 1,2,\cdots,k, \quad k \leqslant p \tag{5-13}$$

第五步：计算所选的 k 个主成分的得分。将原始数据中心化（去均值化）的值为

$$x_i^* = \boldsymbol{X}_i - \bar{\boldsymbol{X}} = \left(x_{1i} - \overline{\boldsymbol{X}_1}, x_{2i} - \overline{\boldsymbol{X}_2}, \cdots, x_{pi} - \overline{\boldsymbol{X}_p}\right)^{\text{T}} \tag{5-14}$$

代入前 k 个主成分的表达式，分别计算各单位 k 个主成分的得分，并按得分的大小排序，得分越高，解释原始变量的能力越强。

数学上可以证明，原变量的协方差矩阵的特征值是主成分的方差，这说明主成分分析法把 p 维随机向量的总方差分解为了 p 个不相关的随机变量的方差 $\sigma_1^2, \cdots$, σ_p^2 之和。协方差矩阵 $\boldsymbol{\Sigma}_x$ 对角线上的元素之和等于特征值 $\lambda_1, \cdots$, λ_p 之和，也就是方差，即

$$\boldsymbol{\Sigma}_x = \begin{bmatrix} \sigma_1^2 & \cdots & \sigma_{1p} \\ \vdots & \ddots & \vdots \\ \sigma_{p1} & \cdots & \sigma_p^2 \end{bmatrix} \tag{5-15}$$

由于 $\boldsymbol{\Sigma}_x$ 为对称矩阵，利用线性代数的知识可知，存在正交矩阵 $\boldsymbol{W}$，使得

$$\boldsymbol{W}^{\text{T}} \boldsymbol{\Sigma}_x \boldsymbol{W} = \begin{bmatrix} \lambda_1 & & 0 \\ & \ddots & \\ 0 & & \lambda_p \end{bmatrix} \tag{5-16}$$

可以证明

$$\lambda_1 + \lambda_2 + \cdots + \lambda_p = \sigma_1^2 + \sigma_2^2 + \cdots + \sigma_p^2 \qquad (5\text{-}17)$$

5.3.1.3 主成分分析中的贡献率

主成分分析中的贡献率和累计贡献率计算如下。

（1）贡献率：第 i 个主成分的方差在全部方差中所占的比重 $\beta_i = \lambda_i / \sum\limits_{i=1}^{p} \lambda_i$。贡献率反映了第 i 个特征向量提取信息能力的大小。

（2）累计贡献率：前 k 个主成分的综合能力用这 k 个主成分的方差和在全部方差中所占的比重 $\beta_k = \sum\limits_{i=1}^{k} \lambda_i / \sum\limits_{i=1}^{p} \lambda_i$ 来描述，称为累计贡献率。

主成分分析法的一个目的是用尽可能少的主成分代替原来的 p 维向量。一般来说，当累计贡献率≥95%时，所取的主成分个数就足够了。

例 5-1 采用主成分分析法将表 5-1 所示的二维数据降为一维数据。

表 5-1　二维数据

X	Y
2.5	2.6
0.5	0.7
2.2	2.9
2.0	2.2
3.1	3.0
2.3	2.7
2.1	1.6
1.2	1.1
1.5	1.6
1.1	0.9

第一步：分别计算 X 和 Y 的均值，得

$$\bar{X} = 1.85, \quad \bar{Y} = 1.93$$

第二步：将原数据去均值化，得到新数据，如表 5-2 所示。

表 5-2　新数据

X去均值	Y去均值
0.65	0.67
−1.35	−1.23
0.35	0.97
0.15	0.27
1.25	1.07
0.45	0.77
0.25	−0.33

X 去均值	Y 去均值
−0.65	−0.83
−0.35	−0.33
−0.75	−1.03

第三步：计算协方差矩阵，得

$$\mathrm{cov}(X,Y)=\begin{bmatrix}0.5917 & 0.6117\\0.6117 & 0.7423\end{bmatrix}$$

第四步：计算协方差矩阵的特征值，得

$$\lambda_1=0.0507，\quad\lambda_2=1.2833$$

第五步：计算特征值对应的特征向量矩阵，得

$$U=\begin{bmatrix}-0.7491 & -0.6625\\0.6625 & -0.7491\end{bmatrix}$$

第六步：将特征值按照从大到小的顺序排序，选择其中最大的 k 个（k 为降维后的维数，本题取 1），然后将其对应的 k 个特征向量分别作为列向量组成特征向量矩阵，得

$$u=\begin{bmatrix}-0.6625\\-0.7491\end{bmatrix}$$

第七步：将样本点投影到选取的特征向量上，即去均值后的数据与第五步求得的特征向量矩阵相乘，得降维后的数据：

降维数据
−0.9325
1.8157
−0.9585
−0.3016
−1.6296
−0.8749
0.0816
1.0523
0.4791
1.2684

在 Python 中采用主成分分析法实现例 5-1 中数据的降维，程序如下。

```python
import numpy as np
x = np.array([[2.5,2.6],[0.5,0.7],[2.2,2.9],[2.0,2.2],[3.1,3.0],
              [2.3,2.7],[2.1,1.6],[1.2,1.1],[1.5,1.6],[1.1,0.9]])
meanval = np.mean(x,axis=0)     #计算原始数据中每一列的均值，axis=0 按列取均值
newData = x-meanval   #去均值化
covMat = np.cov(newData,rowvar=0)  #计算协方差矩阵
featValue,featVec = np.linalg.eig(covMat) #计算协方差矩阵的特征值和特征向量矩阵
```

```
index = np.argsort(featValue)    #将特征值按从小到大的顺序排列
n_index=index[-1]    #取最大的特征值在原 featValue 中的下标
n_featVec=featVec[:,n_index]    #取最大的特征值对应的特征向量
lowData=np.dot(newData,n_featVec)  #去均值的数据矩阵与特征向量相乘，得到降维的数据矩阵
print(lowData)  #输出降维后的数据
```

程序运行结果如图 5-4 所示。

```
[-0.93249541  1.81571624 -0.95847458 -0.30162338 -1.62961556 -0.874907
  0.08157559  1.05234796  0.47906434  1.26841179]
```

图 5-4　程序运行结果

计算过程如下所述。

第一步：计算每一列的均值，得[1.85 1.93]。

第二步：去均值化，得[[0.65　 0.67], [-1.35 -1.23], [0.35　 0.97], [0.15　 0.27], [1.25 1.07], [0.45　 0.77], [0.25 -0.33], [-0.65 -0.83], [-0.35 -0.33], [-0.75 -1.03]]。

第三步：计算协方差矩阵，得[[0.59166667 0.61166667], [0.61166667 0.74233333]]。

第四步：计算协方差矩阵的特征值和特征向量矩阵，得 featValue = [0.05071174 1.28328826]，featVec = [[-0.74907849 -0.66248126], [0.66248126 -0.74907849]]。

第五步：取最大特征值对应的特征向量矩阵，得 u = [-0.66248126 -0.74907849]。

第六步：降维后的数据为[-0.93249541　 1.81571624 -0.95847458 -0.30162338 -1.62961556 -0.874907　 0.08157559　 1.05234796　 0.47906434　 1.26841179]。

5.3.2　线性判别分析

线性判别分析（LDA）最早由 Fisher 于 1936 年提出，是一种经典的线性学习方法，也是一种有监督的降维方法。

微课视频

5.3.2.1　线性判别分析原理

线性判别分析的主要思想：将高维的样本投影到最佳鉴别矢量空间，即把高维空间中的数据点投影到一条直线上，将多维降为一维，并且要求投影后各样本的类间离差最大，类内离差最小。

图 5-5 所示为数据集降维，给出了两个类别的原始数据类 1 和类 2，要求将数据从二维降维到一维。在图 5-5（a）中，将两个类别的数据直接向 x 轴或 y 轴做投影，不同类别之间会有重复，导致分类效果下降。在图 5-5（b）中，通过映射，即采用线性判别分析法，计算得到的投影，可以看出两个类别之间的距离最大，且每个类别内部的离散程度最小，从而实现数据降维和数据分类。

线性判别分析的目标：当将一个标注了类别的数据集投影到一条直线上时，能够使投影点尽量按类别区分开。因此，线性判别分析法是基于最佳分类方案的降维方法。

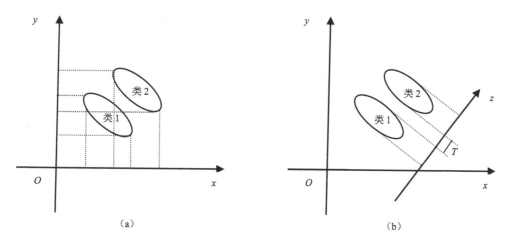

图 5-5　数据集降维

5.3.2.2　线性判别分析步骤

假设用来区分二分类的直线（投影函数）为

$$y = w^{\mathrm{T}} x \tag{5-18}$$

线性判别分析分类的一个目标是使不同类别之间的距离越远越好，同一类别之中的距离越近越好，所以我们需要定义几个关键的值。

类别 i 的原始中心点（均值）为（ D_i 表示属于类别 i 的点）

$$m_i = \frac{1}{n_i} \sum_{x \in D_i} x \tag{5-19}$$

类别 i 投影后的中心点为

$$\widetilde{m_i} = w^{\mathrm{T}} m_i \tag{5-20}$$

类别 i 投影后，类别点之间的分散程度（方差）为

$$\widetilde{S}_i = \sum_{y \in Y_i} \left(y - \widetilde{m_i} \right)^2 \tag{5-21}$$

最终我们可以得到一个公式，表示线性判别分析投影到 w 后的目标优化函数：

$$J(w) = \frac{\left| \widetilde{m_1} - \widetilde{m_2} \right|^2}{\widetilde{S_1}^2 + \widetilde{S_2}^2} \tag{5-22}$$

分类的目标是，使得类别内的点距离越近越好，类别间的点越远越好。分母表示每一个类别内的方差之和，方差越大表示一个类别内的点越分散；分子为两个类别各自的中心点的距离的平方，最大化 $J(w)$ 就可以求出最优的 w 。

定义一个投影前的各类别分散程度的矩阵，如果某一个类别内数据点分布越紧凑，则 S_i 里面元素的值越小；如果分类的点都紧紧地围绕着 m_i ，则 S_i 里面的元素值更接近于 0 。

代入 S_i ，将 $J(w)$ 的分母化为

$$S_i = \sum_{x \in D_i} \left(x - m_i \right) \left(x - m_i \right)^{\mathrm{T}} \tag{5-23}$$

$$\widetilde{S}_i = \sum_{x \in D_i} \left(w^{\mathrm{T}} x - w^{\mathrm{T}} m_i \right)^2 = \sum_{x \in D_i} w^{\mathrm{T}} \left(x - m_i \right) \left(x - m_i \right)^{\mathrm{T}} w = w^{\mathrm{T}} S_i w \tag{5-24}$$

$$\widetilde{S_1}^2 + \widetilde{S_2}^2 = w^{\mathrm{T}}\left(S_1 + S_2\right)w = w^{\mathrm{T}}S_{\mathrm{w}}w \tag{5-25}$$

同样地，将 $J(w)$ 的分子化为

$$\left|\widetilde{m_1} - \widetilde{m_2}\right|^2 = w^{\mathrm{T}}\left(m_1 - m_2\right)\left(m_1 - m_2\right)^{\mathrm{T}}w = w^{\mathrm{T}}S_{\mathrm{B}}w \tag{5-26}$$

目标优化函数可以化成下面的形式：

$$J(w) = \frac{w^{\mathrm{T}}S_{\mathrm{B}}w}{w^{\mathrm{T}}S_{\mathrm{w}}w} \tag{5-27}$$

这样即可以采用拉格朗日乘子法，并且为了避免分子、分母取任意值得到无穷解，将分母长度限制为1，并作为拉格朗日乘子法的限制条件，代入得到：

$$c(w) = w^{\mathrm{T}}S_{\mathrm{B}}w - \lambda\left(w^{\mathrm{T}}S_{\mathrm{w}}w - 1\right)$$
$$\Rightarrow \frac{\mathrm{d}c}{\mathrm{d}w} = 2S_{\mathrm{B}}w - 2\lambda S_{\mathrm{w}}w = 0$$
$$\Rightarrow S_{\mathrm{B}}w = \lambda S_{\mathrm{w}}w \tag{5-28}$$

如果 S_{w} 可逆，那么将求导后的结果两边都乘以 S_{w}^{-1}

$$S_{\mathrm{w}}^{-1}S_{\mathrm{B}}w = \lambda w \tag{5-29}$$

则 w 为矩阵的特征向量。

因为

$$S_{\mathrm{B}} = (m_1 - m_2)(m_1 - m_2)^{\mathrm{T}} \tag{5-30}$$

所以

$$S_{\mathrm{B}}w = (m_1 - m_2)(m_1 - m_2)^{\mathrm{T}}w = (m_1 - m_2)\lambda' \tag{5-31}$$

代入式（5-29）得

$$S_{\mathrm{w}}^{-1}S_{\mathrm{B}}w = S_{\mathrm{w}}^{-1}(m_1 - m_2)\lambda' = \lambda w \tag{5-32}$$

由于对 w 扩大或缩小任何倍数不影响结果，因此可以约去两边的未知常数 λ 和 λ'，得

$$w = S_{\mathrm{w}}^{-1}(m_1 - m_2) \tag{5-33}$$

对于 $N(N>2)$ 分类问题，可以得出以下结论

$$S_{\mathrm{w}} = \sum_{i=1}^{c}S_i \tag{5-34}$$

$$S_{\mathrm{B}} = \sum_{i=1}^{c}n_i\left(m_i - m\right)\left(m_i - m\right)^{\mathrm{T}} \tag{5-35}$$

$$S_{\mathrm{B}}w_i = \lambda S_{\mathrm{w}}w_i \tag{5-36}$$

这同样是一个求特征值的问题，求出的第 i 大的特征向量即对应的 w_i。

5.4 特征选择

特征选择是指从属性集合中选择那些重要的、与分析任务相关的子集的
过程，也就是从众多特征中去除不重要的特征，保留重要的特征，从而更利于学习算法。有效的特征选择不仅可以减少数据量，提高分类模型的构建效率，还可以提高分类的准确率，降低学习任务的难度，同时增加模型的可解释性。

微课视频

特征提取和特征选择的目的都是减少特征集中的属性（或特征）数目，去除冗余，但两者所采用的方法不同。特征提取的方法主要通过属性间的关系，如组合不同的属性得到新的属性，这样就改变了原始的特征空间；而特征选择的方法则是从原始特征集中选出子集，没有更改原始的特征空间。

特征选择的目的有以下几点。

（1）简化模型，使模型更易于理解。去除不相关的特征会降低学习任务的难度，并且可增加模型的可解释性。

（2）改善性能。节省存储和计算开销。

（3）改善通用性、降低过拟合风险。

（4）增强对特征和特征值之间的理解。

特征选择通常从两个方面进行考虑。

（1）特征是否发散。如果一个特征不发散，例如方差接近于 0，也就是说样本在这个特征上基本没有差异，这个特征对于样本的区分作用很小。

（2）特征与目标的相关性。与目标相关性高的特征，应当优先选择。

特征选择的过程可以分为以下几步。

（1）产生过程。产生特征或特征子集候选集合。

（2）评价函数。衡量特征或特征子集的重要性或好坏程度，即量化特征变量和目标变量之间的联系以及特征之间的相互联系。为了避免过拟合，可用交叉验证的方式来评估特征的好坏。

（3）停止准则。为了减小计算复杂度，需设定一个阈值，当评价函数值达到阈值后搜索停止。

（4）验证过程。在验证数据集上验证选出来的特征子集的有效性。

根据不同的形式，特征选择的方法有过滤（Filter）法、包装（Packing）法和嵌入（Embedded）法。

5.4.1　过滤法

过滤法是指按照发散性或相关性对各个特征进行评分，依据设定的阈值或待选择特征的个数，选择特征。

过滤法的主要思想：先对每一维特征打分，即给每一维的特征赋予权重，权重则代表该特征的重要性，然后依据权重排序。先进行特征选择，然后去训练学习器，因此，特征选择的过程与学习器无关。相当于先对特征进行过滤操作，然后用特征子集来训练分类器。

过滤法流程图如图 5-6 所示。

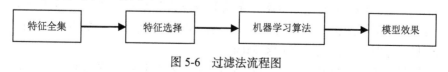

图 5-6　过滤法流程图

过滤法的优点是不依赖于任何机器学习方法，并且不需要交叉验证，计算效率比较高，只需要基础统计知识；缺点是没有考虑机器学习算法的特点，特征之间的组合效应难以挖掘。

过滤法的几种常用方法包括方差选择法、相关系数法、卡方检验法和互信息法。

1. 方差选择法

方差选择法是指计算各个特征方差，选择方差大于阈值的特征，当特征值都是离散型变量时，这种方法比较适用。如果是连续型变量，就需要先将连续变量离散化，可以把它作为特征选择的预处理，先去掉那些取值变化小的特征，然后从其他特征选择法中选择合适的方法进行进一步的特征选择。

2. 相关系数法

相关系数法是指计算各个特征的相关系数，用于输出连续的监督学习，计算所有样本中各个特征与输出之间的相关系数，设定阈值，选择大的相关系数。结果的取值区间为[-1, 1]，-1 表示完全的负相关，即这个变量下降，那个变量就会上升；+1 表示完全的正相关；0 表示没有线性相关性。相关系数为两个变量之间的协方差和标准差的商，即

$$\rho_{X,Y} = \frac{\text{Cov}(X,Y)}{\sigma_X \sigma_Y} \qquad (5\text{-}37)$$

样本数据的相关系数为

$$\gamma = \frac{\sum_{i=1}^{n}(X_i - \bar{X})(Y_i - \bar{Y})}{\sqrt{\sum_{i=1}^{n}(X_i - \bar{X})^2}\sqrt{\sum_{i=1}^{n}(Y_i - \bar{Y})^2}} \qquad (5\text{-}38)$$

3. 卡方检验法

卡方检验法是指统计样本的实际观测值与理论推断值之间的偏离程度。实际观测值与理论推断值之间的偏离程度决定卡方值的大小。卡方值越大越不符合，卡方值越小，偏差越小，越趋于符合。类似的检验方法还有 t 检验、F 检验等。

卡方值的计算公式为

$$x^2 = \sum \frac{(A-E)^2}{E} \qquad (5\text{-}39)$$

4. 互信息法

互信息法是指计算各个特征的信息增益，某个特征的信息增益越大，该特征与输出值的相关性越大。信息增益为 0 时，两个变量相互独立。互信息的计算公式为

$$I(X;Y) = \sum_{x \in X} \sum_{y \in Y} p(x,y) \log_2 \frac{p(x,y)}{p(x)p(y)} = D_{KL}\big(p(x,y)\,p(x)\,p(y)\big) \qquad (5\text{-}40)$$

式中，$p(x)$ 和 $p(y)$ 为 X 和 Y 的边际概率分布函数；$p(x,y)$ 为 X 和 Y 的联合概率分布函数。直观上，互信息度量两个随机变量之间共享的信息，也可表示为由于 X 的引入而使 Y 的不确定性减小的量，这时互信息与信息增益相同。

相关系数只能衡量线性相关性，而互信息系数能很好地度量各种相关性，但是计算相对复杂。

互信息法不能直接用于特征选择，有以下原因。

（1）互信息法不属于度量方式，不能归一化，在不同数据上的结果不能做比较。

（2）对于连续变量的计算不是很方便，通常变量需要先离散化，而互信息法的结果对离散化的方式很敏感。

5.4.2 包装法

包装法是指从初始特征集合中不断地选择特征子集，训练学习器，根据学习器的性能对子集进行评价，直到选出最佳子集。

包装法流程图如图 5-7 所示。

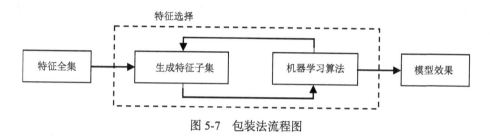

图 5-7 包装法流程图

包装法中解决特征子集的搜索问题通常使用贪心算法，包括前向搜索、后向搜索和双向搜索。前向搜索是指每次增量地从剩余的未选中的特征中选出一个加入特征集，待达到阈值或待选择特征的个数时，从所有的特征中选出错误率最小的特征。后向搜索是指从完整的特征集合开始，每次尝试去掉一个无关的特征，并评价，直到达到阈值或为空，然后选择最佳的特征。双向搜索是指将前向搜索与后向搜索结合起来，每一轮逐渐增加选定相关特征（需保证这些特征在后续中不被去除），同时减少无关特征。

包装法的优点是特征选择直接针对给定学习器来进行优化，从最终学习器的性能来看，包装法比过滤法更优；缺点是在特征选择过程中需要多次训练学习器，因此，包装法特征选择的计算开销通常比过滤法大得多。

5.4.3 嵌入法

嵌入法是指先使用某些机器学习算法和模型进行训练，得到各个特征的权值系数，再根据系数从大到小选择特征。其类似于过滤法，不同的是通过训练来确定特征的优劣。

嵌入法流程图如图 5-8 所示。

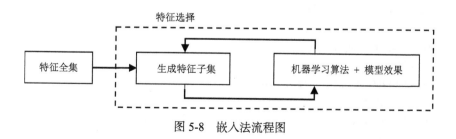

图 5-8 嵌入法流程图

5.5 特征选择与提取应用及案例

随着社会科技、经济、信息技术和互联网技术的飞速发展，大数据时代已经到来，现在的社会是信息爆炸的社会，数量巨大的、形式多样的数据出现在我们面前。在实际任务中，经常会遇到维数灾难问题，这是由属性过多造成的，若能从中选择出重要的特征，使得后续学习过程仅需在一部分特征上构建模型，则维数灾难问题会大幅度减轻。因此，特征选择和特征提取在机器学习中占有相当重要的地位。如何设计出更好的特征选择和特征提取方法来满足社会的需求，是一个长期任务。特征选择和特征提取方法的研究在未来的一段时间内仍将是机器学习等领域的研究热点之一。

特征选择和特征提取在数据处理领域得到了广泛研究，并应用于文档处理（文本分类、文本检索、文本恢复等）、图像识别、语音识别、基因分析、药物诊断等领域。

本书以图片颜色特征数据提取为例，采用 Python 语言提取系统示例图片中咖啡的颜色矩阵特征，示例图片咖啡如图 5-9 所示。

程序如下。

图 5-9 示例图片咖啡

```
from skimage import data,io
import numpy as np
from scipy import stats
image=data.coffee()
#RGB 图像的颜色矩阵特征共 9 个维度
#定义 3×3 数组，分别对 RGB 图像的 3 个通道求均值、方差、偏移量
features=np.zeros(shape=(3,3))
#遍历图像的 3 个通道
for i in range(image.shape[2]):
    #计算均值
    average=np.mean(image[:,:,i])
    #计算方差
    variance = np.std(image[:,:,i])
    #计算偏移量
    offset=np.mean(stats.skew(image[:,:,i]))
    features[0,i]=average
    features[1,i]=variance
    features[2,i]=offset
print(features)
```

图片特征提取数据如图 5-10 所示。

```
[[158.5690875    85.794025     51.48475    ]
 [ 62.97286712  60.95810371  52.93569362]
 [ -0.71812328   0.53207991   1.36080834]]
```

图 5-10 图片特征提取数据

本章小结

大数据时代已经到来，面对海量、高维的数据，如果不能有效地从原始数据中获得特征数据，将会直接导致机器学习的失败。本章介绍了几种获取特征的常用方法，先对原始数据进行预处理，获得特征数据，然后对特征数据进行训练学习，提高机器学习的效率和成功率。

降维是数据分析中一种常用的手段，通过保留一些比较重要的特征，去除一些冗余的特征，来减少数据特征的维度。降维分为直接降维和间接降维两大类。直接降维就是采用特征选择的方法从原始特征数据集中选择出重要的特征数据，构成特征子集，是一种包含的关系，没有改变原始的特征空间。间接降维就是采用特征提取的方法通过映射，组合不同的属性得到新的属性，这样就改变了原始的特征空间。

特征提取可使用主成分分析法、线性判别分析法、典型相关分析法等进行降维，提取重要的特征表示。主成分分析法是一种常用的无监督学习方法，是基于最大投影方差的降维方法。分析步骤：计算自变量的协方差矩阵→计算协方差矩阵的特征值→求出特征值所对应的特征向量→确定恰当的主成分个数 k→计算 k 个主成分的得分，并按得分的大小排序。得分越高，解释原始变量的能力越强。线性判别分析法是一种有监督的降维方法，是基于最佳分类方案的降维方法。分类目标：类内紧缩，类间分离。分析步骤：计算类内散度矩阵 S_w→计算类间散度矩阵 S_B→计算矩阵 $S_w^{-1}S_B$→计算矩阵 $S_w^{-1}S_B$ 的特征值与特征向量，按从大到小的顺序选取特征值和对应的特征向量，得到投影矩阵→将每类样本特征转化为新的样本→输出样本集。

特征选择通常从两个方面进行考虑：特征是否发散、特征与目标的相关性。特征选择的方法有过滤法、包装法和嵌入法。过滤法的优点是不依赖于任何机器学习方法，且不需要交叉验证，计算效率比较高；缺点是没有考虑机器学习算法的特点，特征之间的组合效应难以挖掘。过滤法的几种常用方法包括方差选择法、相关系数法、卡方检验法和互信息法。包装法的优点是特征选择直接针对给定学习器来进行优化；缺点是在特征选择过程中需要多次训练学习器。包装法中解决特征子集的搜索问题通常使用贪心算法，包括前向搜索、后向搜索和双向搜索。嵌入法先使用某些机器学习算法和模型进行训练，得到各个特征的权值系数，再根据系数从大到小选择特征；其类似于过滤法，不同的是通过训练来确定特征的优劣。

习题

1．降维的目的是什么？
2．降维的方法分为哪几类？特点分别是什么？
3．主成分分析法是如何实现数据降维的？
4．线性判别分析法是如何实现数据降维的？
5．线性判别分析法的分类目标是什么？
6．特征选择的考虑因素有哪些？
7．特征选择的方法有哪些？特点分别是什么？
8．采用主成分分析法将下列二维数据降为一维数据。

X	Y
1	1
1	3
2	3
4	4
2	4

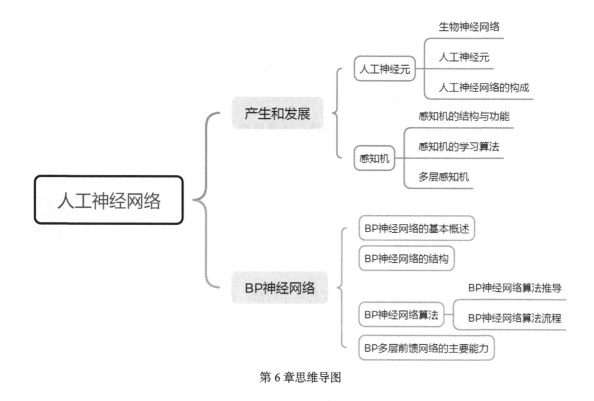

第 6 章思维导图

思政引领

　　人工神经网络是机器学习的一个重要分支。

　　人工神经网络的发展经历了三次高潮和两次低谷，其曲折的发展历程和当前广阔的应用前景，印证了"前途是光明的，道路是曲折的"的唯物辩证关系。学好神经网络，要树立"必胜"的信心和准备埋头苦干的决心。本章通过对人工神经网络的介绍，培养学生在困难面前坚持不懈和勇于探究与实践的科学精神；通过讨论人工神经网络中的安全问题，强化学生的社会主义职业道德观。

第6章　人工神经网络

人工神经网络是一种模仿生物神经网络的计算模型，它能够根据外界信息的变化改变内部人工神经元连接的结构并进行计算。作为一种非线性统计性数据建模工具，人工神经网络在语音识别、图像分析、智能控制等众多领域得到了广泛的应用，本章将对人工神经网络的内容进行讲解。

6.1　产生和发展

微课视频

人体信息系统的进化表现出一个重要的科学规律：在感觉器官、神经系统、古皮层、旧皮层、行动器官成熟之后，新皮层就成为发展的焦点。信息技术的发展也遵循同样的规律：在传感（感觉器官功能的扩展）、通信（神经系统功能的扩展）、计算（古皮层、旧皮层功能的扩展）、控制（行动器官功能的扩展）等技术充分发展起来之后，人工智能（新皮层功能的扩展）就成为信息技术发展的焦点。

人工神经网络是人工智能研究的一个分支。它是模仿生物神经网络进行分布式并行信息处理的算法模型，是近年来再度兴起的一个人工智能研究领域。

6.1.1　人工神经网络概述

人工神经元实现了生物神经元的抽象、简化与模拟，它是人工神经网络的基本处理单元。大量神经元互连构成庞大的神经网络才能实现对复杂信息的处理与存储，并表现出各种优越的特性。

6.1.1.1　生物神经网络

神经细胞是神经系统的结构和功能单元，因此又称为神经元，神经元负责接收或产生信息、传递和处理信息。神经元（神经细胞）是脑组织的基本单元，是神经系统结构与功能的单位。人类大脑大约包含 $1.4×10^{10}$ 个神经元，每个神经元与其他 $10^3 \sim 10^n$ 个神经元相连接而构成一个极为庞大而复杂的生物神经网络。神经元是人脑信息处理系统的最小单元，大脑处理信息的结果是由各神经元状态的整体效果确定的。生物神经网络中各个神经元综合接收到的多个激励信号呈现出兴奋或抑制状态，神经元之间的连接强度根据外部激励信息做自适应变化。

1. 生物神经元的结构

神经元的形态不尽相同，功能也有一定差异，但从组成结构来看，各种神经元是有共性的。图6-1所示为典型生物神经元的基本结构，它由细胞体、树突和轴突组成。

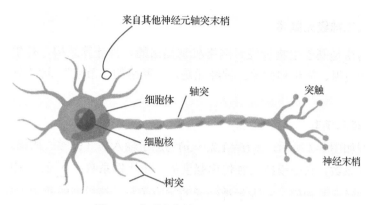

图 6-1 典型生物神经元的基本结构

2. 生物神经网络的结构

多个生物神经元以确定方式和拓扑结构相互连接形成生物神经网络，它是一种更为灵巧、复杂的生物信息处理系统。脑科学研究表明，人的大脑皮层中包含数百亿个神经元，皮层平均厚度为 2.5 mm。每个神经元又与数千个其他神经元相连接。虽然神经元之间的连接极其复杂，但是很有规律。大脑皮层分为旧皮层和新皮层两部分，人类的大脑皮层几乎都是新皮层，而旧皮层被包到新皮层内部。新皮层根据神经元的形态由外向内可分为分子层、外颗粒层、锥体细胞层、内颗粒层、神经节细胞层、梭形或多形细胞层六层。其中各个层的神经细胞类型及传导神经纤维是不同的，但同一层内神经细胞的类型相似，并有彼此相互间的作用。不同层之间的神经细胞以各种形式相互连接、相互影响，并对信息进行并行和串行处理，以完成大脑对信息的加工过程。在空间上，大脑皮层可以划分为不同的区域，不同区域的结构与功能有所不同。从功能上，大脑皮层可以分为感觉皮层、联络皮层和运动皮层三大部分。感觉皮层与运动皮层的功能根据字面意思容易理解，联络皮层完成信息的综合、设计、推理等功能。

可见，生物神经网络系统是一个有层次的、多单元的动态信息处理系统，它有其独特的运行方式和控制机制。

3. 生物神经网络的信息处理

生物神经网络信息处理的一般特征有以下几点。

（1）大量神经细胞同时工作，神经元之间的突触连接方式和连接强度不同并且具有可塑性，这使神经网络在宏观上呈现出千变万化的复杂的信息处理能力。生物神经网络的功能不是单个神经元信息处理功能的简单叠加。同样的机能在大脑皮层的不同区域串行和并行地进行处理。

（2）分布处理。机能的特殊组成部分是在许许多多特殊的地点进行处理的。但这并不意味着各区域之间相互孤立无关。事实上，整个大脑皮层以致整个神经系统都是与某一机能有关系的，只是一定区域与某一机能具有更为密切的关系。

（3）多数神经细胞是以层次结构的形式组织起来的。不同层的神经细胞以多种方式相互连接，同层的神经细胞也存在相互作用。另外，不同功能区的层组织结构存在差别。

6.1.1.2　人工神经元概述

人工神经网络是基于生物神经元网络机制提出的一种计算结构，是生物神经网络的某种模拟、简化和抽象。神经元是这一网络的"节点"，即"处理单元"。

1．人工神经元模型

神经元模型如图 6-2 所示，$x_i (i=1,2,\cdots,n)$为加于输入端（突触）的输入信号；ω_i为相应的突触连接权系数，它是模拟突触传递强度的一个比例系数；$\sum$表示突触后信号的空间累加；θ表示神经元的阈值；σ表示神经元的响应函数。该模型的数学表达式为

$$S = \sum_{i=1}^{n} \omega_i x_i - \theta \tag{6-1}$$

$$y = \sigma(s) \tag{6-2}$$

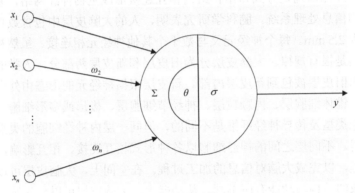

图 6-2　神经元模型

2．与生物神经元的区别

（1）生物神经元传递的信息是脉冲，而上述模型传递的信息是模拟电压。

（2）由于在上述模型中用一个等效的模拟电压来模拟生物神经元的脉冲密度，所以在模型中只有空间累加而没有时间累加（可以认为时间累加已隐含在等效的模拟电压之中）。

（3）上述模型未考虑时延、不应期和疲劳等。

6.1.1.3　人工神经网络的构成

单个神经元的功能是很有限的，只有用许多神经元按一定规则连接构成的神经网络才具有强大的功能。神经元的模型确定之后，一个神经网络的特性及能力主要取决于网络的拓扑结构及学习方法。

1．前馈网络

前馈网络的结构如图 6-3 所示。网络中的神经元是分层排列的，每个神经元只与前一层的神经元相连接。最右边一层为输出层，隐藏层的层数可以是一层或多层。前馈网络在神经网络中应用很广泛，例如，感知机就属于这种类型。

2. 反馈前向网络

反馈前向网络的本身是前向型的，与前馈网络不同的是从输出到输入有反馈回路。反馈前向网络的结构如图 6-4 所示，反馈型网络存在信号从输出到输入的反向传播。输出层到输入层有连接，存在信号的反向传播。这意味着反馈网络中所有节点都具有信息处理功能，而且每个节点既可从外界接收输入，同时又可以向外界输出。

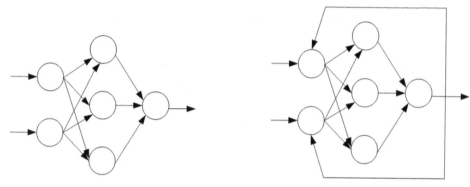

图 6-3　前馈网络的结构　　　　　图 6-4　反馈前向网络的结构

3. 内层互连前馈网络

内层互连前馈网络的结构如图 6-5 所示，通过层内神经元之间的相互连接，可以实现同一层神经元之间横向抑制或兴奋的机制，从而限制层内能同时动作的神经数，或者把层内神经元分为若干组，让每组作为一个整体来动作。一些自组织竞争型神经网络就属于这种类型。

4. 互连网络

图 6-6 所示为互连网络的结构，互连网络有局部互连和全互连两种。全互连网络中的每个神经元都与其他神经元相连。局部互连是指互连只是局部的，有些神经元之间没有连接关系。Hopfield 网络和玻尔兹曼机属于互连网络的类型。

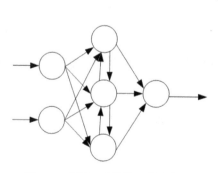

图 6-5　内层互连前馈网络的结构

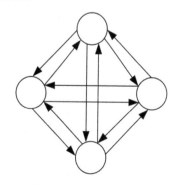

图 6-6　互连网络的结构

6.1.2　感知机

1943 年，McCulloch 和 Pitts 发表了他们关于人工神经网络的第一个系统研究成果。

1947 年，他们又开发出一个用于模式识别的网络模型——M-P 模型。1957 年，美国学者 Rosenblatt 提出了一种用于模式分类的神经网络模型感知机（Perceptron）。感知机是人工神经网络中最基础的网络结构（Perceptron 一般特指单层感知机，Multi-Layer Perceptron 为多层感知机，一般简称为 MLP）。

6.1.2.1 感知机的结构与功能

感知机是一种前馈人工神经网络，是人工神经网络中的一种典型结构。感知机具有分层结构，信息从输入层进入网络，逐层向前传递至输出层。根据感知机神经元变换函数、隐藏层数以及权值调整规则的不同，可以形成具有各种功能特点的人工神经网络。本节将介绍单层感知机的网络结构和功能分析。

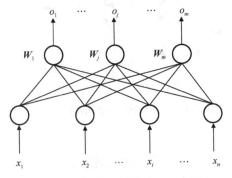

图 6-7 单层感知机的网络结构

1. 单层感知机的网络结构

单层感知机是指只有一层处理单元的感知机，如果包括输入层，应为两层，单层感知机的网络结构如图 6-7 所示。

输入层也称为感知层，有 n 个神经元节点，这些节点只负责引入外部信息，自身无信息处理能力，每个节点接收一个输入信号，n 个输入信号构成输入列向量 $\boldsymbol{X}$。输出层也称为处理层，有 m 个神经元节点，每个节点均具有信息处理能力，m 个节点向外部输出处理信息，构成输出列向量 $\boldsymbol{O}$。两层之间的连接权值用权值列向量 $\boldsymbol{W}_j$ 表示，m 个权值向量构成单层感知机的权值矩阵 $\boldsymbol{W}$。3 个列向量分别表示为

$$\boldsymbol{X} = (x_1, x_2, \cdots, x_i, \cdots, x_n)^{\mathrm{T}}$$
$$\boldsymbol{O} = (o_1, o_2, \cdots, o_i, \cdots, o_n)^{\mathrm{T}} \tag{6-3}$$
$$\boldsymbol{W}_j = (w_{1j}, w_{2j}, \cdots, w_{ij}, \cdots, w_{nj})^{\mathrm{T}}, \quad j = 1, 2, \cdots, m$$

对于处理层中任一节点，其净输入 net 为来自输入层各节点的输入加权和：

$$\mathrm{net}_j = \sum_{i=1}^{n} w_{ij} x_i \tag{6-4}$$

输出 o_j 为节点净输入与阈值之差的函数，离散型单层感知机的转移函数一般采用符号函数：

$$o_j = \mathrm{sgn}(\mathrm{net}_j - T_j) = \mathrm{sgn}\left(\sum_{i=1}^{n} w_{ij} x_i\right) = \mathrm{sgn}(\boldsymbol{W}_j^{\mathrm{T}} \boldsymbol{X}) \tag{6-5}$$

2. 单层感知机的功能分析

为便于直观分析，考虑图 6-8 所示的单计算节点感知机的情况。

不难看出，单计算节点感知机实际上就是一个 M-P 神经元模型，由于采用了符号变换函数，又称为符号单元，可进一步表达为

$$o_j = \begin{cases} 1, & \boldsymbol{W}_j^{\mathrm{T}} \boldsymbol{X} > 0 \\ -1, & \boldsymbol{W}_j^{\mathrm{T}} \boldsymbol{X} < 0 \end{cases} \qquad (6\text{-}6)$$

下面分三种情况讨论感知机的功能。

（1）设输入向量 $\boldsymbol{X} = (x_1, x_2)^{\mathrm{T}}$，则两个输入分量在几何上构成一个二维平面，输入样本可以用该平面上的一个点表示。节点 j 的输出为

$$o_j = \begin{cases} 1, & w_{1j}x_1 + w_{2j}x_2 - T_j > 0 \\ -1, & w_{1j}x_1 + w_{2j}x_2 - T_j < 0 \end{cases} \qquad (6\text{-}7)$$

由方程 $w_{1j}x_1 + w_{2j}x_2 - T_j = 0$ 确定的直线成为二维输入样本空间上的一条分界线，单计算节点感知机对二维样本的分类如图 6-9 所示。

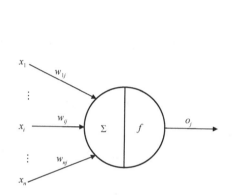

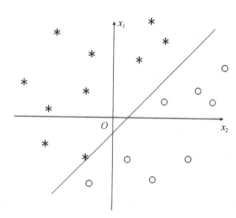

图 6-8　单计算节点感知机　　　　图 6-9　单计算节点感知机对二维样本的分类

线上方的样本用*表示，它们使得带阈值的净输入 $\mathrm{net}_j > 0$，从而使输出为 1；线下方的样本用○表示，它们使得带阈值的净输入 $\mathrm{net}_j < 0$，从而使输出为-1。显然由感知机权值和阈值确定的直线方程规定了分界线在样本空间的位置，从而也确定了如何将输入样本分为两类。假如分界线的初始位置不能将*类样本和○类样本正确分开，改变权值和阈值，分界线也会随之改变，因此总可以将其调整到正确分类的位置上。

（2）设输入向量 $\boldsymbol{X} = (x_1, x_2, x_3)^{\mathrm{T}}$，则 3 个输入分量在几何上构成一个三维空间。节点 j 的输出为

$$o_j = \begin{cases} 1, & w_{1j}x_1 + w_{2j}x_2 + w_{3j}x_3 - T_j > 0 \\ -1, & w_{1j}x_1 + w_{2j}x_2 + w_{3j}x_3 - T_j < 0 \end{cases} \qquad (6\text{-}8)$$

由方程 $w_{1j}x_1 + w_{2j}x_2 + w_{3j}x_3 - T_j = 0$ 确定的平面成为三维输入样本空间上的一个分界平面。平面上方的样本用*表示，它们使 $\mathrm{net}_j > 0$，从而使输出为 1；平面下方的样本用○表示，它们使 $\mathrm{net}_j < 0$，从而使输出为-1，单计算节点感知机对三维样本的分类如图 6-10 所示。同样，由感知机权值和阈值确定的平面方程规定了分界平面在样本空间的方位，从而也确定了如何将输入样本分为两类。假如分界平面的初始位置不能将*类样本同○类样本正确分开，改变权值和阈值即可改变分界平面的方向与位置，因此总可以将其调整到正确分类的位置上。

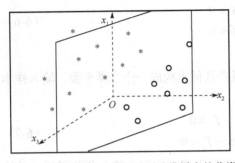

图 6-10　单计算节点感知机对三维样本的分类

（3）将上述两个特例推广到 n 维空间的一般情况，设输入向量 $\boldsymbol{X} = (x_1, x_2, \cdots, x_n)^{\mathrm{T}}$，则 n 个输入分量在几何上构成一个 n 维空间。由方程 $w_{11}x_1 + w_{21}x_2 + \cdots + w_{nj}x_j - T_j = 0$ 确定一个 n 维空间上的超平面，此平面可以将输入样本分为两类。通过以上分析可以看出，一个最简单的单计算节点感知机具有分类功能，其分类原理是将分类知识存储于感知机的权值向量（包含了阈值）中，由权值向量确定的分类判决界面将输入

模式分为两类。

6.1.2.2　感知机的学习算法

感知机的训练过程是感知机权值的逐步调整过程，为此，用 t 表示每一次调整的序号。$t=0$ 对应于学习开始前的初始状态，此时对应的权值为初始化值。

训练可按如下步骤进行。

（1）为各权值 $w_{1j}(0), w_{2j}(0), \cdots, w_{nj}(0)$，$j = 1, 2, \cdots, m$（$m$ 为计算层的节点数）赋予较小的非零随机数。

（2）输入样本对 $\{\boldsymbol{X}^p, \boldsymbol{d}^p\}$，其中 $\boldsymbol{X}^p = (-1, x_1^p, x_2^p, \cdots, x_n^p)$，$\boldsymbol{d}^p = (d_1^p, d_2^p, \cdots, d_m^p)$，$p$ 代表样本对的模式序号。设样本集中的样本总数为 P，则 $p = 1, 2, \cdots, P$。

（3）计算各节点的实际输出 $o_j^p(t) = \mathrm{sgn}\left[\boldsymbol{W}_j^{\mathrm{T}}(t)\boldsymbol{X}^p\right]$，$j = 1, 2, \cdots, m$。

（4）调整各节点对应的权值向量 $\boldsymbol{W}_j(t+1) = \boldsymbol{W}_j(t) + \eta\left[d_j^p - o_j^p(t)\right]\boldsymbol{X}^p$，$j = 1, 2, \cdots, m$，其中 η 为学习率，用于控制调整速度，但 η 值太大会影响训练的稳定性，太小则使训练的收敛速度变慢，一般取 $0 < \eta \leqslant 1$。

（5）返回到第（2）步输入下一对样本。

以上步骤周而复始，直到感知机对所有样本的实际输出与期望输出相等。

理论上已经证明，只要输入向量是线性可分的，感知机就能在有限的循环内训练达到期望值。换句话说，无论感知机的初始权值向量如何取值，经过有限次调整后，总能够稳定到一个权值向量，该权值向量确定的超平面能将两类样本正确分开。应当看到，能将样本正确分类的权值向量并不是唯一的，一般初始权值向量不同，训练过程和所得到的结果也不同，但都能满足误差为零的要求。

6.1.2.3　多层感知机

多层感知机是指包含 1 个或多个隐藏层的前馈神经网络。多层感知机的网络结构如图 6-11 所示，多层感知机网络的神经元节点是分层排列的，一般分为输入层、隐藏层和输出层，同一层神经元之间没有连接，相邻层神经元的输入与输出相连，因此也被称为前馈神经网络。输入层的神经元个数决定于样本的特征维数。神经元的输出连接到第一个隐藏层每个神经元的输入。输入层的作用主要是将识别或训练样本的特征信号输入到多层感知机网络中。

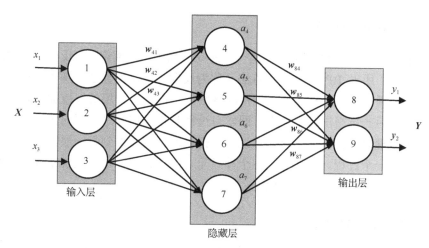

图 6-11　多层感知机的网络结构

　　隐藏层的数量可以是 1 个也可以是多个，每个隐藏层包含的神经元数量不需要相同，相邻两层神经元之间都有连接。多层感知机网络中具体包括几个隐藏层，每个隐藏层包含多少神经元，需要根据实际的识别问题来确定。一般来说，隐藏层数量的增加和隐藏层神经元数的增加可以提高网络非线性分类的能力。因此，复杂的识别问题需要更多的层和更多的神经元。第一个隐藏层的输入来自输入层的输出，而其他隐藏层的输入来自前一个隐藏层的输出，最后一个隐藏层的输出与输出层的神经元相连。隐藏层神经元的激活函数常用的有 sigmoid 函数、双曲正切函数（tanh）、ReLU 函数等。需要注意的是，对数型函数的值域是(0, 1)，而双曲正切型函数的值域是(-1，+1)。

　　输出层神经元的个数决定于识别问题的类别数。与线性的两层感知机网络一样，常用的方式有两种：一种是输出层神经元的数量等于类别数 C；另一种是采用编码输出，输出层神经元的个数等于 $\log_2 C$。输出层神经元的激活函数可以根据需要采用线性函数、sigmoid 函数或者阶跃函数。

　　多层感知机的识别过程比较简单，就是以待识别样本的特征矢量作为输入的网络信号传递过程，根据输出可以判断输入样本的类别属性。

6.2　BP 神经网络

　　目前来说，人工神经网络应用最广泛的是 BP（Back Propagation）神经网络。在神经网络家族中，有很多种神经网络，多层前馈网络具有非线性模式识别能力，前提是只要给出网络合适的权值和偏置值就能解决具有任意判定边界的分类问题。然而，当解决一个实际问题时，确定了使用的网络结构后，如何对之进行训练，使之有合适的权值矩阵和偏置值呢？就神经网络目前的研究现状来说，BP 神经网络算法能很好地解决这一问题。由于 BP 神经网络在工业界应用较为广泛，技术相对成熟，所以本节重点介绍 BP 神经网络的基本结构与算法原理。

6.2.1　BP 神经网络概述

从结构上来讲，BP 神经网络其实是一种前向传播类型的网络，而反向传播实际指的是误差的反向传播，所以 BP 神经网络算法又称为反向传播学习算法。基本原理就是一个正向传播和反向传播，把输入样本输入到神经网络中，经过每一层的权值加权以及激活函数的映射一直到最后一层得出输出结果，即学习过程是指由信号进行正向传播。而反向传播时，实际输出跟理想的目标输出有计算误差，把误差反向传播到每一层神经元中，即误差进行反向传播的一个过程。进而修改各个神经元之间的权值，这个过程是周而复始地进行的，一直到误差减小到可以接受的程度。

6.2.2　BP 神经网络结构

微课视频

BP 神经网络的结构是一个前向多层的网络，至少包含输入层、隐藏层与输出层三层，前后层之间全连接，各层神经元之间无连接。经典的三层 BP 神经网络结构如图 6-12 所示。

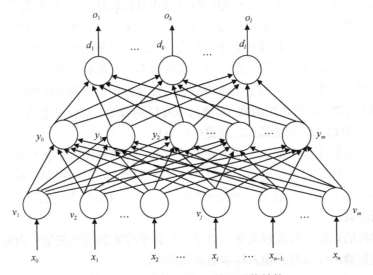

图 6-12　经典的三层 BP 神经网络结构

图 6-12 所示的标识符号的含义，如表 6-1 所示。其中根据输出层神经元引入阈值的需要，将 y_0 设置成-1；根据隐藏层神经元引入阈值的需要，将 x_0 设置为-1。

表 6-1　标识符号的含义

层　别	类　别	向　量
输入层	输入向量	$\boldsymbol{X} = (x_1, x_2, \cdots, x_i, \cdots, x_n)^T$
隐藏层	输出向量	$\boldsymbol{Y} = (y_1, y_2, \cdots, y_i, \cdots, y_n)^T$
输出层	输出向量	$\boldsymbol{O} = (o_1, o_2, \cdots, o_i, \cdots, o_n)^T$
	期望输出向量	$\boldsymbol{d} = (d_1, d_2, \cdots, d_i, \cdots, d_n)^T$
	输入层—隐藏层权值矩阵	$\boldsymbol{V} = (v_1, v_2, \cdots, v_i, \cdots, v_n)^T$
	隐藏层—输出层权值矩阵	$\boldsymbol{W} = (w_1, w_2, \cdots, w_i, \cdots, w_n)^T$

下面对不同层内的信号间的数学关系式进行推导计算。

对于隐藏层：

$$y_j = f(\text{net}_j) , \quad j = 1, 2, \cdots, m \tag{6-9}$$

$$\text{net}_j = \sum_{i=0}^{n} v_{ij} x_i , \quad j = 1, 2, \cdots, m \tag{6-10}$$

对于输出层：

$$o_k = f(\text{net}_k) , \quad k = 1, 2, \cdots, l \tag{6-11}$$

$$\text{net}_k = \sum_{j=0}^{m} w_{kj} y_j , \quad k = 1, 2, \cdots, l \tag{6-12}$$

转移函数为单极性函数：

$$f(x) = \frac{1}{1 + e^{-x}} \tag{6-13}$$

$$f'(x) = f(x)\left[1 - f(x)\right] \tag{6-14}$$

也可以使用双极性函数作为转移函数：

$$f(x) = \frac{1 - e^{-x}}{1 + e^{-x}} \tag{6-15}$$

6.2.3　BP 神经网络算法

微课视频

BP 神经网络算法实质上求解的是网络总误差函数的最小值问题。具体采用"最速下降法"，按误差函数的负梯度方向进行权系数修正。具体学习算法包括两大过程：其一是输入信号的正向传播过程；其二是输出误差信号的反向传播过程。

（1）输入信号的正向传播。输入的样本从输入层经过隐藏层单元一层一层进行处理，通过所有的隐藏层之后，传向输出层；在逐层处理的过程中，每一层神经元的状态只对下一层神经元的状态产生影响。在输出层把现行输出和期望输出进行比较，如果现行输出不等于期望输出，则进入反向传播过程。

（2）输出误差信号的反向传播。反向传播时，把误差信号按原来正向传播的通路反向传回，并对每个隐藏层的各个神经元权系数进行修改，以使信号误差趋向最小。网络各层的权值改变量由传播到该层的误差大小来决定。

6.2.3.1　BP 神经网络算法推导

BP 神经网络算法的学习过程整体可分为两个阶段，具体步骤如下所述。

第一阶段：将已知的学习样本输入网络，经过预先设定好的结构和上一次迭代后的阈值和权值，从输入层向后逐层计算各神经元的输出。

（1）确定网络输入层的节点数 n、输出层节点数 l、隐藏层节点数 m，输入层、隐藏层和输出层之间的权值分别为 w_{ij}、v_{jk}，隐藏层、输出层阈值分别为 a、b。学习速率和激励函数已给定。

（2）根据 w_{ij}、a 及输入变量 x，计算隐藏层的输出 h_j。

$$h_j = f\left(\sum_{i=1}^{n} w_{ij}x_i - a_j\right), \quad j = 1, 2, \cdots, l \tag{6-16}$$

式中，f 为隐藏层激励函数。

（3）根据第（2）步中计算的 h_j，以及 v_{jk} 和阈值 b，计算预测输出 o_k。

$$o_k = \sum_{j=1}^{i} h_j v_{jk} - b_k, \quad k = 1, 2, \cdots, m \tag{6-17}$$

（4）根据第（3）步中计算出的 o_k 和期望输出 y_k，相减计算差值即预测误差 e_k。

$$e_k = y_k - o_k, \quad k = 1, 2, \cdots, m \tag{6-18}$$

第二阶段：根据误差，由最后层往前修改各层的权值和阈值。

（5）根据第（4）步中求得的误差修改权值。

$$w_{ij} = w_{ij} + \eta h_j(1-h_j)x_i\sum_{k=1}^{m} v_{jk}e_k, \quad i = 1, 2, \cdots, n, \quad j = 1, 2, \cdots, l \tag{6-19}$$

$$v_{jk} = v_{jk} + \eta h_j e_k, \quad j = 1, 2, \cdots, l, \quad k = 1, 2, \cdots, m \tag{6-20}$$

（6）修改阈值。

$$a_j = a_j + \eta h_j(1-h_j)\sum_{k=1}^{m} v_{jk}e_k, \quad j = 1, 2, \cdots, l, \quad b_{k+1} = b_k + e_k, \quad k = 1, 2, \cdots, m \tag{6-21}$$

（7）判断是否已经结束，如果没有结束，返回第（2）步。

以上两个阶段反复进行，直至收敛。

6.2.3.2　BP 神经网络算法流程

图 6-13 所示为 BP 神经网络算法流程图。

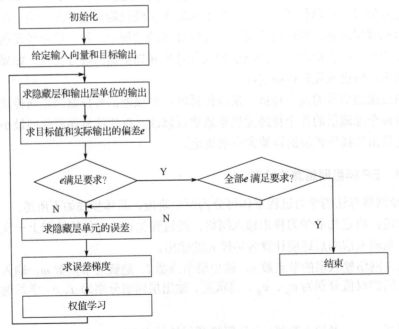

图 6-13　BP 神经网络算法流程图

6.2.4　BP 多层前馈网络的主要能力

BP 多层前馈网络是迄今为止应用最广泛的神经网络之一，这主要归功于基于 BP 神经网络算法的多层前馈网络具有以下一些重要能力。

（1）非线性映射能力。BP 多层前馈网络能够学习和存储大量输入、输出模式映射关系，而无须事先了解描述这种映射关系的数学方程。只要能提供足够多的样本对网络进行学习训练，便可以实现从 n 维输入空间到 m 维输出空间的非线性映射。

（2）泛化能力。BP 多层前馈网络训练后将所提取的样本对中的非线性映射关系存储在权值矩阵中，在其后的工作阶段，当向网络输入训练时未曾见过的非样本数据时，网络也能完成由输入空间向输出空间的正确映射。这种能力称为 BP 多层前馈网络的泛化能力，它是衡量 BP 多层前馈网络性能优劣的一个重要指标。

（3）容错能力。BP 多层前馈网络的能力还在于，允许输入样本对中带有较大的误差甚至个别错误。因为对权值矩阵的调整过程也就是从大量的样本对中提取统计特性的过程，反映正确规律的知识来自全体样本对，个别样本对中的误差甚至错误不能左右对权值矩阵的调整。

BP 多层前馈网络是神经网络领域中应用广泛的一种简单的多层前馈网络，该类型神经网络具有良好的自学习、自适应、大规模并行处理、极强的非线性映射和容错能力等特征。BP 多层前馈网络避免了复杂的数学推导，在样本缺少与参数漂移的情况下能保证稳定的输出。

尽管 BP 多层前馈网络有很多显著的优点，但也存在着一定的局限性，主要问题如下。

（1）随着训练样本维数的增大，收敛速度变缓慢，从而降低了学习效率。

（2）从数学角度上看，BP 神经网络算法是一种梯度最速下降法，这就可能出现局部极小值的问题，而得不到全局最优解。

（3）网络中隐藏层节点个数的选取缺乏理论指导，尚无明确的定义。由于 BP 神经网络存在局部性，因此利用 BP 神经网络进行模式识别时，所得网络模型的参数容易陷入局部极小，因此需要针对 BP 神经网络容易陷入局部极小的缺陷进行改进。

BP 多层前馈网络已成为神经网络的重要模型之一，因为 BP 神经网络算法对大多数实际应用来说都太慢了，为了提高训练速度，人们对 BP 神经网络算法进行了启发式改进。

BP 神经网络算法的神经网络的误差曲面有以下特点：存在一些平坦区域，在此区域内误差改变很小，这些平坦区域多数发生在神经元的输出接近于 0 或 1 的情况下。在有些情况下，误差曲面会出现一些梯形形状；存在不少局部极小点，在某些初值的条件下，算法的结果会陷入某个局部极小点。对此，不能把初始参数设置为 0，也不能把参数设置得过大。在远离优化点的位置，误差曲面十分平坦。

本章小结

这一章介绍了人工神经网络的产生和发展，给出了人工神经元的基本模型，进一步提出了感知机的模型；最后提出了人工神经网络的基本结构，并详细描述了最经典的 BP 神经网络的由来及其应用。

习题

1. 与生物神经元相比，人工神经元具有哪些异同？
2. 前馈神经网络与反馈神经网络有何不同？
3. 感知机神经网络存在的主要缺陷是什么？
4. 什么是激活函数？常见的激活函数有哪些？
5. BP 神经网络算法的基本思想是什么？它有哪些缺陷？
6. 简述误差反传算法的主要思想。
7. 什么是"泛化能力"？神经网络的泛化能力与哪些因素有关？
8. 什么是"过学习"？如何减少机器训练中的过学习现象？
9. 画出 BP 神经网络算法的流程图。
10. 一个三维数据样本集合，用 BP 神经网络输出四种分类（采用"独热编码"），构建网络时输入层、隐藏层、输出层采用多少个神经元比较合适？画出你设计的 BP 神经网络结构图。

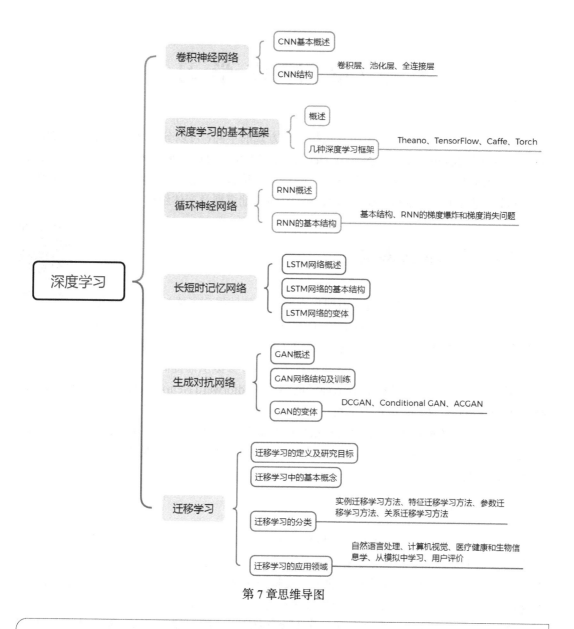

第 7 章思维导图

第 7 章 深 度 学 习

深度神经网络根据神经元传递方式和实现方式的不同，可以分为深层神经网络(DNN)、卷积神经网络(Convolutional Neural Network，CNN)、循环神经网络(Recurrent Neural Network，RNN)等结构，这些模型及其一些辩题结构目前在语音识别、文本分类、图像分割等领域广泛应用，本章将介绍一些深度学习的基础模型及变体结构。

7.1 卷积神经网络

近年来，深度神经网络在模式识别和机器学习领域得到了成功的应用。其中深度信念网络（Deep Belief Network，DBN）和卷积神经网络（CNN）是目前研究和应用都比较广泛的深度学习结构。本节重点介绍 CNN，CNN 是一种深度监督学习下的机器学习模型。其深度学习算法可以利用空间相对关系减少参数从而提高训练性能。CNN 是一类包含卷积运算且具有深度结构的前馈神经网络（Feedforward Neural Network）。相比前边提到的 BP 神经网络，CNN 最重要的特性在于"局部感知"与"参数共享"，自 2012 年设计的 AlexNet 开始，CNN 已多次成为 ImageNet 大规模视觉识别挑战赛（ImageNet Large Scale Visual Recognition Challenge，ILSVRC）的优胜算法，至此，CNN 开始大放异彩，成了众多科学领域的研究重点之一。

7.1.1 CNN 概述

1962 年，Hubel 和 Wiesel 通过对猫视觉皮层细胞的研究，提出了感受野的概念。1984年，日本学者 Fukushima 基于感受野概念提出了神经认知机,这种神经认知机被认为是 CNN的第一个实现网络。随后，国内外的研究人员提出了多种形式的 CNN，并在邮政编码识别、在线的手写识别以及人脸识别等图像处理领域得到了成功的应用。

CNN 已经成为计算机视觉领域中最具影响力的革新的一部分。这种网络结构在 2012年崭露头角，Alex Krizhevsky 凭借它们赢得了那一年的 ImageNet 大规模视觉识别挑战赛（大体上相当于计算机视觉的年度奥林匹克），把分类误差记录从 26% 降到了 15%，在当时震惊了世界。自那之后，大量公司开始将深度学习用作服务的核心，其中 Facebook 将神经网络用于自动标注算法、Google 将它用于图片搜索、亚马逊将它用于商品推荐、Pinterest 将它用于个性化主页推送、Instagram 将它用于搜索架构。

7.1.2 CNN 结构

CNN 是一种带有卷积结构的深度神经网络，卷积结构可以减少深层网络占用的内存量，也可以减少网络的参数个数，缓解模型的过拟合问题。CNN 中的隐藏层是重要组成部分。经典的 CNN 由输入层、卷积层、池化层（也称下采样层）、全连接层及输出层组成。回到细节上来，更为详细的 CNN 工作指的是挑一张图像，让它历经一系列卷积层、非线性层、池化层和全连接层，最终得到输出。CNN 在图像分类问题中应用广泛。

7.1.2.1 卷积层

CNN 的第一层通常是卷积层（Convolutional Layer），用它来进行特征提取。

1. 卷积运算

在介绍 CNN 的基本概念之前，我们先做矩阵运算。

（1）求点积：将 5×5 输入矩阵中 3×3 深色区域中的每个元素分别与其对应位置的权值（下标数字）相乘，然后相加，所得到的值作为 3×3 输出矩阵的第一个元素。$3 \times 0 + 3 \times 1 + 2 \times 2 + 0 \times 2 + 0 \times 2 + 1 \times 0 + 3 \times 0 + 1 \times 1 + 2 \times 2 = 12$。

微课视频

这两个矩阵在 CNN 中的"卷积"运算，与数学中定义的"卷积"还是有区别的，矩阵不需要经过转置运算，而是直接对位相乘求和。"求点积"操作如图 7-1 所示。

（2）滑动窗口：将 3×3 权值矩阵向右移动一个格（即步长为 1）

（3）重复操作：同样地，将此时深色区域内每个元素分别与对应的权值相乘再相加，所得到的值作为输出矩阵的第二个元素；重复上述"求点积—滑动窗口"操作，直至输出矩阵所有值被填满。"求点积—滑动窗口"操作如图 7-2 所示。

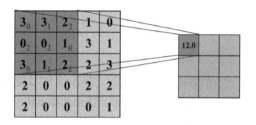

图 7-1 "求点积"操作

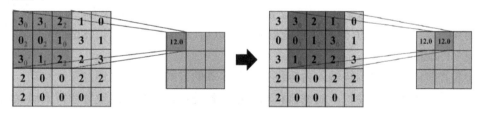

图 7-2 "求点积—滑动窗口"操作

2. 卷积工作原理

首先需要了解卷积层的输入内容是什么。假设输入内容为一个 32×32 的像素值数组。现在，解释卷积层的最佳方法是想象有一束手电筒光正从图像的左上角照过。假设手电筒光可以覆盖 5×5 的区域，想象一下手电筒光照过输入图像的所有区域。在机器学习术语中，这束手电筒光被叫作过滤器 [Filter，有时候也被称为神经元（Neuron）或卷积核（Kernel）]，被照过的区域被称为感受野（Receptive Field）。过滤器同样也是一个数组（其中的数字被称作权重或参数）。现在，以过滤器所在的第一个位置为例，即图像的左上角。当筛选值在图像上滑动（卷积运算）时，过滤器中的值会与图像中的原始像素值相乘（又称为计算点积）。这些乘积被加在一起（从数学上来说，一共会有 25 个乘积）。现在得到了一个数字，切记，该数字只是表示过滤器位于图片左上角的情况。在输入内容上的每一位置重复该过程（下一步将是将过滤器右移 1 单元，接着再右移 1 单元，以此类推），输入内容上的每一特定位置都会产生一个数字。过滤器滑过所有位置后将得到一个 28×28 的数组，称之为激活映射（Activation Map）或特征映射（Feature Map）。得到一个 28×28 的数组的原因在于，在一张 32×32 的输入图像上，5×5 的过滤器能够覆盖到 784 个不同的位置。这 784 个位置可映射为一个 28×28 的数组。过滤器与感受野如图 7-3 所示。

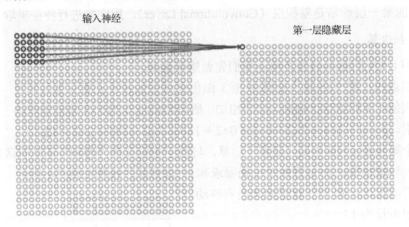

图 7-3　过滤器与感受野

当使用两个而不是一个 5×5 的过滤器时，输出总量将会变成 2×28×28。采用的过滤器越多，空间维度（Spatial Dimensionality）保留得也就越好，从数学上而言，这就是卷积层上发生的事情。

3．步长和填充

在掌握了过滤器、感受野和卷积之后，现在，要改变每一层的行为，有两个主要参数是可以调整的。选择了过滤器的尺寸以后，还需要选择步长（Stride）和填充（Padding）。

步长控制着过滤器围绕输入内容进行卷积计算的方式。过滤器通过每次移动一个单元的方式对输入内容进行卷积。过滤器移动的距离就是步长。步长的设置通常要确保输出内容是一个整数而非分数。让我们看一个例子。想象一个 7×7 的输入图像，一个 3×3 的过滤器（简单起见不考虑第三个维度），步长为 1，如图 7-4 所示，这是一种惯常的情况。

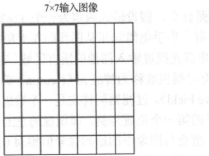

7×7输入图像　　　5×5输出图像

扫码看彩图

图 7-4　步长为 1

如果步长为 2，如图 7-5 所示，输出内容会怎样呢？

7×7输入图像

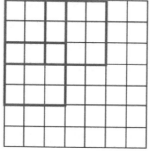

3×3输出图像

扫码看彩图

图 7-5　步长为 2

感受野移动了两个单元，输出内容同样也会减小。注意，如果试图把步长设置成 3，那么就会难以调节间距并确保感受野与输入图像匹配。在正常情况下，程序员如果想让接受域重叠得更少并且想要更小的空间维度，那么他们会增加步长。

现在看一下填充。在此之前，想象一个场景：当把 5×5 的过滤器用在 32×32 的输入上时，会发生什么呢？输出的大小会是 28×28。注意，这里的空间维度减小了。如果继续用卷积层，尺寸减小的速度就会超过我们的期望。在网络的早期层中，要尽可能多地保留原始输入内容的信息，这样就能提取出那些低层的特征。比如，如果想要应用同样的卷积层，但又想让输出量维持为 32×32，那么可以对这个层应用大小为 2 的零填充（Zero Padding）。零填充在输入内容的边界周围补充零。如果用两个零填充，就会得到一个 36×36 的输入。填充如图 7-6 所示。

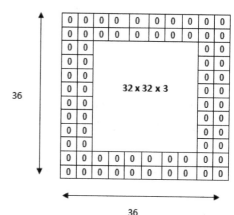

36

36

图 7-6　填充

如果在输入内容的周围应用两次零填充，那么输入量就为 36×36。当应用带有 3 个 5×5 的过滤器，以 1 的步长进行处理时，也可以得到一个 3×32×32 的输出。

如果步长为 1，而且把零填充设置为

$$\mathrm{ZeroPadding} = \frac{K-1}{2} \tag{7-1}$$

式中，K 是过滤器尺寸。输入和输出内容总能保持一致的空间维度。计算任意给定卷积层的输出的公式是

$$O = \frac{W - K + 2P}{S} + 1 \tag{7-2}$$

式中，O 是输出尺寸；K 是过滤器尺寸；P 是填充；S 是步长。

7.1.2.2 池化层

在通过卷积获得了特征之后，下一步利用这些特征去做分类。理论上讲，人们可以用所有提取得到的特征去训练分类器，但这样做会面临巨大计算量的挑战，并且容易出现过拟合。因此，为了描述大的图像，一个很自然的想法就是对不同位置的特征进行聚合统计，例如，人们可以计算图像一个区域上的特征的最大值（或平均值）。这些统计得到的特征不仅具有低得多的维度（相比使用所有提取得到的特征），还会改善结果（不容易过拟合）。这种聚合的操作就叫作池化（Pooling）。

1．池化的原理和特性

神经元的形态不尽相同，功能也有一定差异，在卷积层之后常常紧接着一个池化层，通过减小矩阵的长和宽，从而达到减少参数的目的。卷积层的作用是探测上一层特征的局部连接，而池化层的作用是在语义上把相似的特征合并起来，从而达到降维的目的。

池化有 4 个重要特性。

（1）不同于卷积，池化没有需要学习的参数。

（2）池化运算后图像的高度和宽度被压缩，但通过数不会改变。

（3）降低了数据特征，扩大了卷积核的感受野。

（4）微小的位置变化具有鲁棒性，在输入数据发生微小偏差时，池化仍会返回相同的结果。

2．池化的方法

常用的池化方法如下所述。

（1）平均池化（Average Pooling）：对池化区域内的像素点取均值，这种方法得到的特征数据对背景信息更敏感。

（2）最大池化（Max Pooling）：对池化区域内所有像素点取最大值，这种方法得到的特征对纹理特征信息更加敏感，如图 7-7 所示。

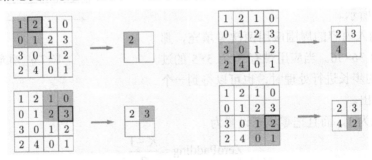

图 7-7　最大池化

相对于最大池化是从目标区域中取出像素点最大值，平均池化则是计算目标区域中像素点的平均值。图 7-7 所示的即最大池化的运算过程，平均池化以此类推。

7.1.2.3 全连接层

全连接层指每个神经元与前一层所有的神经元全部连接，而 CNN 和输入数据中的一个局部区域连接，并且输出的神经元每个深度切片共享参数。一般经过了一系列的卷积层和池化层之后，提取出图片的特征图，比如说特征图的大小是 3×3×512，这个时候，将特征图中的所有神经元变成全连接层的状态，直观上也就是将一个 3D 的立方体重新排列，变成一个全连接层，里面有 3×3×512=4608 个神经元，再经过几个隐藏层，最后输出结果。在这个过程中为了防止过拟合会引入 Dropout（Dropout 是指在深度学习网络的训练过程中，对于神经网络单元，按照一定的概率将其暂时从网络中丢弃）。最近的研究表明，在进入全连接层之前，使用全局平均池化能够有效地降低过拟合。

检测到高级特征之后，网络最后的全连接层就更是锦上添花了。简单地说，这一层处理输入内容（该输入可能是卷积层、ReLU 层或是池化层的输出）后会输出一个 N 维向量，N 是该程序必须选择的分类数量。例如，如果想得到一个数字分类程序，若有 10 个数字，则 N 就等于 10。这个 N 维向量中的每个数字都代表某一特定类别的概率。例如，如果某一数字分类程序的结果矢量是[0.1 .1 .75 0 0 0 0 0 .05]，则代表该图片有 10%的概率是 1、10%的概率是 2、75%的概率是 3、5%的概率是 9（注：还有其他表现输出的方式，这里只展示了 softmax 函数的方法）。全连接层观察上一层的输出（其表示了更高级特征的激活映射）并确定这些特征与哪一分类最为吻合。

7.2　深度学习的基本框架

微课视频

深度学习（Deep Learning）是机器学习的分支，是一种以人工神经网络为架构，对数据进行表征学习的算法。本章主要介绍了深度学习的基本概念、几种深度学习的框架，介绍了深度学习的几种神经网络，即循环神经网络、长短时记忆网络、生成对抗网络，最后介绍了迁移学习的基本概念及分类。

7.2.1　概述

深度学习的概念是在 2006 年由 Hinton 和 Salakhutdinov 正式提出的。为了降低数据的维数，他们采用了神经网络，并通过训练具有小中心层的多层神经网络以重建高维输入向量，将高维数据转换为低维码，巧妙地利用梯度下降法微调了这种"自动编码器"网络中的权重。早期的深度学习由于受到硬件的限制进展缓慢，随着计算机技术突飞猛进的发展，计算机的运算能力和运算速度显著提升，支持深度学习中大规模的矩阵运算，从而使深度学习的应用范围越来越广泛。随着深度学习的发展，计算机视觉领域取得了不俗的成就，已经广泛应用于医疗、公共安全等与人们生活息息相关的领域。在现代医疗上，由于神经网络经过海量数据集的训练，具有极高的准确度，在判断病人医疗影像时可以利用深度学习的方法让计算机的诊断结果作为重要评判依据，这一方法在诊断恶性肿瘤时尤其有效。在公共安全上，可通过摄像头采集有关人脸的图像或视频，提取其面部信息，并与数据库中的信息进行对比，当与不法分子的相似度达到阈值时系统会警示当地公安机关采取相应措施。人脸识别能做到一天 24 小时不间断地对重要地段无死角地进行监控，能实时、精准掌控不法分子行踪，从而减轻了公安部门的工作压力。

深度学习是机器学习的一个研究方向，它是相对于浅层神经网络而言的，浅层结构通常只包含 1 个或 2 个隐藏层，浅层结构的学习模型采用单层简单结构将原始输入信号或特征转换到特定问题的特征空间中，但是对复杂函数的表示能力有限，难以解决复杂的自然信号处理问题。

这种机器学习与我们通常意义上说的"机器识别"有所不同。现有的很多此类识别，需要人工输入一些用于对比的数据，或者已经进行初步分类、打好标签的数据，机器通过学习这些数据的共同点，得出规律，然后将规律应用于更大规模的数据，粗略地说，这是一种"有监督学习"，需要人工输入初始数据，有时候还要对识别结果进行判断，由此提高机器的学习速度。而深度学习是一种"无监督学习"。它基于一种学术假设：人类对外界环境的了解过程最终可以归结为一种单一算法，而人脑的神经元可以通过这种算法，分化出识别不同物体的能力。这个识别过程甚至完全不需要外界干预。以识别猫脸为例：吴恩达给神经网络输入了一个单词"cat"，这个神经网络中并没有辞典，不了解这个单词的含义。但在观看了一千万段视频后，它最终确定，"cat"就是那种毛茸茸的小动物，这个学习过程，与一个不懂英语的人，通过独立观察学会"cat"的过程几乎一致。

深度学习是机器学习研究中的一个新的领域，其动机在于建立、模拟人脑进行分析、学习的神经网络，模仿人脑的机制来解释数据。深度学习源于人工神经网络的研究。深度学习通过组合低层特征形成更加抽象的高层表示属性类别或特征，以发现数据的分布式特征表示。深度学习强调模型结构的深度，与普通的单隐藏层神经网络的不同主要在于"深度"，"深度"指的是节点层的数量。也就是说，深度神经网络拥有多个层，数据要通过这些层，进行逐层特征变换，将样本在原空间的特征表示变换到一个新的特征空间中，"深度模型"是手段，"特征学习"是目的。与浅层学习相比，深度学习利用大数据学习特征，更能刻画数据的丰富内在信息。

深度学习是使用深层架构的机器学习方法，研究者需要从中抽象出一种数学模型，即建立具有阶层结构的人工神经网络（Artificial Neural Network，ANN）。ANN 对输入信息进行逐层提取和筛选，利用反向传播算法来指导机器修改内部参数，使计算机在使用特征的同时，找到数据隐含在内部的关系，学习如何提取特征。深度学习使学习到的特征更具有表达力，最终通过计算机实现人工智能。

7.2.2 几种深度学习框架

本节将介绍深度学习中最常用的几种框架。总而言之，几乎所有库都支持用图形处理器加速学习过程，在开放许可证下发行，并由高校研究团队设计实现。

目前主流的深度学习框架有 Theano、TensorFlow、Caffe、Torch、Keras 等。这些深度学习框架被应用于图像处理、语音识别、目标检测与生物信息学等领域，并取得了很好的效果。下面主要介绍在当前深度学习领域影响比较大的几个框架。

7.2.2.1　Theano

Theano 于 2007 年开始开发，最初诞生于蒙特利尔大学 LISA 实验室。Theano 是一个

Python 库，是第一个有较大影响力的 Python 深度学习框架。它可用于定义、优化和计算数学表达式，特别是多维数组（numpy.ndarray）。在解决包含大量数据的问题时，使用 Theano 编程可实现比手写 C 语言更快的速度，而通过 GPU（图像处理器）加速，Theano 甚至可以比基于 CPU 计算机上的 C 语言的速度快几倍甚至几十倍。Theano 结合了计算机代数系统（Computer Algebraic System，CAS）和优化编译器，还可以为多种数学运算生成定制的 C 语言代码。对于包含重复计算的复杂数学表达式的任务而言，计算速度很重要，因此这种 CAS 和优化编译器的组合是很有用的。对需要将每一种不同的数学表达式都计算一遍的情况，Theano 可以最小化编译、解析的计算量，但仍然会给出如自动微分那样的符号特征。

7.2.2.2 TensorFlow

TensorFlow 在很大程度上可以看成 Theano 的后继者，不仅因为它们有很大一批共同的开发者，而且它们拥有相近的设计理念，都是基于计算图实现自动微分系统的。TensorFlow 利用数据流图对数值进行运算，图中的节点代表数学运算，而图中的边则代表在这些节点之间传递的多维数组（张量）。

TensorFlow 编程接口支持 Python 和 C++。随着 1.0 版本的公布，Java、R 和 Haskell API 的 alpha 版本也被支持。此外，TensorFlow 还可在 Google Cloud 和 AWS 中运行。TensorFlow 还支持 Windows 7、Windows 10 和 Windows Server 2016。由于 TensorFlow 使用 C++ Eigen 库，所以库可在 ARM 架构上编译和优化。这也就意味着用户可以在各种服务器和移动设备上部署自己的训练模型，无须执行单独的模型解码器或者加载 Python 解释器。

TensorFlow 由 Google Brain 团队的研究人员和工程师开发，它是深度学习领域中最常用的软件库。TensorFlow 如此受欢迎的最大原因是，它支持多种语言来创建深度学习模型。比如 Python、C++和 R 语言，它有适当文档的演练指导。制作 TensorFlow 需要很多组件，其中比较突出的两个如下所述。

（1）TensorBoard：使用数据流图帮助实现有效的数据可视化。

（2）TensorFlow：用于快速部署新算法/实验。

TensorFlow 的灵活架构使人们能够在一个或者多个 CPU（以及 GPU）上部署深度学习模型，以下是 TensorFlow 的几个常见用例。

（1）基于文本的应用程序：语言检测、文本摘要。

（2）图像识别：图像字幕、人脸识别、物体检测。

（3）声音识别。

（4）时间序列分析。

（5）视频分析。

7.2.2.3 Caffe

Caffe 的全称是 Convolutional Architecture for Fast Feature Embedding。它是一个清晰、高效的深度学习框架，核心语言是 C++，它支持命令行、Python 和 MATLAB 接口，既可以在 CPU 上运行，也可以在 GPU 上运行。Caffe 脱颖而出的是处理和学习图像的速度，这很容易成为主要的 USP（USP 指的是 Unique Selling Proposition，又称为创意理论）。

Caffe 的优点是简洁快速，缺点是少灵活性。不同于 Keras 太多的封装导致灵活性丧失，Caffe 灵活性的缺失主要是因为它的设计。在 Caffe 中最主要的抽象对象是层，每实现一个新的层，必须利用 C++实现它的前向传播和反向传播代码，而如果想要新层运行在 GPU 上，还需要同时利用 CUDA 实现这一层的前向传播和反向传播。这种限制使得不熟悉 C++和 CUDA 的用户扩展 Caffe 十分困难。

Caffe 为 C、C++、Python、MATLAB 等接口以及传统的命令行提供了坚实的支持。Caffe Model Zoo（大量的在大数据集上预训练的可供下载的模型）框架允许人们访问可用于解决深度学习问题的预训练网络、模型和权重。

这些模型适用于以下任务。

（1）简单回归。

（2）大规模的视觉分类。

（3）用于图像相似性的遥罗网络（Siamese Network）。

（4）语音和机器人应用。

7.2.2.4　Torch

Torch 是一种大型机器学习生态系统，提供大量算法和函数，其中包括深度学习框架和音频/视频等多媒体处理工具，尤其专注于并行计算。该框架提供优秀的 C 语言接口，并拥有很大的用户群。Torch 是脚本语言 Lua 的扩展库，其目标是为机器学习系统的设计和训练提供灵活的环境。Torch 是一个独立、完备的框架，高度便携、跨平台（如 Windows、 Mac、Linux 和 Android），且其脚本在各种平台上运行时无须经过任何修改。Torch 包为不同应用场景提供了很多有用的特性。

PyTorch 是 Torch 深度学习框架的一个端口，可用于构建深度神经网络和执行 Tensor 计算。Torch 是一个基于 Lua 的框架，而 PyTorch 是在 Python 上运行的，使用动态计算图，它的 Autogard 软件包从 Tensors 中构建计算图并自动计算梯度。Tensors 是多维数组，就像 numpy 中的 ndarray 一样，也可以在 GPU 上运行。PyTorch 不使用具有特定功能的预定义图形，而是为人们提供了一个构建计算图形的框架，甚至可以在运行时更改它们。这对于人们不知道在创建神经网络时应该需要多少内存的情况很有用。

人们可以使用 PyTorch 处理各种深度学习挑战，包括如下几种。

（1）图像（检测、分类等）。

（2）文本。

（3）强化学习。

7.3　循环神经网络

循环神经网络（RNN）是一类以序列（Sequence）数据为输入，在序列的演进方向进行递归（Recursion）且所有节点（循环单元）按链式连接的递归神经网络（Recursive Neural Network）。本节主要介绍 RNN 的基本原理、结构以及其梯度爆炸和梯度消失的问题。

7.3.1　RNN 概述

RNN 是近来使用较为广泛的一种深度学习架构，是时间递归神经网络和结构递归神经网络的总称。时间递归神经网络的神经元相互连接构成矩阵，结构递归神经网络利用相似的神经网络构成更复杂的深度网络。RNN 的基本思想是，将输入的时序类型信息纳入考虑，所有循环单元按链式连接，递归方向与演进方向相同。这种网络是循环的，因为它对一个输入序列内的所有元素都执行同样的计算，而每个元素的输出除了依赖于当前输入，还要受之前所有计算的影响。与 CNN 类似，RNN 的参数在不同时刻也是共享的，RNN 在模型的不同部分共享参数，原因是信息的特定部分会在序列的不同位置反复出现，这样的共享有利于挖掘反复出现的信息。然而 CNN 和人工神经网络均以元素、输入与输出分别相互独立为前提，故不方便处理元素相互关联的问题。

和其他前馈神经网络不同，RNN 可以保存一种上下文的状态，甚至能够在任意长的上下文窗口中存储、学习、表达相关信息，而且不再局限于传统神经网络在空间上的边界，可以在时间序列上有延拓，直观地讲，就是本时刻的隐藏层和下一时刻的隐藏层的节点之间有边。RNN 被证明，在文本字符预测和句子中下一个单词的预测等问题上具有非常好的性能。当然，RNN 也用于解决更复杂的问题，比如机器翻译。在这种问题中，网络的输入为一个序列的源语单词，输出为由该序列翻译成的目标语言。RNN 擅长解决序列数据问题，相比于前馈神经网络，RNN 拥有记忆重要信息、选择性地遗忘次要信息的能力，这让它在语音识别、笔迹鉴定等方面表现突出。RNN 随着网络的加深，会发生梯度爆炸和梯度消失问题。RNN 广泛应用在和序列有关的场景中，如一帧帧图像组成的视频、一个个片段组成的音频和一个个词汇组成的句子。尽管 RNN 有一些传统的缺点，如难以训练、参数较多，但近些年来关于网络结构、优化手段和并行计算的深入研究使得大规模学习算法成为可能，尤其是随着长短时记忆网络算法的成熟，使得图像标注、手写识别、机器翻译等应用取得了突破性进展。

7.3.2　RNN 结构

人在思考问题时不会从零开始，因为人脑有所谓的"记忆持续性"，即能够将过去的信息与现在的信息联系起来。然而，传统的神经网络并没有考虑过去的问题。举个例子，一个电影场景分类器无法使用神经网络根据过去场景分类当前场景。RNN 之所以可以实现学习分词语境、分词间联系、历史信息及其关联、词性标注的语法规则联系等知识，主要归功于在神经网络的基础上，增加了上一时刻隐藏层的输入及其连接相应权重的结构。RNN 的关键思想就是将上一时刻的输出以一定的权重与下一时刻的输入进行加权融合，增强对人类记忆特性中输入间关联性和语境关系的模拟。

7.3.2.1　基本结构

传统的神经网络模型如图 7-8 所示，隐藏层的节点之间是无连接的。

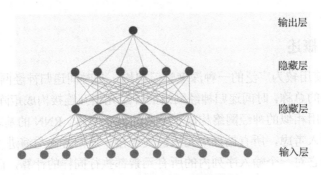

图 7-8　传统的神经网络模型

RNN 隐藏层的节点之间有连接，是主要用于对序列数据进行分类、预测等处理的神经网络，RNN 模型如图 7-9 所示。

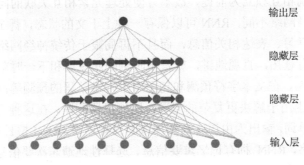

图 7-9　RNN 模型

CNN 的网络结构需要固定长度的输入、输出，RNN 的输入和输出可以是不定长且不等长的，CNN 只有 one-to-one 一种结构，如图 7-10 所示。

CNN 的网络结构是最基本的单层网络，输入是 x，经过变换 $Wx+b$ 和激活函数 f 得到输出 y。

RNN 的网络结构主要有四种，其 one-to-n 结构如图 7-11 所示。

微课视频

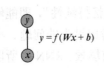

图 7-10　one-to-one 结构

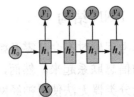

图 7-11　one-to-n 结构

one-to-n 结构输入的是一个独立数据，需要输出一个序列数据，常见的任务类型有基于图像生成文字描述，基于类别生成一段语言、文字描述。

图 7-11 所示记号的含义：圆圈或长方块表示的是向量；一个箭头就表示对该向量做一次变换。如图 7-11 所示的 h_0 和 X 分别有一个箭头连接，就表示对 h_0 和 X 各做了一次变换。

n-to-n 结构是最为经典的 RNN 结构，如图 7-12 所示，输入和输出都是等长的序列，本书以 n-to-n 结构为例，分析 RNN 前向传输的过程，假设输入为 $X=\{x_1,x_2,\cdots,x_n\}$，每个 x

是一个单词的词向量，整体的输入 X 是由多个单词的词向量 x 组成的，各个词向量分别表示各个序列的数据，由多个序列构成的输入数据 X 就是序列型数据。为了建模序列问题，RNN 引入了隐状态（Hidden State）h 的概念，h 可以对序列型的数据提取特征，接着转换为输出。先从 h_1 的计算开始讲述，如图 7-13 所示。

h_2 的计算和 h_1 类似，如图 7-14 所示，在计算时，每一步使用的参数 U、W、b 都是一样的，也就是说每个步骤的参数都是共享的，这也是 RNN 的重要特点。

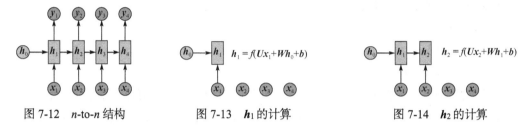

图 7-12 n-to-n 结构   图 7-13 h_1 的计算   图 7-14 h_2 的计算

依次计算剩余的隐状态（使用相同的参数 U、W、b），这里为了方便起见，只画出序列长度为 4 的情况，实际上，这个计算过程可以无限地持续下去。得到输出值的方法就是直接通过 h 进行计算，h_2、h_3 的计算如图 7-15 所示。

正如之前所说，一个箭头就表示对对应的向量做一次类似于 $f(Wx + b)$ 的变换，这里的这个箭头就表示对 h_i 进行一次变换，得到输出 y_i，h_1 的 f 变换如图 7-16 所示。

以此类推，得到剩下的输出（使用和 y_1 同样的参数 V 和 c）。

这就是最经典的 RNN 结构，它的输入是 $\{x_1, x_2, \cdots, x_n\}$，输出为 $\{y_1, y_2, \cdots, y_n\}$，也就是说，输入和输出序列必须是等长的。由于这个限制的存在，经典 RNN 的适用范围比较小，但也有一些问题适合用经典的 RNN 结构建模，例如，计算视频中每一帧的分类标签，因为要对每一帧进行计算，因此输入和输出序列等长；输入为字符，输出为下一个字符的概率。

图 7-17 所示为 n-to-one 结构，输入一段序列，最后输出一个概率，通常用来处理序列分类问题。常见任务：文本情感分析、文本分类。

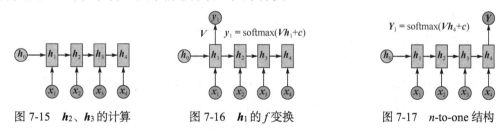

图 7-15 h_2、h_3 的计算   图 7-16 h_1 的 f 变换   图 7-17 n-to-one 结构

图 7-18 所示为 n-to-m 结构，输入序列和输出序列不等长，也就是 Encoder-Decoder 结构，是 RNN 的一个重要变种，原始的 n-to-n 结构的 RNN 要求序列等长，然而实际遇到的大部分问题序列都是不等长的，如在机器翻译中，源语言和目标语言的句子往往没有相同的长度。为此，Encoder-Decoder 结构先将输入数据编码成一个上下文语义向量 c，语义向量 c 的输出如图 7-19 所示。

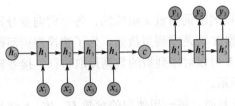

图 7-18　*n-to-m* 结构

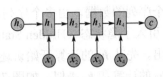

图 7-19　语义向量 *c* 的输出

语义向量 *c* 可以有多种表达方式。

（1）$c = h_4$。

（2）$c = q(h_4)$。

（3）$c = q(h_1, h_2, h_3, h_4)$。

最简单的方法就是把 Encoder 的最后一个隐状态赋值给 *c*，还可以对最后的隐状态做一个变换得到 *c*，也可以对所有的隐状态做变换。得到 *c* 之后，就用另一个 RNN 对其进行解码，这部分 RNN 被称为 Decoder。Decoder 的 RNN 可以与 Encoder 的一样，也可以不一样。具体做法就是将 *c* 当作之前的初始状态 h_0 输入到 Decoder 中；还有一种做法是将 *c* 当作每一步的输入，如图 7-20 所示。

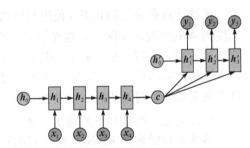

图 7-20　*c* 当作每一步的输入

由于这种 Encoder-Decoder 结构不限制输入和输出的序列长度，因此应用的范围非常广泛。机器翻译是 Encoder-Decoder 结构的最经典应用；在文本摘要中输入一段文本序列，输出的是这段文本序列的摘要序列；在阅读理解中将输入的文章和问题分别编码，再对其进行解码得到问题的答案；在语音识别中输入语音信号序列，输出的是文字序列。

除此之外，Encoder-Decoder 结构也存在一定的缺点。

（1）最大的局限性：编码和解码之间的唯一联系是固定长度的语义向量 *c*，编码要把整个序列的信息压缩进一个固定长度的语义向量 *c* 中。

（2）语义向量 *c* 无法完全表达整个序列的信息。

（3）先输入的内容携带的信息，会被后输入的信息稀释掉，或者被覆盖掉。

（4）输入序列越长，这样的现象越严重，这样使得在 Decoder 中解码时一开始就没有获得足够的输入序列信息，解码效果会打折扣。

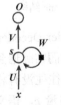

图 7-21　一个含有内部环的 RNN

与 CNN 不同，RNN 具有环状结构，可以使信息得以维持。RNN 每次处理一个时序输入，就更新一种向量状态，该向量含有序列中所有过去的元素。

图 7-21 所示为一个含有内部环的 RNN，展示了一个输入为 X_t，输出为 O_t 的神经网络。图中，*x* 代表输入层的输入数据；*s* 代表隐藏层结构；*U* 是输入层到隐藏层的连接权重；*O* 代表输出层；*V* 代表隐藏层神经元与输出层神经元之间的连接权重。

可以看到，RNN 与传统的全连接神经网络一样，也由输入层、隐藏层和输出层构成。在去掉带有箭头权重 W 结构的情况下，图 7-21 所示的就是一个全连接神经网络。需要重点关注的是，权重 W 结构决定了 RNN 中隐藏层 s 的输出是当前输入 x 与上一层隐藏层的输出值的加权结果，也就是说，权重 W 是上一次输出值在本次输入中代表的权重。

RNN 中的这种环状结构，把同一个网络复制多次，以时序的形式将信息不断传递到下一网络中，这也就是"循环"一词的由来，也正是这种具有循环结构的神经网络具备了"记忆"语义连续性的功能。

图 7-22 所示为含有内部环的 RNN 按时间轴的展开图，其中，输入层为 $\{x_0, x_1, \cdots, x_{t-1}, x_t, x_{t+1}\}$；输出层为 $\{o_0, o_1, \cdots, o_{t-1}, o_t, o_{t+1}\}$；隐藏层的输出标记为 $\{s_0, s_1, \cdots, s_{t-1}, s_t, s_{t+1}\}$。在前向传播过程中，输入层 x_t 表示时刻 t 的输入。从展开图中我们可以发现，s_t 并不单单由 x_t 决定，还与 $t-1$ 时刻的隐藏层的值 s_{t-1} 有关，这样，所谓的隐藏层的循环操作也就不难理解了，就是每一时刻计算一个隐藏层的值，然后把该隐藏层的值传入下一时刻，达到信息传递的目的。具体隐藏层的值 s_t 的计算公式如下：

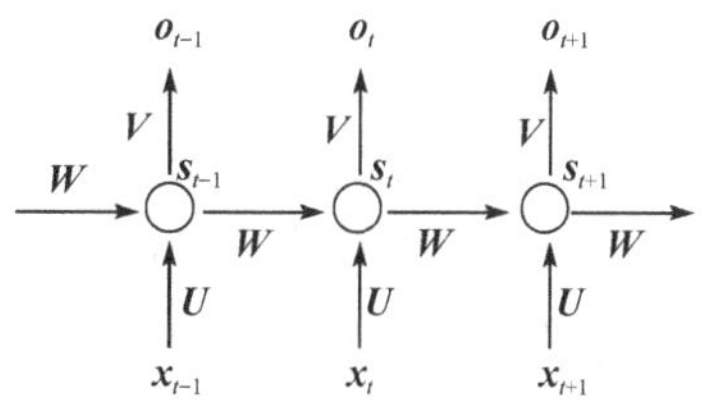

图 7-22 含有内部环的 RNN 按时间轴的展开图

$$s_t = f(Ux_t + Ws_{t-1}) \tag{7-3}$$

式中，f 是非线性激活函数，如 tanh。

得到 t 时刻隐藏层的值后，再计算输出层的值：

$$o_t = \text{soft max}(Vs_t) \tag{7-4}$$

在 RNN 中，每一层各自都共享参数 U、V、W，大大降低了网络中的参数量，提高了训练速度。RNN 输入层到隐藏层的连接由权重矩阵 U 参数化，隐藏层到隐藏层的循环连接由权重矩阵 W 参数化，以及隐藏层到输出层的连接由权重矩阵 V 参数化。

RNN 不仅可以具有隐藏层神经元到下一时刻神经元的连接权重边，在双向 RNN 中，下一时刻的隐藏层还可以对当前时刻隐藏层具有连接权重。其实，RNN 的最大特点在于它将时间序列的思想引入了神经网络构建，通过时间关系来不断加强数据间的影响关系。这样中间隐藏层不断地循环递归反馈输入层数。

数据进入第一隐藏层，然后第一隐藏层的输出影响第二隐藏层，直至最后一层；最后一层的输出反过来通过损失函数，反向调整各层的连接权重，这种调整方法也是 BP 神经网络算法的核心思想——梯度下降。

7.3.2.2 RNN 的梯度爆炸和梯度消失问题

RNN 中的隐藏层节点虽然可以记忆时序信息，但随着输入序列的递增，远端序列的信息在传递过程中必然会有衰减，并导致信息丢失，同时在网络训练过程中，梯度也会随着时序而逐渐消失，这种现象就是梯度消失或梯度爆炸问题。

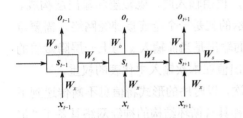

图 7-23　三段时间序列的 RNN

假设时间序列只有三段，如图 7-23 所示，s_0 为给定值，神经元没有激活函数，则 RNN 最简单的前向传播过程如下：

$$s_1 = W_x x_1 + W_s s_0 + b_1 \qquad o_1 = W_o s_1 + b_2 \qquad (7\text{-}5)$$

$$s_2 = W_x x_2 + W_s s_1 + b_1 \qquad o_2 = W_o s_2 + b_2 \qquad (7\text{-}6)$$

$$s_3 = W_x x_3 + W_s s_2 + b_1 \qquad o_3 = W_o s_3 + b_2 \qquad (7\text{-}7)$$

假设在 $t=3$ 时刻，损失函数为 $L_3 = 0.5(y_3 - o_3)$，则对于一次训练任务的损失函数为

$$L = \sum_{t=0}^{T} L_t \qquad (7\text{-}8)$$

即每一时刻损失值的累加。

使用随机梯度下降法训练 RNN 其实就是对 W_x、W_s、W_o 以及 b_1、b_2 求偏导，并不断调整它们以使 L 尽可能达到最小。

现在假设时间序列只有三段：t_1、t_2、t_3，只对 t_3 时刻的 W_x、W_s、W_o 求偏导（其他时刻类似）：

$$\frac{\partial L_3}{\partial W_o} = \frac{\partial L_3}{\partial o_3}\frac{\partial o_3}{\partial W_o} \qquad (7\text{-}9)$$

$$\frac{\partial L_3}{\partial W_x} = \frac{\partial L_3}{\partial o_3}\frac{\partial o_3}{\partial s_3}\frac{\partial s_3}{\partial W_x} + \frac{\partial L_3}{\partial o_3}\frac{\partial o_3}{\partial s_3}\frac{\partial s_2}{\partial W_x} + \frac{\partial L_3}{\partial o_3}\frac{\partial o_3}{\partial s_3}\frac{\partial s_2}{\partial s_1}\frac{\partial s_1}{\partial W_x} \qquad (7\text{-}10)$$

$$\frac{\partial L_3}{\partial W_s} = \frac{\partial L_3}{\partial o_3}\frac{\partial o_3}{\partial s_3}\frac{\partial s_3}{\partial W_s} + \frac{\partial L_3}{\partial o_3}\frac{\partial o_3}{\partial s_3}\frac{\partial s_2}{\partial W_s} + \frac{\partial L_3}{\partial o_3}\frac{\partial o_3}{\partial s_3}\frac{\partial s_2}{\partial s_1}\frac{\partial s_1}{\partial W_s} \qquad (7\text{-}11)$$

可以看出，对于求偏导 W_o 并没有长期依赖，但是对于 W_x、W_s 求偏导，会随着时间序列产生长期依赖。因为 s_t 随着时间序列向前传播，而 s_t 又是 W_x、W_s 的函数。

根据上述求偏导的过程，可以得出任意时刻对 W_x、W_s 求偏导的公式：

$$\frac{\partial L_3}{\partial W_x} = \sum_{k=0}^{t} \frac{\partial L_t}{\partial o_t}\frac{\partial o_t}{\partial s_t}\left(\prod_{j=k+1}^{t} \frac{\partial s_j}{\partial s_{j-1}}\right)\frac{\partial s_k}{\partial W_x} \qquad (7\text{-}12)$$

任意时刻对 W_s 求偏导的公式同上。

如果加上激活函数，$s_j = \tanh(W_x x_j + W_s s_{j-1} + b_1)$，则

$$\prod_{j=k+1}^{t} \frac{\partial s_j}{\partial s_{j-1}} = \prod_{j=k+1}^{t} \tanh W_s \qquad (7\text{-}13)$$

激活函数 tanh 和它的导数图像如图 7-24 所示。

由图 7-24 可以看出，tanh1 ⩽ 1，对于训练过程，大部分情况下 tanh 的导数是小于 1 的，因为很少情况下会出现 $W_x x_j + W_s s_{j-1} + b_1 = 0$ 的情况。如果 W_s 也是一个大于 0 小于 1 的值，则当 t 很大时，$\prod_{j=k+1}^{t} \tanh W_s$ 就会趋于 0；当 W_s 很大时，则会趋于无穷，因此，产生梯度消失和梯度爆炸问题。想要解决梯度消失和梯度爆炸问题可以使

$$\frac{\partial s_j}{\partial s_{j-1}} \approx 1 \text{或} 0 \qquad (7\text{-}14)$$

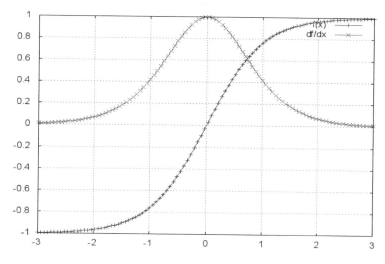

图 7-24 激活函数 tanh 和它的导数图像

目前解决梯度消失和梯度爆炸问题的主要方案如下。

（1）避免使用极大值或极小值初始化网络权重。

（2）采用 ReLU 函数等激活函数替代 sigmoid 函数和 tanh 函数。

（3）改进 RNN 结构，例如，长短时记忆网络。

经典的 RNN 并不能很好地处理长距离的记忆问题，因此这个任务就交给了长短时记忆网络来解决。总之，梯度爆炸和梯度消失的原因是链式法则求导导致梯度呈指数级衰减。

7.4 长短时记忆网络

微课视频

长短时记忆（Long Short-Term Memory，LSTM）网络，是一种时间递归神经网络，主要是为了解决长序列训练过程中的梯度消失和梯度爆炸问题。本节介绍 LSTM 网络的基本结构以及 LSTM 网络的主要几种变体。

7.4.1 LSTM 网络概述

梯度消失和梯度爆炸问题会影响 RNN，RNN 的时序不能太长就是出于这个原因。如果梯度在数层之后开始消失或爆炸，网络就不能学习数据之间比较复杂的时间距离关系。为解决梯度消失问题，由 Hochreiter 和 Schmidhuber（1997 年）提出了 LSTM 网络，它是 RNN 的扩展，是一种时间递归神经网络，是一种特殊的 RNN，能够学习长期依赖关系，主要是为了解决长序列训练过程中的梯度消失和梯度爆炸问题，适合于处理和预测时间序列中间隔和延迟相对较长的重要事件。简单来说，就是相比普通的 RNN，LSTM 网络能够在更长的序列中有更好的表现，推广其通过特殊的结构设计来避免长期依赖问题。在很多问题上，LSTM 网络都取得了相当巨大的成功，并得到了广泛的应用。LSTM 网络是使用 RNN 的一个飞跃。LSTM 网络算法在人工智能之机器学习、翻译语言、控制机器人、图像分析、文档摘要、语音识别、图像识别、手写识别、控制聊天机器人、预测疾病/点击率/股票、合成音乐等领域有着广泛应用。

    LSTM 网络区别于 RNN 的地方，主要就在于它在算法中加入了一个判断信息有用与否的"处理器"，这个处理器作用的结构被称为 cell，LSTM 网络的 cell 框图如图 7-25 所示。

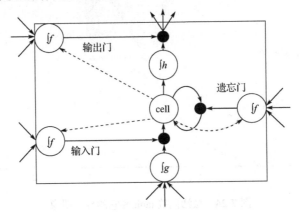

图 7-25　LSTM 网络的 cell 框图

    一个 cell 当中被放置了三扇门，分别叫作输入门、遗忘门和输出门。一个信息进入 LSTM 网络当中，可以根据规则来判断是否有用。只有符合算法认证的信息才会被留下，不符合的信息则通过遗忘门被遗忘。

    LSTM 网络利用长期存储信息的记忆单元来学习长期的依赖关系，通过逻辑门来控制保存、写入和读取操作，也就是在神经元内部加入输入门、输出门和遗忘门三个门，用来选择性记忆反馈的误差函数随梯度下降的修正参数。当遗忘门被打开时，记忆单元将内容写入；当遗忘门被关闭时，记忆单元会清除之前的内容。输出门允许在输出值为 1 时将其他内容存入记忆单元；而输入门则允许在输出值为 1 时，将神经网络的其他部分读入记忆单元。

7.4.2　LSTM 网络结构

    所有 RNN 都具有一种重复神经网络模块的链式形式。在标准的 RNN 中，这个重复的模块只有一个非常简单的结构，例如一个 tanh 层，标准 RNN 中的重复模块包含单一的层，如图 7-26 所示。

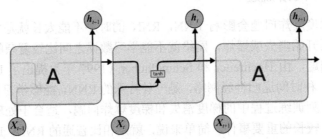

图 7-26　标准 RNN 中的重复模块包含单一的层

    LSTM 网络同样是这样的结构，但是重复的模块拥有一个不同的结构。不同于单一神经网络层，这里有四个层，以一种非常特殊的方式进行交互，LSTM 网络中的重复模块包含四个交互的层如图 7-27 所示。

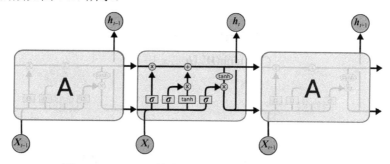

图 7-27　LSTM 网络中的重复模块包含四个交互的层

　　LSTM 网络中的图标如图 7-28 所示，每一条黑线传输着一整个向量，从一个节点的输出到其他节点的输入。圆圈代表节点的操作，诸如向量的和，而矩形代表学习到的神经网络层。合在一起的线表示向量的连接，分开的线表示内容被复制，然后分发到不同的位置。

　　LSTM 网络的关键是 cell 的状态，水平线穿过计算图的顶部，cell 运行图如图 7-29 所示。cell 的状态有点像输送带，直接在整个链上运行，只有一些小的线性相互作用，信息流畅地保持不变。

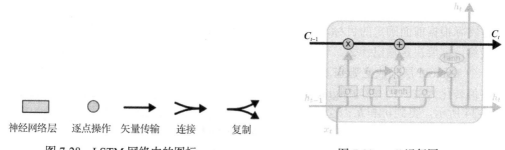

神经网络层　　逐点操作　　矢量传输　　连接　　复制

图 7-28　LSTM 网络中的图标

图 7-29　cell 运行图

　　LSTM 网络没有能力添加或者删除 cell 状态的信息，而是由称作门的结构小心地调节。门是一个可以让信息选择性通过的结构，由一个 sigmoid 神经网络层和一个节点乘算法组成，门结构如图 7-30 所示。sigmoid 层输出 0～1 的数值，描述每个部分有多少量可以通过。0 代表"不允许任何量通过"，1 代表"允许任意量通过"。

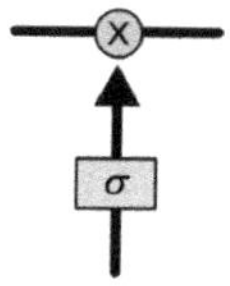

　　LSTM 网络中的第一步是决定从细胞状态中丢弃什么信息。这个决定通过一个遗忘门层完成。该门会读取 h_{t-1} 和 x_t，输出一个 0～1 的数值给每个在细胞状态 C_{t-1} 中的数字，cell 决定丢弃的信息如图 7-31 所示，则输出的 f_t 可以表示为

图 7-30　门结构

$$f_t = \sigma(W_f[h_{t-1}, x_t] + b_f) \tag{7-15}$$

　　1 表示"完全保留"，0 表示"完全舍弃"。以语言模型为例，基于已经看到的词预测下一个词，细胞状态可能包含当前主语的性别，因此正确的代词可以被选择出来，当看到新的主语时，希望忘记旧的主语。

　　下一步是确定什么样的新信息被存放在细胞状态中。这里包含两个部分：第一，sigmoid 层称为"输入门层"，决定什么值将要被更新；第二，一个 tanh 层创建一个新的候选值向量

C_t，会被加入到状态中。i_t 和 C_t 两个信息产生对状态的更新，cell 确定更新的信息如图 7-32 所示，得到：

$$i_t = \sigma(W_f[h_{t-1}, x_t] + b_i) \tag{7-16}$$

$$C_t = \tanh(W_C[h_{t-1}, x_t] + b_C) \tag{7-17}$$

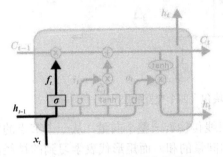

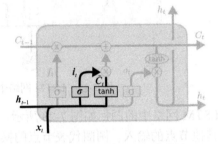

图 7-31　cell 决定丢弃的信息　　　　　　　图 7-32　cell 确定更新的信息

下一步更新旧细胞状态的时间，更新 cell 状态如图 7-33 所示，C_{t-1} 更新为 C_t，把旧状态与 f_t 相乘，丢弃掉确定需要丢弃的信息，接着加上 $i_t\tilde{C}_t$，得到新的 C_t：

$$C_t = f_t C_{t-1} + i_t \tilde{C}_t \tag{7-18}$$

这就是新的候选值，根据决定更新每个状态的程度进行变化。在语言模型的例子中，这就是实际根据前面确定的目标，丢弃旧代词的性别信息并添加新的信息的地方。

最终，需要决定输出什么，输出将基于 cell 状态，但会是一个过滤后的版本。首先，运行一个 sigmoid 层来决定哪些 cell 状态的部分将被输出。然后，将 cell 状态通过 tanh 函数（将值转化为 -1～1）并与 sigmoid 门的输出相乘，就可以只输出想要的部分，输出信息如图 7-34 所示，得到 o_t 和 h_t：

$$o_t = \sigma(W_o[h_{t-1}, x_t] + b_o) \tag{7-19}$$

$$h_t = o_t \tanh(C_t) \tag{7-20}$$

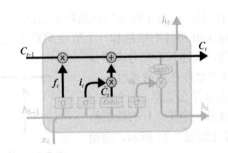

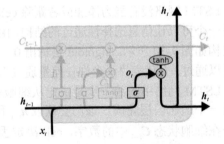

图 7-33　更新 cell 状态　　　　　　　　　图 7-34　输出信息

7.4.3　LSTM 网络的变体

上面讲述了普通的 LSTM 网络。但并不是所有的 LSTM 网络都和上面的一样，实际上，几乎所有包含 LSTM 网络的论文都采用了微小的变体，差异很小。其中一个流形的 LSTM 网络变体，就是由 Gers 和 Schmidhuber（2000 年）提出的，增加了窥视孔连接（Peep Hole Connection），这意味着可以上门层查看 cell 状态，窥视孔连接如图 7-35 所示。

此时的 f_t、i_t、o_t 如下：

$$f_t = \sigma(W_f[C_{t-1}, h_{t-1}, x_t] + b_f) \tag{7-21}$$

$$i_t = \sigma(W_i[C_{t-1}, h_{t-1}, x_t] + b_i) \tag{7-22}$$

$$o_t = \sigma(W_o[C_{t-1}, h_{t-1}, x_t] + b_o) \tag{7-23}$$

上面的图例中增加了窥视孔到每个门上，但是许多论文会加入部分的窥视孔而非所有都加。第二个变体是 coupled 遗忘门和输入门，相对于普通的 LSTM 网络分别决定添加和遗忘什么信息，这个变种同时做出决定，只在输入相同位置信息时遗忘当前的信息。只有在遗忘一些值的时候才输入新值到状态中，coupled 遗忘门和输入门如图 7-36 所示，此时的 C_t 如下：

$$C_t = f_t C_{t-1} + (1 + f_t) i_t \tilde{C}_t \tag{7-24}$$

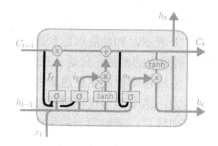

图 7-35　窥视孔连接

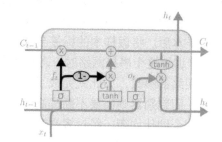

图 7-36　coupled 遗忘门和输入门

另外，改动较大的变体是门控循环单元（Gated Recurrent Unit，GRU），是由 Cho 等人（2014）提出的。它将遗忘门和输入门合成为一个单一的更新门。同样还混合了细胞状态和隐藏状态，以及其他一些改动。最终的模型比标准的 LSTM 网络模型要简单，也是非常流行的变体，GRU 如图 7-37 所示，此时的 z_t、r_t、$\tilde{h}_t$、h_t 如下：

$$z_t = \sigma(W_z[h_{t-1}, x_t]) \tag{7-25}$$

$$r_t = \sigma(W_r[h_{t-1}, x_t]) \tag{7-26}$$

$$\tilde{h}_t = \tanh(W[r_t h_{t-1}, x_t]) \tag{7-27}$$

$$h_t = (1 - z_t) h_{t-1} + z_t \tilde{h}_t \tag{7-28}$$

这里只是部分流行的 LSTM 网络变体。当然还有很多其他的，如 Yao 等人（2015 年）提出的 Depth Gated RNN。还有的用一些完全不同的观点来解决长期依赖的问题，如 Koutnik 等人（2014 年）提出的 Clockwork RNN。

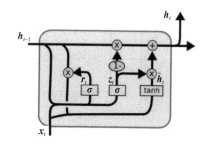

图 7-37　GRU

7.5　生成对抗网络

7.5.1　GAN 概述

微课视频

生成对抗网络（Generative Adversarial Network，GAN），是由 Ian Goodfellow 首先提出

的。原始的 GAN 是一种无监督学习方法，它巧妙地利用"对抗"的思想来学习生成式模型，一旦训练完成便可以生成全新的数据样本。GAN 启发自博弈论中的二人零和博弈，GAN 模型中的两位博弈方分别由生成式模型（Generative Model）和判别式模型（Discriminative Model）充当。生成器能够对数据的潜在分布进行建模，从而得到新的样本；而判别器能够区别出真实样本和生成样本。与其他生成模型相比，GAN 的思想是一种二人零和博弈思想。

GAN 主要由两个网络构成：其一是生成网络，它通过学习训练样本定义的概率分布产生新的样本；其二是判别网络，可以判别样本的真假，其中真样本来自数据集，假样本来自生成网络。生成网络的目的是使得自己生成的样本让判别网络无法鉴别出真假，而判别网络的目的是判别出输入样本是来自真实样本集还是假样本集。训练生成网络和判别网络的方法是单独交替迭代训练。判别器希望区分出来自真实分布和模型分布的样本，此时问题就转换成一个有监督的二分类问题。生成器希望生成尽可能逼真的样本，如何知道生成样本的逼真程度，这时就需要把判别网络接在生成网络的后面来训练生成网络。在生成网络产生假样本后，将假样本的标签全部设置为真，如用 1 表示，如此能够达到迷惑判别器的目的。当训练这个串接网络时，需要注意的是固定判别网络的参数，只是一直传递误差，更新生成网络的参数，如此就完成了生成网络的训练。生成器需要产生更逼真的样本去欺骗判别器，而判别器则需要不断提高自己鉴别真假的能力，这个学习优化过程就是寻找二者之间的一个纳什均衡。经过多次交替优化生成器和判别器后，最终得到的生成网络可以拟合训练数据的分布，判别网络无法鉴定出输入数据的真假，这是 GAN 的基本思想，GAN 的基本框架如图 7-38 所示。

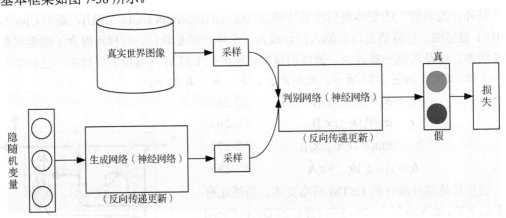

图 7-38　GAN 的基本框架

在当前的人工智能热潮下，GAN 的提出满足了许多领域的研究和应用需求，同时为这些领域注入了新的发展动力。GAN 已经成为人工智能界一个热门的研究方向，著名学者 LeCum 甚至将其称为"过去十年间机器学习领域最让人激动的点子"。目前，图像和视觉领域是对 GAN 研究和应用最广泛的一个领域，已经可以生成数字、人脸等物体对象，还能构成各种逼真的室内外场景、从分割图像到恢复原图像、给黑白图像上色，除此之外，还能根据物体轮廓来恢复物体图像、将低分辨率图像生成高分辨率图像等。此外，GAN 已经开始被应用到语音和语言处理、计算机病毒监测、棋类比赛程序等问题的研究中。

GAN 的优点主要有以下几点。

（1）GAN 是一种生成式模型，相比较其他生成模型［玻尔兹曼机和 GSNs（生成随机网络）］只用到了反向传播，而不需要复杂的马尔可夫链。

（2）相比其他所有模型，GAN 可以产生更加清晰、真实的样本。

（3）GAN 采用的是一种无监督的学习方式训练，可以被广泛用在无监督学习和半监督学习领域中。

（4）相比于变分自编码器，GAN 没有引入任何决定性偏置，变分方法引入决定性偏置，因为它们优化对数似然的下界，而不是似然度本身，这看起来导致了 VAE（变分自编码器）生成的实例比 GAN 更模糊。

（5）相比 VAE，GAN 没有变分下界，如果判别器训练良好，那么生成器可以完美地学习到训练样本的分布。换句话说，GAN 是渐进一致的，但是 VAE 是有偏差的。

（6）GAN 应用到一些场景中，比如图片风格迁移、超分辨率、图像补全、去噪，避免了损失函数设计的困难。

GAN 的缺点主要有以下几点。

（1）训练 GAN 需要达到纳什均衡，还没有找到很好的达到纳什均衡的方法，所以训练 GAN 相比 VAE 或者 PixelRNN 是不稳定的。

（2）GAN 不适合处理离散形式的数据，比如文本。

（3）GAN 存在训练不稳定、梯度消失、模式崩溃的问题。

7.5.2　GAN 网络结构及训练

GAN 的结构图如图 7-39 所示，D 和 G 分别代表判别器和生成器，判别器的输入数据是真实样本 x，生成器的输入数据是随机噪声 z，$G(z)$ 代表生成器生成的尽可能逼近真实数据分布 P_{data} 的样本。这里判别器的目标是判别出输入数据的真假，而生成器的目标是使自己生成的假样本 $G(z)$ 在判别器上的表现 $D(G(z))$ 同真实样本 x 在判别器上的表现 $D(x)$ 一致。两个网络通过相互对抗的方式实现优化，由此逐步提升了判别器和生成器的性能，当两者博弈达到纳什均衡时，生成器学到了真实数据的分布，而判别器对输入数据的来源无法做出判决。

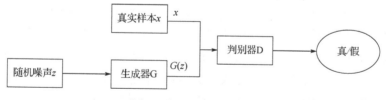

图 7-39　GAN 的结构图

GAN 的优化是一个极大极小博弈问题，其目标是达到纳什均衡，使得生成器能够服从真实数据的分布。GAN 的目标函数可以如下描述：

$$\min_G \max_D \{V(D,G) = E_{x P_{data}(x)}[\log_2 D(x)] + E_{z P_z(z)}\{\log_2 [1 - D(G(z))]\}\} \qquad (7\text{-}29)$$

首先，将生成器保持不变，考虑先优化判别器。训练判别器的网络可以看成一般二分类问题，这里也是最小化交叉熵的过程，其损失函数如下所示：

$$V_D(D,G) = -\frac{1}{2} E_{x P_{data}(x)}[\log_2 D(x)] - \frac{1}{2} E_{z P_z(z)}\{\log_2 [1 - D(G(z))]\} \qquad (7\text{-}30)$$

式中，x 来自真实数据分布 $P_{data}(x)$；z 来自先验分布 $P_z(z)$，如高斯噪声分布；$E(\bullet)$ 代表期望值。在连续空间中，式（7-30）可以写成如下形式：

$$V_D(D,G) = -\frac{1}{2}\int P_{data}(x)\log_2 D(x)\mathrm{d}x - \frac{1}{2}\int P_z(z)\log_2[1-D(G(z))]\mathrm{d}z$$
$$= -\frac{1}{2}\int \{P_{data}(x)\log_2 D(x) + P_z(x)\log_2[1-D(G(z))]\}\mathrm{d}x$$

（7-31）

有表达式如下所示：

$$-m\log_2(y) - n\log_2(1-y)$$

（7-32）

式中，m 和 n 是任意的非零实数，且实数 $y \in [0,1]$，可知在 $\dfrac{m}{m+n}$ 处取得最小值。同理，在已知生成器的情况下，可以求得判别器的目标函数在

$$D_C^* = \frac{P_{data}(x)}{P_{data}(x) + P_z(z)}$$

（7-33）

处取得最小值，也就是判别器的最优解。

得到了判别器的最优解，下面就要求解生成器的最优解。求解过程如下。

$$V(D,G) = E_{xP_{data}(x)}[\log_2 D_C^*(x)] + E_{zP_z(z)}\{\log_2[1-D_G^*(z)]\}$$
$$= E_{xP_{data}(x)}[\log_2 D_C^*(x)] + E_{zP_z(z)}\{\log_2[1-D_G^*(x)]\}$$
$$= E_{xP_{data}(x)}\frac{P_{data}(x)}{P_{data}(x)+P_g(x)} + E_{zP_z(z)}\frac{P_{data}(x)}{P_{data}(x)+P_g(x)}$$
$$= -\log_2(4) + KL\left(P_{data}(x)\parallel \frac{P_{data}(x)+P_g(x)}{2}\right) + \left(P_g(x)\parallel \frac{P_{data}(x)+P_g(x)}{2}\right)$$
$$= -\log_2(4) + 2JS(P_{data}(x)\parallel P_g(x))$$

由于两个分布的 JS（Jensen-Shannon）散度是非负的，所以当且仅当 $P_{data}(x) = P_g(x)$ 时，$V(D,G)$ 取得最小值，这样生成器就能拟合真实数据的分布。

综合以上分析可以知道，在训练 GAN 的过程中，采用的是交替优化的方法，即先保持生成器不变，训练优化判别器，最大化其判别准确率；然后保持判别器不变，优化生成器，最小化判别器的判别准确率。最终当且仅当 $P_{data}(x) = P_g(x)$ 时达到全局最优解。

原始 GAN 虽然解决了生成式模型的一些问题，但它还不完美，解决一些问题的同时又产生了新的问题，如网络不稳定、难以收敛等问题。且原始 GAN 没有对生成器的输入数据做出约束，使得噪声 z 的每一个维度不能很好地对应到相关的特征。

在 GAN 训练过程中，生成器的目标就是尽量生成真实的图片去欺骗判别器。而判别器的目标就是尽量把生成器生成的图片和真实的图片分别开来。这样，生成器和判别器构成了一个动态的"博弈过程"。这个博弈过程具体是怎么样的呢？

先了解下纳什均衡，纳什均衡是指博弈中这样的局面，对于每个参与者来说，只要其他人不改变策略，他就无法改善自己的状况。对应地，对于 GAN，生成器恢复了训练数据的分布（造出了和真实数据一模一样的样本），判别器再也判别不出来结果，准确率为 50%，约等于乱猜。这时双方网络都得到利益最大化，不再改变自己的策略，也就是不再更新自己的权重。

GAN 模型的目标函数如下：

$$V_D(D,G) = -\frac{1}{2}E_{xP_{\text{data}}(x)}[\log_2 D(x)] - \frac{1}{2}E_{zP_z(z)}\{\log_2(1-D(G(z)))\} \qquad (7\text{-}34)$$

在这里，训练判别器使得最大概率地分对训练样本的标签，即最大化 $\log_2(D(x))$ 和 $\log_2[1-D(G(z))]$，训练生成器最小化 $\log_2[1-D(G(z))]$，即最大化判别器的损失。而训练过程中固定一方，更新另一个网络的参数，交替迭代，使得对方的错误最大化，最终，生成器能估测出样本数据的分布，也就是生成的样本更加真实。

或者可以直接理解生成器的损失是 $\log_2[1-D(G(z))]$，而判别器的损失是 $-\log_2 D(x)+\log_2[1-D(G(z))]$。然后从式子中解释对抗，生成器的训练是希望 $D(G(z))$ 趋近于 1，也就是正类，这样生成器的损失就会最小。而判别器的训练就是一个二分类过程，目标是分清楚真实数据和生成数据，也就是希望真实数据的判别器的输出趋近于 1，而生成数据的输出即 $D(G(z))$ 趋近于 0，或是负类。这里就体现了对抗的思想。

这样对抗训练之后，效果可能有几个过程，训练过程图如图 7-40 所示。

扫码看彩图

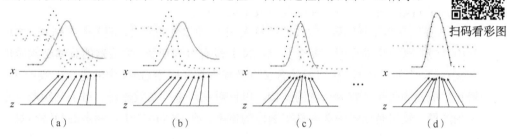

图 7-40　训练过程图

在图 7-40 中，黑色的圆点线表示数据 x 的实际分布，绿色的线表示数据的生成分布，蓝色的圆点线表示生成的数据对应在判别器中的分布效果。

对于图 7-40（a），判别器才刚开始训练，本身分类的能力还很有限，有波动，但是初步区分实际数据和生成数据还是可以的。在图 7-40（b）中，判别器训练得比较好了，可以很明显地区分出生成数据。对于图 7-40（c），绿色的线与黑色的圆点线之间有较小的偏移，蓝色的圆点线相比于图 7-40（a）有所下降，也就是生成数据的概率下降了。那么，由于绿色的线的目标是提升概率，因此就会往蓝色的圆点线高的方向移动。那么随着训练的持续，由于生成器的提升，生成器也反过来影响判别器的分布。假设固定生成器不动，训练判别器，那么判别器可以训练到最优。

因为

$$D_C^* = \frac{P_{\text{data}}(x)}{P_{\text{data}}(x)+P_g(x)} \qquad (7\text{-}35)$$

因此，随着 $P_g(x)$ 趋近于 $P_{\text{data}}(x)$，$D_C^*(x)$ 会趋近于 0.5，也就是图 7-40（d）所示的情况。而我们的目标就是绿色的线能够趋近于黑色的圆点线，也就是让生成的数据分布与实际分布相同。图 7-40（d）所示的情况符合我们最终想要的训练结果。到这里，生成器和判别器就处于纳什均衡状态，无法再进一步更新了。

简单来说，对于判别器，如果得到的是生成的图片，应该输出 0，如果是真实的图片，应该输出 1，得到误差梯度反向传播来更新参数。对于生成器，首先由生成器生成一张图片，然后输入判别器判别并得到相应的误差梯度，最后反向传播这些图片梯度成为组成生成器的权重。直观上来说就是，判别器不得不告诉生成器如何调整从而使它生成的图片变得更加真实。

7.5.3 GAN 的变体

7.5.3.1 DCGAN

DCGAN 的全称是 Deep Convolutional Generative Adversarial Network，意即深度卷积对抗生成网络，它是由 Alec Radford 等人在论文 *Unsupervised Representation Learning with Deep Convolutional Generative Adversarial Networks* 中提出的。从名字上来看，它在 GAN 的基础上增加了深度卷积网络结构，专门生成图像样本，DCGAN 是继 GAN 之后比较好的改进，其主要的改进在网络结构上，到目前为止，DCGAN 的网络结构还是被广泛地使用，DCGAN 极大地提升了 GAN 训练的稳定性以及生成结果质量。

7.5.2 节详细介绍了判别器、生成器的输入/输出和损失的定义，但关于判别器、生成器本身的结构并没有做过多的介绍。事实上，GAN 并没有对判别器、生成器的具体结构做出任何限制。DCGAN 中的判别器、生成器的含义以及损失都和原始 GAN 中的完全一致，但是它在判别器和生成器中采用了较为特殊的结构，以便对图片进行高效建模。对于判别器，它的输入是一张图像，输出是这张图像为真实图像的概率。在 DCGAN 中，判别器的结构是一个卷积神经网络，输入的图像经过若干层卷积后得到一个卷积特征，将得到的特征送入 Logistic 函数，输出可以看成概率。对于 DCGAN 中的生成器，它的网络结构如图 7-41 所示。

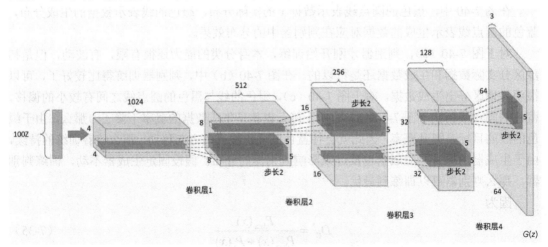

图 7-41　DCGAN 中的生成器的网络结构

生成器的输入是一个 100 维的向量 z，它是之前所说的噪声向量。生成器网络的第一层实际是一个全连接层，将 100 维的向量变成一个 4×4×1024 维的向量，从第二层开始，使用转置卷积做上采样，逐渐减少通道数，最后得到的输出为 64×64×3 维，即输出一个三通道的宽和高都为 64 的图像。此外，生成器、判别器还有其他的实现细节。

（1）不采用任何池化层，在判别器中，用带有步长的卷积来代替池化层。

（2）在生成器、判别器中均使用 Batch Normalization 层帮助模型收敛。

（3）在生成器中，激活函数除了最后一层都使用 ReLU 函数，而最后一层使用 tanh 函数。使用 tanh 函数的原因在于最后一层要输出图像，而图像的像素值是有一个取值范围的，如 0～255。ReLU 函数的输出可能会很大，而 tanh 函数的输出是在-1～1 的，只要将 tanh 函数的输出加 1 再乘以 127.5 就可以得到 0～255 的像素值。

（4）在判别器中，激活函数都使用 Leaky ReLU 函数作为激活函数。

（5）生成器网络中使用 ReLU 函数作为激活函数，最后一层使用 tanh 函数。

以上是 DCGAN 中判别器和生成器的结构，损失的定义以及训练的方法和 GAN 中描述的完全一致。

7.5.3.2　Conditional GAN

因为原始的 GAN 过于自由，训练会很容易失去方向，从而导致不稳定性且效果差。而 Conditional GAN 就是在原来的 GAN 模型中加入一些先验条件，使得 GAN 变得更加可控制，Conditional GAN 整体架构如图 7-42 所示。

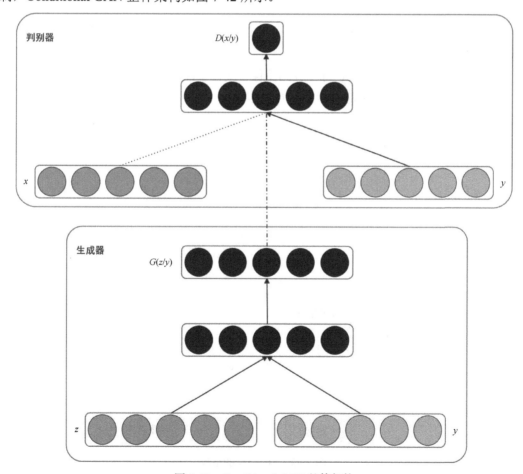

图 7-42　Conditional GAN 整体架构

具体来说，可以在生成器和判别器中同时加入条件约束 y 来引导数据的生成过程。条件可以是任何补充的信息，如类标签、其他模态的数据等。这种做法的应用也很多，比如图像标注、利用 text 生成图片等。

对比之前的目标函数，Conditional GAN 的目标函数如下：

$$V_D(D,G) = E_{xP_{data}(x)}[\log_2 D(x/y)] - \frac{1}{2}E_{zP_z(z)}\{\log_2[1-D(G(z/y))]\} \tag{7-36}$$

相比原始 GAN，Conditional GAN 多了把噪声 z 和条件 y 作为输入同时送进生成器、把数据 x 和条件 y 作为输入同时送进判别器的环节，这样在外加限制条件的情况下生成图片。

7.5.3.3 ACGAN

ACGAN（Auxiliary Classifier GAN）是 GAN 的变种，其结构如图 7-43 所示。在 GAN 的基础上，把类别标签同时输入生成器和判别器，由此不仅可以在生成图像样本时生成指定类别的图像，同时该类别标签也能帮助判别器扩展损失函数，提升整个网络的性能。ACGAN 来自论文 *Conditional Image Synthesis with Auxiliary Classifier GANs*，其对 GAN 的改进具有三点重要意义。

（1）通过在判别器的输出部分添加具有一个辅助功能的分类器，进而提高 Conditional GAN 的性能。

（2）利用 Inception Accuracy 标准评判图像合成模型性能。

（3）引进 MS-SS IM 判断模型生成图片的多样性。

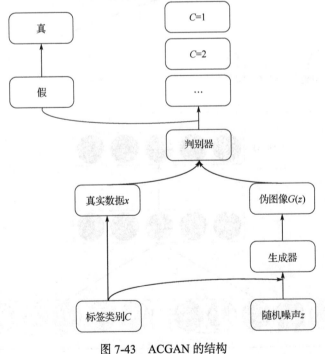

图 7-43 ACGAN 的结构

7.6　迁移学习

机器学习技术在许多领域取得了重大成功,但是,许多机器学习方法只有在训练数据和测试数据在相同的特征空间中或具有相同分布的假设下才能很好地发挥作用。当分布发生变化时,大多数统计模型需要使用新收集的训练数据重建模型。在许多实际应用中,重新收集所需的训练数据并重建模型的代价是非常昂贵的,在这种情况下,我们需要在任务域之间进行知识迁移或迁移学习,避免高代价的数据标注工作。迁移学习(Transfer Learning)是一种机器学习方法,其把一个领域(即源领域)的知识,迁移到另外一个领域(即目标领域),使得目标领域能够取得更好的学习效果。本节主要介绍迁移学习的定义及研究目标、迁移学习中的基本概念、迁移学习的分类、迁移学习的应用领域。

7.6.1　迁移学习的定义及研究目标

迁移学习,是指利用数据、任务或模型之间的相似性,将在旧领域学习过的模型,应用于新领域的一种学习过程。迁移学习通俗来讲,就是运用已有的知识来学习新的知识,核心是找到已有知识和新知识之间的相似性,用成语来说就是举一反三。由于直接对目标领域从头开始学习成本太高,故而转向运用已有的相关知识来辅助尽快地学习新知识。比如,已经会下中国象棋,就可以类比着来学习国际象棋;已经会编写 Java 程序,就可以类比着来学习 C 语言;已经学会英语,就可以类比着来学习法语;等等。世间万事万物皆有共性,如何合理地找寻它们之间的相似性,进而利用这个桥梁来帮助学习新知识,是迁移学习的核心问题。迁移学习更感兴趣的是从一个或多个原始任务到目标任务的知识迁移,而不是同时学习所有的原始任务和目标任务,它重点关注目标领域。

图 7-44 直观地展示了传统的机器学习、多任务学习、迁移学习的进程。从中可以清楚地看出,传统的机器学习是从同一领域中学习模型的过程;多任务学习是多个不同领域互相学习的过程;迁移学习则是从一个或多个领域中学习目标领域模型的过程。传统的机器学习与迁移学习、多任务学习的区别主要在于学习知识的来源是否与目标领域是同一领域;多任务学习与迁移学习的区别则主要在于学习知识的方向是否指向同一目标。显然地,迁移学习的目标更为明确,在充分利用现有大量的源领域已标记数据或已训练好的分类器基础上,训练新的目标领域的分类器模型,可以使学习过程更为快速便捷,最重要的是大大节约了学习的成本。

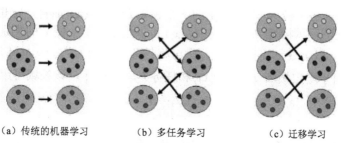

(a) 传统的机器学习　　　　(b) 多任务学习　　　　(c) 迁移学习

图 7-44　各种学习的进程

迁移学习主要解决的是以下两个问题。

（1）解决小数据问题。传统的机器学习存在一个严重弊端，即假设训练数据与测试数据服从相同的数据分布（但许多情况并不满足这种假设，通常需要众包来重新标注大量数据以满足训练要求，有时还会造成数据的浪费）。当训练数据过少时，经典监督学习会出现严重过拟合问题，而迁移学习可从源领域的小数据中抽取并迁移知识，用来完成新的学习任务。

（2）解决个性化问题。当需要专注于某个目标领域时，源领域范围太广却不够具体。例如，专注于农作物识别时，源领域 ImageNet 太广而不适用，利用迁移学习可以将 ImageNet 上的预训练模型特征迁移到目标领域，实现个性化。

在迁移学习中，主要研究的问题有三个：①迁移什么；②如何迁移；③何时迁移。

有些知识仅限于单个领域或任务，而有些知识则在不同领域中比较普遍，因此能够帮助提高目标领域或任务的性能。在发现哪些知识可以被用于迁移之后，迁移算法需要进一步设计合适、合理的方法来将知识从源领域迁移到目标领域。

在某些情况下，当源领域和目标领域彼此不相关时，强制的迁移可能是不足的或不成功的。在最坏的情况下，它甚至可能降低性能，这可以被称为"负迁移"。目前大部分的迁移学习工作隐含地假定源领域和目标领域是彼此相关的，因此均主要着力于解决"迁移什么"和"如何迁移"的问题。

除这三个主要研究的问题外，迁移学习还存在两个根本难题需要解决。首先是如何避免负迁移问题，如果"原始任务和目标任务彼此相关"的默认假设不能成立，"负迁移"就会发生，这将会导致迁移学习的效果比无迁移还要差。为了避免"负迁移"，引出了迁移学习中的另外一个根本问题，即需要研究源领域与目标领域或任务之间的可迁移度（Transferability），基于合适的迁移度衡量方法，才能够为目标领域选择相关的源领域来抽取知识。为了定义领域或任务间的可迁移度，同样需要定义领域或任务间的相似度标准，基于领域间相似度的度量，才能够将领域或任务聚类，进而帮助衡量可迁移度。然而，遗憾的是，目前这方面还未形成统一有力的理论来指导迁移学习，因此目前大部分研究者在研究过程中均假设源领域和目标领域在某种程度上是彼此相关的。

7.6.2　迁移学习中的基本概念

在本节中，首先介绍迁移学习相关的定义。

定义 7.1　"领域"（D）包含两个部分：特征空间 x 和边缘概率分布 $P(X)$，其中 $X = \{x_1, x_2, x_3, x_4\} \in x$。故领域 D 可表示为 $D = \{x, P(X)\}$。

定义 7.2　"任务"（T）：对于给定的一个领域 $D = \{x, P(X)\}$ 而言，它也包含两个部分，即类别空间 y 和目标预测函数 $h(\cdot)$。其中 $h(x_i)$ 可以用来预测实例 x_i 的类别标记，也可以写成概率的形式 $P(y_i | x_i)$，$x_i \in X$ 且 $y_i \in Y$。故可将任务 T 表示为 $T = \{y, h(\cdot)\}$。

定义 7.3　对于给定领域 $D = \{x, P(X)\}$ 和任务 $T = \{y, h(\cdot)\}$，该领域可用数据集将其表示为 $D = \{(x_i, y_i)\}$，其中，$x_i \in x$，$y_i \in y$，$i = 1, 2, \cdots, n$。其中 y_i 是实例 x_i 对应的类标记，n 是数据集的大小。

故本书中的源领域 s 和目标领域 t 中的数据集分别表示为 $D^s = \left\{ (x_1^s \, y_1^s) \cdots (x_{n_s}^s \, y_{n_s}^s) \right\}$ 和

$D^t = \left\{ (x_1^s y_1^s) \cdots (x_{n_t}{}' y_{n_t}{}') \right\}$。此外，在迁移学习中，一般有 $n_s \geq n_t \geq 0$。

定义 7.4 迁移学习给定源领域 $D=\{x,P(X)\}$ 和学习任务 $T = \{y,h(\cdot)\}$，以及目标领域 D^t 和学习任务 T^t，迁移学习的目的是通过利用 D^s 和 T^s 中的知识，来加强对 D^t 的目标预测函数 $h^t(\cdot)$ 的学习。其中，$D^t \neq D^s$，或者 $T^t \neq T^s$。

定义 7.5 归纳迁移学习（Inductive Transfer Learning）给定源领域 D^s 和学习任务 T^s、目标领域 D^t 和学习任务 T^t，归纳迁移学习的目的是通过利用 D^s 和 T^s 中的知识，来增强对 D^t 的目标预测函数 $h^t(\cdot)$ 的学习。其中，$T^t \neq T^s$。

定义 7.6 直推迁移学习（Transductive Transfer Learning）给定源领域 D^s 和学习任务 T^s、目标领域 D^t 和学习任务 T^t，直推迁移学习旨在通过利用 D^s 和 T^s 中的知识，来增强对 D^t 的目标预测函数 $h^t(\cdot)$ 的学习。其中，$D^t \neq D^s$ 且 $T^t \neq T^s$。此外，在训练过程中，一些目标领域未标记数据必须是可利用的。

定义 7.7 无监督迁移学习（Unsupervised Transfer Learning）给定源领域 D^s 和学习任务 T^s、目标领域 D^t 和学习任务 T^t，无监督迁移学习的目的是通过利用 D^s 和 T^s 中的知识，来增强对 D^t 的目标预测函数 $h^t(\cdot)$ 的学习。其中，$T^t \neq T^s$ 且 y^s、y^t 是不可见的。

7.6.3 迁移学习的分类

由 7.6.2 节的定义可知：

（1）当目标领域和源领域相同且它们的学习任务也相同，即 $D^t = D^s$ 且 $T^t = T^s$ 时，该学习问题就变成了传统的机器学习问题。

（2）当这两个领域不同即 $D^t \neq D^s$ 时，要么两个领域的特征空间不同 $x^t \neq x^s$；要么两个领域特征空间相同但是边缘分布概率不同 $P^t(X) \neq P^s(X)$。以文本分类为例：若两个领域不同，则意味着源领域数据集和目标领域数据集之间，要么词特征空间不同（如分别是使用不同的语言描述的），要么它们的边缘分布概率不同（如目标领域和源领域文档关注的是不同的主题）。

（3）给定领域 D^s 和 D^t，当学习任务 T^t 与 T^s 不同，即 $T^t \neq T^s$ 时，意味着要么类标记空间不同 $y^t \neq y^s$，要么条件概率分布不同 $P^t(Y|X) \neq P^s(Y|X)$。在文本分类中，前者对应于源领域是两类别分类而目标领域是多类别（三类以上）分类的情形，后者对应于用户定义的类别在源领域和目标领域文档中分布不平衡的情形。

根据上述（1）～（3）可将传统机器学习和迁移学习各个分支之间的关系总结为表 7-1，同时可将迁移学习进一步细分为三个分支：归纳迁移学习、无监督迁移学习、直推迁移学习。

表 7-1 传统的机器学习与迁移学习各个分支之间的关系

迁移学习背景		D^s 和 D^t	T^t 和 T^s
传统的机器学习背景		相同	相同
迁移学习	归纳迁移学习	相同	不同但相关
	无监督迁移学习	不同但相关	不同但相关
	直推迁移学习	不同但相关	相同

在归纳迁移学习中，目标任务不同于原始任务，但源领域和目标领域可以相同也可以不同。此时，需要目标领域的部分标记数据来"归纳"出目标领域的目标预测模型 $h'(\cdot)$。根据源领域中有无标记数据，可进一步将归纳迁移学习分为以下两种情况。

（1）源领域有大量标记数据可供利用。在这种情况下，归纳迁移学习背景类似于多任务学习背景。不同的是，归纳迁移学习从原始任务中迁移知识仅为了获得高性能的目标任务，而多任务则试图同时学习目标任务和原始任务。

（2）源领域没有标记数据可供利用。此时，归纳迁移学习类似于自学习。在自学习背景下，源领域和目标领域的类别空间可能不同，这意味着源领域的信息可能不能够直接加以利用，故它与归纳迁移学习中源领域标记数据不可用的情况类似。

在直推迁移学习中，原始任务和目标任务是相同的，但两个领域却不相同。此时，目标领域无标记数据可供利用，而源领域有大量标记数据可供利用。根据源领域和目标领域的不同情况，可以进一步将直推迁移学习分成以下两种情况。

（1）源领域和目标领域的特征空间不同，即 $x^t \neq x^s$。

（2）这两个领域的特征空间相同，但输入数据的边缘分布概率不同，即 $x^t = x^s$ 但 $P^t(X) \neq P^s(X)$，这种情况与文本分类、样本选择偏差或者协方差转换中知识迁移的领域适应问题相关，因为它们的假设是相似的。

在无监督迁移学习中，目标任务与原始任务不同但相关，其他方面与归纳迁移学习相同。不过，无监督迁移学习主要解决目标领域的无监督学习任务，如聚类、维数约减、密度评估等。在这种情况下，源领域和目标领域在训练时均无标记数据可供利用。不同迁移学习与相关领域的关系如表 7-2 所示。

表 7-2　不同迁移学习与相关领域的关系

迁移学习背景	相关领域	源领域标记数据	目标领域标记数据	任务
归纳迁移学习	多任务学习	可用	可用	回归、分类
	自任务学习	不可用	可用	回归、分类
直推迁移学习	领域适应，样本选择偏差协方差转换	可用	不可用	回归、分类
无监督迁移学习		不可用	不可用	聚类、维数约减

根据迁移学习过程中从源领域迁移到目标领域的具体内容，还可以把迁移学习方法划分为四种，即实例迁移学习方法、特征迁移学习方法、参数迁移学习方法和关系迁移学习方法。

1. 实例迁移学习方法

实例迁移学习方法的主要思想是根据某个相似度匹配原则从源领域数据集中挑选出和目标领域数据集中相似度比较高的实例，并把这些实例迁移到目标领域中帮助目标领域模型的学习，从而解决目标领域中有标签样本不足或无标签样本的学习问题。该迁移学习方法通过度量源领域有标签的样本和目标领域样本的相似度来重新分配源领域中数据样本在目标领域学习过程中的训练权重，相似度大的源领域数据样本认为和目标领域数据关联性比较强对目标领域数据学习有利被提高权重，否则权重则被降低。虽然实例权重法具有较好的理论支撑、容易推导泛化误差上界，但这类方法通常只在领域间分布差异较小时有效，因此对自然语言处理、计算机视觉等任务效果并不理想。

2. 特征迁移学习方法

特征迁移学习方法主要是在源领域和目标领域之间寻找典型特征代表来进一步弱化两个领域之间的差异从而实现知识的跨领域迁移和复用。该迁移学习方法根据是否在原有特征中进行选择进一步可分为特征选择迁移学习方法和特征映射迁移学习方法。特征选择迁移学习方法直接在源领域和目标领域中选择共有特征，把这些特征作为两个领域之间知识迁移的桥梁。特征映射迁移学习方法不直接在领域的原有特征空间中进行选择，而是首先通过特征映射把各个领域的数据从原始高维特征空间映射到低维特征空间，使得源领域数据与目标领域数据之间的差异性在该低维空间下缩小。然后利用在低维空间表示的有标签源领域数据训练分类器，并对目标领域数据进行预测。

3. 参数迁移学习方法

在参数迁移学习方法中，源领域数据和目标领域数据可以通过某些函数表示，而这些函数之间存在某些共同的参数。参数迁移学习方法通过寻找源领域数据和目标领域数据之间可以共享的参数信息从而把已获得的参数知识迁移。程昳等人提出了一种基于知识迁移的极大熵聚类算法，该算法首先使用极大熵聚类算法求出源领域的聚类中心，然后选用聚类中心作为迁移知识，并使用知识迁移隶属度表示目标领域和源领域聚类中心的匹配度，最后将匹配后的源领域知识迁移到目标领域中利用。该算法在纹理图像上的分割实验表明，其不仅能够提高算法的聚类精度，改进图像的分割效果，还能适应不同迁移场景的需求，增强了算法应用的鲁棒性。

4. 关系迁移学习方法

关系迁移学习方法假定源领域数据之间的关系和目标领域数据之间的关系存在一定的相关性，通过建立源领域数据的关系模型与目标领域数据的关系模型的映射模型来实现关系知识的迁移。基于二阶马尔可夫逻辑形式的关系迁移学习方法，以马尔可夫逻辑谓词变量公式的形式发现源领域的结构规律，然后实例化目标领域的谓词变量公式。通过这种方法，可以把已经学到的知识在分子生物学、社交网络领域之间迁移。

7.6.4 迁移学习的应用领域

7.6.4.1 自然语言处理

迁移学习应用于自然语言处理的原因是自然语言领域标注和内容数据稀缺，可以利用源领域（例如英语）中标注的样本集来对目标领域（例如法语）中的样本进行处理。迁移学习能够从长文本中迁移标注和内容知识，帮助对短文本语言进行分析与处理。例如，从 Wikipedia 长文本迁移知识到 Twitter 短文本、从万维网网页迁移知识到 Flickr 图像、搜索引擎中从英文文档迁移知识到中文文档等。迁移学习用于自然语言处理的一个根本动机是，待处理的目标领域训练数据稀缺，包括标注稀缺和内容稀缺。例如，Twitter 消息多是用户生成的无标注短文本，同时存在标注稀缺和内容稀缺，现有机器学习方法很难对这些消息进行分类管理；利用迁移学习技术，能够从 Facebook 等长文本语料中迁移标注和内容知识助益短文本消息分类管理。

7.6.4.2　计算机视觉

计算机视觉中常常遇到用于模型训练的标注数据（源领域）与用于模型预测的无标数据（目标领域）具有截然不同的数据属性和统计分布的情况，这是因为视觉场景中通常具有可变的甚至不可控的光照、朝向、遮挡、模糊等条件，导致标注数据与未标注数据具有不同的数据属性和统计分布，用传统的机器学习方法显然无法满足要求。迁移学习方法能够将领域适配，进而达到训练效果，提升准确率。典型应用包括：①识别手机拍摄图片中的对象，从已标注好的公共数据源（Amazon，Pascal VOC 等）训练识别模型，并迁移到手机图片识别上；②对个人多媒体库（照片、视频等）进行自动分类管理，但为了保证用户体验，不能过多要求用户手动标注（如 Google Picasa），使用 Flickr 和 YouTube 等公共数据源上的大量弱标注数据，训练准确的分类模型并迁移到个人媒体任务上；③如何在不同视觉场景、领域之间迁移和复用图像的形状、轮廓、图形、随机场、视觉动态等知识结构等。

7.6.4.3　医疗健康和生物信息学

在医学影像分析领域，医学图像训练数据的标注需要先验的医学知识，适合标注此类数据的人群稀少，从而导致训练数据严重稀缺，深度学习方法将不再适用。可以将迁移学习应用到医学图像的语义映射中，利用图像识别的结果帮助医生对患者进行诊断，从而减轻医生的工作负担，促进医疗实现转型。典型应用问题包括：①在医疗影像中，使用 CT 或 X 射线的标注图像训练模型来检测或诊断磁共振成像（MRI）中的异常区域，综合利用各种多源医疗影像给出全面诊断；②在生物信息学中，利用某一种性状的 DNA 序列预测另一种性状的 DNA 序列等。

7.6.4.4　从模拟中学习

从模拟中学习是一个风险较小的方式，目前被用来实现很多机器学习系统。源领域和目标领域数据的特征空间是一样的，但是模拟和现实世界的边缘概率分布是不一样的，即模拟和目标领域中的物体看上去是不同的。模拟环境和现实世界的条件概率分布可能是不一样的，不会完全模仿现实世界中的物体交互。Udacity 已经开源了它用于无人驾驶汽车工程教学的模拟器。OpenAI 公司的 Universe 平台将可能允许用其他视频游戏来训练无人驾驶汽车。另一个必须从模拟中学习的领域是机器人，在实际的机器人上训练模型是非常缓慢和昂贵的，训练机械臂就是一个典型案例，从模拟中学习并且将知识迁移到现实世界的方式能解决这个问题。

7.6.4.5　用户评价

例如，在评价用于对某服装品牌的情感分类任务中，人们无法收集到非常全面的用户评价数据，因此当人们直接通过之前训练好的模型进行情感识别时，效果必然会受到影响。迁移学习可以将少量与测试数据相似的数据作为训练集进行训练，能达到较好的分类效果，并且节省大量的时间和精力。

本章小结

本章首先介绍了卷积神经网络的提出、算法原理及其应用，接下来给出了几种常用的深度学习框架，最后介绍了几种流行的深度学习模型：循环神经网络、长短时记忆网络、生成对抗网络和迁移学习。

习题

1．深度学习和普通机器学习有什么不同？

2．常见的深度学习框架有哪几种？比较一下它们的优缺点。

3．什么是过滤器（卷积核）？如何选择过滤器（卷积核）的尺度？

4．一个 50×50 的图像，采用 5×5 的卷积核，分别指出卷积的步长为 1 和 2 时得到卷积后图像的大小。

5．在卷积运算中边界填充补零有什么作用？

6．全连接层有什么作用？softmax 函数如何应用于多分类？

7．什么叫池化？最大池化和平均池化在算法和应用上有什么区别？

8．什么是 Dropout？有什么作用？

9．梯度消失和梯度爆炸分别是怎样产生的，有哪些解决办法？

10．RNN 和 LSTM 有哪些异同？

11．什么是生成对抗网络？如何构建生成器和判别器？

12．什么是迁移学习?有哪些应用？

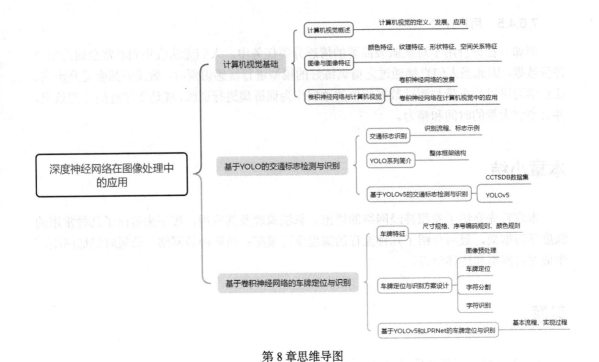

第 8 章思维导图

思政引领

　　人类从外界获取的信息，有 80%以上是通过眼睛获得的。要让计算机具有人的智能，首先要解决的就是"看"的问题。人工智能技术近年来渐渐进入千家万户，与人们的日常生活产生了息息相关的联系，如门禁系统、手机拍照美颜功能、人脸的自动定位和识别、自动泊车、闸口的自动通关等，都是前期研究的工业落地产品。

　　计算机视觉技术有广泛的市场需求，也是当前全球科技竞争中竞争最激烈的战场之一，我国正加大投入抢占人工智能战场的至高点，抓住新一轮科技革命和产业变革机遇。专业人才的培养则是其中关键的一环，青年学子重任在肩，使命光荣。

第8章 深度神经网络在图像处理中的应用

近年来，随着计算机运算性能不断提高，深度学习算法在图像识别、图像处理及语音识别等多个领域取得了巨大成功。本章就深度学习在图像处理领域的实际应用进行介绍。

8.1 计算机视觉基础

8.1.1 计算机视觉概述

计算机视觉作为一门让机器学会如何去"看"的学科，具体来说，就是让机器去识别摄像机拍摄的图片或视频中的物体，检测出物体所在的位置，并对目标物体进行跟踪，从而理解并描述出图片或视频里的场景和故事，以此来模拟人脑视觉系统。因此，计算机视觉也通常叫作机器视觉，其目的是建立能够从图片或者视频中"感知"信息的人工系统。

计算机视觉技术经过几十年的发展，已经在交通（车牌识别、道路违章抓拍）、安防（人脸闸机、小区监控）、金融（刷脸支付、柜台的自动票据识别）、医疗（医疗影像诊断）、工业生产（产品缺陷自动检测）等多个领域中应用（见图 8-1），影响或正在改变人们的日常生活和工业生产方式。未来，随着技术的不断演进，必将涌现出更多的产品和应用，为我们的生活创造更大的便利和更广阔的机会。

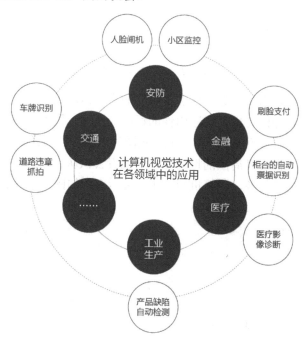

图 8-1　计算机视觉技术在各领域中的应用

　　计算机视觉的发展历程要从生物视觉讲起。对于生物视觉的起源，目前学术界尚没有形成定论。有研究者认为最早的生物视觉形成于距今约 7 亿年前的水母之中，也有研究者认为生物视觉产生于距今约 5 亿年前的寒武纪。寒武纪生物大爆发的原因一直是个未解之谜，不过可以肯定的是在寒武纪动物具有了视觉能力，捕食者可以更容易地发现猎物，被捕食者也可以更早地发现天敌的位置。视觉系统的形成有力地推动了食物链的演化，加速了生物进化过程，是生物发展史上重要的里程碑。经过几亿年的演化，目前人类的视觉系统已经具备非常高的复杂度和强大的功能，人脑中神经元的数目达到了 1000 亿个，这些神经元通过网络互相连接，这样庞大的视觉神经网络使得人们可以很轻松地观察周围的世界，人类视觉感知如图 8-2 所示。

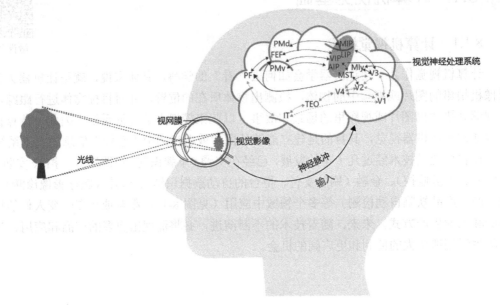

图 8-2　人类视觉感知

　　对于人类来说，识别猫和狗是一件非常容易的事。但对于计算机来说，即使是一个精通编程的高手，也很难轻松写出具有通用性的程序（比如，假设程序认为体型大的是狗，体型小的是猫，但由于拍摄角度不同，可能一张图片上猫占据的像素比狗还多）。那么，如何让计算机也能像人一样看懂周围的世界呢？研究者尝试从不同的角度去解决这个问题，由此也发展出一系列的子任务，计算机视觉子任务示意图如图 8-3 所示。

（a）图像分类

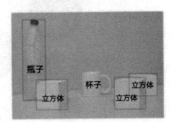

（b）目标检测

图 8-3　计算机视觉子任务示意图

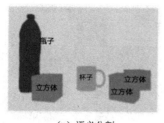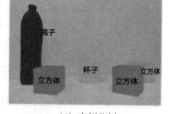

（c）语义分割　　　　　　　　　　　（d）实例分割

扫码看彩图

图 8-3　计算机视觉子任务示意图（续）

图像分类，用于识别图像中物体的类别（如瓶子、杯子、立方体）。

目标检测，用于检测图像中每个物体的类别，并准确标出它们的位置。

语义分割，用于标出图像中每个像素点所属的类别，属于同一类别的像素点用一个颜色标识。

实例分割，值得注意的是，目标检测任务只需要标注出物体位置，而实例分割任务不仅要标注出物体位置，还需要标注出物体的外形轮廓。

这里以图像分类任务为例，为大家介绍计算机视觉技术的发展历程。在早期的图像分类任务中，通常是先人工提取图像特征，再用机器学习算法对这些特征进行分类，分类的结果强依赖于特征提取方法，往往只有经验丰富的研究者才能完成，早期的图像分类任务如图 8-4 所示。

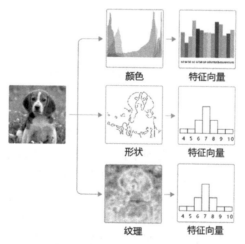

微课视频

扫码看彩图

图 8-4　早期的图像分类任务

在这种背景下，基于神经网络的特征提取方法应运而生。Yann LeCun 是最早将卷积神经网络应用到图像识别领域的，其主要逻辑是使用卷积神经网络提取图像特征，并对图像所属类别进行预测，通过训练数据不断调整网络参数，最终形成一套能自动提取图像特征并对这些特征进行分类的网络，早期的卷积神经网络处理图像分类任务示意如图 8-5 所示。

这一方法在手写数字识别任务上取得了极大的成功，但在接下来的时间里，却没有得到很好的发展。其主要原因：一方面是数据集不完善，只能处理简单任务，在大尺寸的数据上容易发生过拟合；另一方面是硬件瓶颈，当网络模型复杂时，计算速度会特别慢。

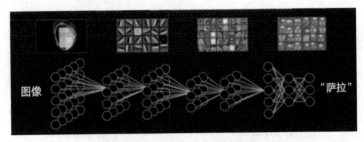

图 8-5　早期的卷积神经网络处理图像分类任务示意

目前，随着互联网技术的不断进步，数据量呈现大规模的增长，越来越丰富的数据集不断涌现。另外，得益于硬件能力的提升，计算机的算力也越来越强大。不断有研究者将新的模型和算法应用到计算机视觉领域中。由此催生了越来越丰富的模型结构和更加准确的精度，同时计算机视觉所处理的问题也越来越丰富，包括分类、检测、分割、场景描述、图像生成和风格变换等，甚至不仅仅局限于二维图片，还包括视频处理技术和 3D 视觉等。

8.1.2　图像与图像特征

图像是人对视觉感知的物质再现。图像可以由光学设备获取，如照相机、镜子、望远镜及显微镜等；也可以人为创作，如手工绘画。图像可以记录、保存在纸质介质、胶片等对光信号敏感的介质上。随着数字采集技术和信号处理理论的发展，越来越多的图像以数字形式存储。因而，在有些情况下，"图像"一词实际上是指数字图像。

与图像相关的话题包括图像采集、图像制作、图像分析和图像处理等。图像分为静态影像（如图片、照片等）和动态影像（如视频等）两种。

图像特征主要有图像的颜色特征、纹理特征、形状特征和空间关系特征。

8.1.2.1　颜色特征

颜色特征是一种全局特征，描述了图像或图像区域所对应的景物的表面性质。一般颜色特征是基于像素点的特征，此时所有属于图像或图像区域的像素都有各自的贡献。由于颜色对图像或图像区域的方向、大小等变化不敏感，所以颜色特征不能很好地捕捉图像中对象的局部特征。另外，仅使用颜色特征查询时，如果数据库很大，常会将许多不需要的图像也检索出来。颜色直方图是最常用的表达颜色特征的方法，其优点是不受图像旋转和平移变化的影响，进一步借助归一化还可不受图像尺度变化的影响；其缺点是没有表达出颜色空间分布的信息。

颜色特征描述方法有如下几种。

1.　颜色直方图

其优点在于：它能简单描述一幅图像中颜色的全局分布，即不同色彩在整幅图像中所占的比例，特别适用于描述那些难以自动分割的图像和不需要考虑物体空间位置的图像。其缺点在于：它无法描述图像中颜色的局部分布及每种色彩所处的空间位置，即无法描述图像中的某一具体的对象或物体。

最常用的颜色空间：RGB 颜色空间、HSV 颜色空间。

颜色直方图特征匹配方法：直方图相交法、距离法、中心距法、参考颜色表法、累加颜色直方图法。

2. 颜色集

颜色直方图法是一种全局颜色特征提取与匹配方法，无法区分局部颜色信息。颜色集是对颜色直方图的一种近似，首先将图像从 RGB 颜色空间转化成视觉均衡的颜色空间（如 HSV 颜色空间），并将颜色空间量化成若干个柄；然后，用色彩自动分割技术将图像分为若干区域，每个区域用量化颜色空间的某个颜色分量来索引，从而将图像表达为一个二进制的颜色索引集。通过比较不同图像颜色集之间的距离和色彩区域的空间关系，可以进行图像匹配。

3. 颜色矩（颜色分布）

这种方法的数学基础在于：图像中任何的颜色分布均可以用它的矩来表示。此外，由于颜色分布信息主要集中在低阶矩中，因此，仅采用颜色的一阶矩、二阶矩和三阶矩就足以表达图像的颜色分布。

4. 颜色聚合向量

其核心思想：将属于直方图每一个柄的像素分成两部分，如果该柄内的某些像素所占据的连续区域的面积大于给定的阈值，则该区域内的像素作为聚合像素，否则作为非聚合像素。

5. 颜色相关图

颜色相关图（Color Correlogram）是图像颜色分布的另一种表达方式。这种特征不但刻画了某一种颜色的像素数量占整个图像的比例，还反映了不同颜色对之间的空间相关性。实验表明，颜色相关图比颜色直方图和颜色聚合向量具有更高的检索效率，特别是查询空间关系一致的图像。

如果考虑任何颜色之间的相关性，颜色相关图会变得非常复杂和庞大（空间复杂度为 $O(N^{2d})$）。一种简化的变种是颜色自动相关图（Color Auto-correlogram），它仅考察具有相同颜色的像素间的空间关系，因此空间复杂度降到 $O(N^d)$。

注：空间复杂度（Space Complexity）是算法分析中的一个概念，它表示算法在执行过程中所需要的额外空间或内存资源的量度。例如，空间复杂度为 $O(N^{2d})$，其中 N 代表输入规模大小，d 代表问题的维度。这个表示方法可以解读为，随着输入规模 N 的增大，算法所需的额外空间会按照 N^{2d} 的比例增长。

8.1.2.2　纹理特征

纹理特征也是一种全局特征，它描述图像或图像区域所对应景物的表面性质。但由于纹理只是一种物体表面的特性，并不能完全反映出物体的本质属性，所以仅仅利用纹理特征是无法获得高层次图像内容的。与颜色特征不同，纹理特征不是基于像素点的特征，它需要在包含多个像素点的区域中进行统计计算。在模式匹配中，这种区域性的特征具有较大的优越性，不会由于局部的偏差而无法匹配成功。作为一种统计特征，纹理特征常具有旋转不变性，并且对于噪声有较强的抵抗能力。但是，纹理特征也有其缺点，一个很明显的缺点是，当图像的分辨率变化时，所计算出来的纹理可能会有较大偏差。另外，由于有可能受到光照、反射情况的影响，从 2D 图像中反映出来的纹理不一定是 3D 物体表面真实的纹理。

例如，水中的倒影、光滑的金属面互相反射造成的影响等都会导致纹理的变化。由于这些不是物体本身的特性，因而将纹理信息应用于检索时，有时这些虚假的纹理会对检索造成"误导"。

在检索具有粗细、疏密等方面较大差别的纹理图像时，利用纹理特征是一种有效的方法。但当纹理之间的粗细、疏密等易于分辨的信息之间相差不大时，通常的纹理特征很难准确地反映出人的视觉感觉不同的纹理之间的差别。

纹理特征描述方法有如下几种。

1. 统计方法

统计方法的典型代表是一种称为灰度共生矩阵（GLCM）的纹理特征分析方法。Gotlieb 和 Kreyszig 等人在研究共生矩阵中各种统计特征的基础上，通过实验，得出了灰度共生矩阵的四个关键特征：能量、惯量、熵和相关性。统计方法中的另一种典型方法，则是从图像的自相关函数（即图像的能量谱函数）提取纹理特征，即通过对图像的能量谱函数的计算，提取纹理的粗细度及方向性等特征参数。

2. 几何方法

几何方法，是建立在纹理基元（基本的纹理元素）理论基础上的一种纹理特征分析方法。纹理基元理论认为，复杂的纹理可以由若干简单的纹理基元以一定的有规律的形式重复排列构成。在几何方法中，比较有影响的算法有两种：Voronio 棋盘格特征法和结构法。

3. 模型法

模型法以图像的构造模型为基础，采用模型的参数作为纹理特征。典型的方法是随机场模型法，如马尔可夫随机场（MRF）模型法和 Gibbs 随机场模型法。

4. 信号处理法

纹理特征的提取与匹配方法主要有灰度共生矩阵、Tamura 纹理特征、自回归纹理模型、小波变换等。灰度共生矩阵特征提取与匹配主要依赖于能量、惯量、熵和相关性四个参数。Tamura 纹理特征基于人类对纹理的视觉感知心理学研究，提出了 6 种属性，即粗糙度、对比度、方向度、线像度、规整度和粗略度。自回归纹理模型是马尔可夫随机场模型的一种应用实例。

8.1.2.3　形状特征

各种基于形状特征的检索方法都可以比较有效地利用图像中感兴趣的目标来进行检索。但它们也有一些共同的问题，包括：①目前基于形状特征的检索方法还缺乏比较完善的数学模型；②如果目标有形变，检索结果往往不太可靠；③许多形状特征仅描述了目标局部的性质，如果要全面描述目标，对计算时间和存储量都会有较高的要求；④许多形状特征所反映的目标形状信息与人的直观感觉不完全一致，或者说，特征空间的相似性与人视觉系统感受到的相似性有差别。

另外，从 2D 图像中表现的 3D 物体实际上只是物体在空间某一平面的投影，从 2D 图像中反映出来的形状常常不是 3D 物体真实的形状，由于视点的变化，可能会产生各种失真。

通常情况下，形状特征有两类表示方法：一类是轮廓特征；另一类是区域特征。图像的轮廓特征主要针对物体的外边界；而图像的区域特征则关系到整个形状区域。

几种典型的形状特征描述方法如下。

1. 边界特征法

该方法通过对边界特征的描述来获取图像的形状参数。其中 Hough 变换检测平行直线方法和边界方向直方图方法是经典方法。Hough 变换检测平行直线方法是利用图像全局特性而将边缘像素连接起来组成区域封闭边界的一种方法，其基本思想是点-线的对偶性。边界方向直方图方法首先微分图像求得图像边缘；然后，做出关于边缘大小和方向的直方图，通常的方法是构造图像灰度梯度方向矩阵。

2. 傅里叶形状描述符法

傅里叶形状描述符的基本思想是用物体边界的傅里叶变换作为形状描述，利用区域边界的封闭性和周期性，将二维问题转化为一维问题。

由边界点导出三种形状表达，分别是曲率函数、质心距离、复坐标函数。

3. 几何参数法

该方法中形状的表示和匹配采用更为简单的区域特征描述方法，例如采用有关形状定量测度（如矩、面积、周长等）的形状参数法。在基于图像内容检索系统中，便是利用圆度、偏心率、主轴方向和代数不变矩等几何参数，进行基于形状特征的图像检索的。

需要说明的是，形状参数的提取，必须以图像处理及图像分割为前提，参数的准确性必然受到分割效果的影响，对于分割效果很差的图像，形状参数甚至无法提取。

4. 形状不变矩法

该方法利用目标所占区域的矩作为形状描述参数。

5. 其他方法

近年来，在形状表示和匹配方面的工作还包括有限元法（Finite Element Method，FEM）、旋转函数法和小波描述符法等。

8.1.2.4　空间关系特征

空间关系，是指图像中分割出来的多个目标之间的相互空间位置或相对方向关系，这些关系也可分为连接/邻接关系、交叠/重叠关系和包含/包容关系等。通常，空间位置信息可以分为两类：相对空间位置信息和绝对空间位置信息。前一种关系强调的是目标之间的相对情况，如上下左右关系等；后一种关系强调的是目标之间的距离大小以及方位。显而易见，由绝对空间位置可推出相对空间位置，但表达相对空间位置的信息常比较简单。

空间关系特征的使用可加强对图像内容的描述区分能力，但空间关系特征常对图像或目标的旋转、反转、尺度变化等比较敏感。另外，在实际应用中，仅仅利用空间信息往往是不够的，不能有效准确地表达场景信息。为了检索，除使用空间关系特征外，还需要其他特征来配合。

8.1.3　卷积神经网络与计算机视觉

卷积神经网络是目前计算机视觉中使用最普遍的模型结构。图 8-6 所示为一个典型的卷积神经网络结构，多层卷积层和池化层组合作用在输入图片上，在网络的最后通常会加入一系列全连接层，ReLU 激活函数一般加在卷积层或者全连接层的输出上，网络中通常还会加入 Dropout 来防止过拟合。

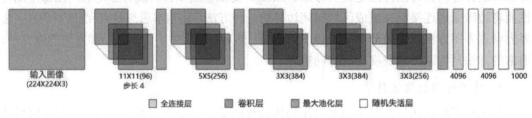

图 8-6　一个典型的卷积神经网络结构

卷积层：用于对输入的图像进行特征提取。卷积的计算是在像素点的空间邻域内进行的，因此可以利用输入图像的空间信息。卷积核本身与输入图片的大小无关，它代表了对空间邻域内某种特征模式的提取。比如，有些卷积核提取物体边缘特征，有些卷积核提取物体拐角处的特征，图像上不同区域共享同一个卷积核。当输入图片大小不一样时，仍然可以使用同一个卷积核进行操作。

池化层：通过对卷积层输出的特征图进行约减，实现下采样。同时对感受域内的特征进行筛选，提取区域内最具代表性的特征，保留特征图中最主要的信息。

激活函数：给神经元引入了非线性因素，对输入信息进行非线性变换，从而使得神经网络可以任意逼近任何非线性函数，然后将变换后的输出信息作为输入信息传给下一层神经元。

全连接层：用于对卷积神经网络提取到的特征进行汇总，将多维的特征映射为二维的输出。其中，高维代表样本批次大小，低维代表分类或回归结果。

8.1.3.1　卷积神经网络的发展

卷积神经网络由卷积层提取特征，亚采样层处理特征，交叠构成多层神经网络。网络输入是通过手写方式输入图像的，对结果识别，输入过程需要进行多次卷积以及采样加工，在全连接层进行和目标的映射。一般情况下，神经元和感受神经进行连接，卷积层用多个卷积核对通道，捕捉特征点，按照组合方式输出，特征图经过 S2 下采样层处理后，可以缩减尺寸，神经元和对应特征对应映射，得到计算结果。卷积层中的神经元和采样层中的神经元分别模拟了简单细胞和复杂细胞的行为。卷积核在不同位置共享，以及与特征进行对应，通过采样操作进行特征的提取和降维。

卷积神经网络卷积层包含的特征图较多，在核对图像后运算，将元素视为权值参数，和输出图像像素值相乘，求和得到输出像素。采样层也被称为池化层，进行池化采样，在减少数据量的同时保留信息。神经网络和连接层进行对接，隐藏层结构和连接层一致，神经元一一对接。卷积神经网络在 BP 算法支持下，通过模拟训练，能够让神经元享有连接权，减少了训练数目。近年来，通过增加神经网络的层数，增加样本，使得算法不断优化，超越了传统的识别和机器学习算法，进一步提高了神经网络性能以及精准度，让神经网络的应用效果得到显著提升。借助于卷积神经网络的支持，计算机视觉服务范围不断扩大，已经逐渐融入金融行业、交通行业、服务行业等体系，实现了广泛应用，支持全社会智能化水平的提高，让人脸识别得到稳定应用，大幅提高了社会服务和各个行业的便捷性。

8.1.3.2　卷积神经网络在计算机视觉中的应用

1. 图像分类

在计算机视觉领域内最基础的应用是图像分类，根据设定对给定图片进行分类，让图片划分到合适的分类中，并进行类别标记。图像分类的主要进展在 ImageNet ILSVRC 任务上，常见的图像分类数据集还包括 Caltech256、SUN 等。

2. 目标检测

目标检测是计算机视觉的基础工作，可以标记设定对象，对目标物体进行标记，并进行图像分类。相比于图像分类，目标检测在图像特定区域、分类上更为重视，且检测更加复杂。传统的目标检测使用 Haar、SIFT 等描述，通过滑动窗口能够进行识别，对每类物体单独训练分类器。目标检测作为最具影响力的检测算法，能够对目标进行处理，具备较高的检测率，能够满足人脸检测的需要，实现了广泛应用。其中一种应用是基于 AdaBoost 算法的人脸检测，其使用 AdaBoost 算法框架，提取 Haar-like 特征。在窗口界面搜索定位，特征为图像梯度直方图，检测通过支持向量机实现，考虑到自然界物体可能存在柔性形变，需要利用多尺度形变模型，该模型具备直方图和支撑向量机的优势，用隐变量推理组件形变，固定模板分辨率，通过辨别宽高比来辨别目标。如今，随着神经网络的发展，Deep CNN 开始被用来进行检测，提高了目标检测精度，通过建立 R-CNN 检测框架，使用 R-CNN 算法选择性搜索策略进行候选窗选择，选定深度特征，并通过 SVM 分类器的应用对候选窗划分，使用非极大值筛选候选窗，确定目标定位。

3. 图像语义分割

在计算机视觉领域中，研究人员通常要精确理解目标投向，通过语义分割满足需求，解析训练图像内容，在分割工程中获得像素语义类别，并对图像内容予以标记。图像语义分割需要对分割目标准确识别，精准图像语义分割能够降低后续识别数据量，保留结构化信息。常用数据库包括 Microsoft COCO、MSRCv2 以及 Sift Flow 等。如今深度卷积神经网络已成功应用于图像检测分类，在图像语义分割中使用 DeepCNN（深度卷积神经网络），如多尺度卷积神经网络，来学习目标特征，可以让语义分割取得理想效果。在语义分割上全卷积网络（Fully Convolutional Network，FCN）效果良好，但是未经过对边缘信息和空间的约束，导致分割结果十分粗糙。条件随机场（Conditional Random Field，CRF）模型对 FCN 输出结果的处理，可以将分割数据集的精度提高至 71.6%。为了识别图像分割区域，语义分割必须利用精准像素对数据加以标注。按照经验，精确标注目标像素点，可以克服像素的约束，成功设置语义分割的算法。Box Sup，一种利用边界框来监督卷积网络的语义分割方法，可以通过检测图像进行监督，捕捉监督信号，先利用候选区进行初步结果的筛查；然后对 FCN、检测框的信息进行监测。Box Sup 将物体点作为目标，通过设计函数监督数据，并对 FCN 函数进行约束训练。期间对关键像素赋予权值最大值，能够对各像素更准确标注。

4. 图片标题生成

生成图片的标题是神经网络的重要任务，借助于自然语言准确描述图片，体现出图片的特征和内容；随着自然语言和深度学习的技术突破，图片标题生成逐渐在各个网站中使用。目前微软和 Google 的技术仍然处于领先地位。部分图片使用流程化方法进行图片内容的描述，像学习示例图片，首先对各特征部分提取形容词汇等，以对应 CNN 特征，从而可以充分表述 CNN 特征；然后使用多模态编码器-解码器与语言模型（MELM）产生标题；最后使用 MERT 对可能性最高的标题排序。还有一部分图片采取端对端方法，在机器翻译的启发以及支持下，通过 RNN 模型、CNN 模型，完成图片标题以及获取图片特点，最终生成图片的对应标题。

5. 人脸识别

人脸识别包含人脸辨识和验证两部分，辨别人脸图像的正确率为 50%，辨识人脸可以将人脸图像划分不同种类的身份，猜中的概率为 $1/N$。人脸的辨识难度更高，且随着类别数增加而增加，最大挑战在于在不同表情、姿态、光线下进行辨别。两种变化分布十分复杂，呈现出非线性。目前最为著名的测试集是 LFW（一个广泛用于人脸识别和验证领域的基准数据集），通过在互联网上收集超过 5000 人的人脸照片，用于评估人脸验证性能。经过测试集运算模拟，其准确性基本达到 97.53%。而基于深度学习的人脸识别准确率可以达到 99.47%。人脸识别需要在离线数据上运行，经过模型模拟，再应用于验证任务上。使用 Triplet 网络学习人脸特征，要求输入不同类图片一张、同类图片两张的图像样本，使用欧氏距离进行输入图像相似度的度量，在 LFW 数据集上达到了 99.63% 的精度。

6. 行人再识别

行人再识别是利用计算机视觉技术判断图像或者视频序列中是否存在特定行人的技术。在监控系统中，监控视频环境十分复杂，不可控因素较多，从中获得行人图像的质量差，无法准确捕捉人脸特征。因此，很多研究人员通过人携带的物品和衣物进行识别，但受到光线和角度的影响，并不能识别准确，误识别率较高。识别行人的算法主要包括特征识别以及距离度量两种。距离度量将行人特征分布作为学习度量，在不同行人目标中，不同个体之间的特征距离差距显著，同一个体上的特征距离差异较小，距离度量能够对不同行人目标进行区分，不易受到光线等环境因素的影响。一种常用的特征识别方法是利用 Triplet Loss 监督网络学习，这种方法使用局部图像块匹配方法进行局部特征的学习，在数据集上取得了良好效果，提高了辨别能力。

7. 人体动作识别

人体动作识别是计算机视觉研究中关注度很高的问题，通过摄像机对视频数据进行捕捉和处理，深入理解视频中的动作行为。人体动作识别能够在图像序列中准确找到运动信息，并提取底层特征，快速建模，形成底层视觉对应动作行为的关系。根据时序信息使用频率，识别人体动作可以分为识别时空特征以及时序推理两种。在视频序列中利用人体动作识别法提取动作特征，主要解决简单动作识别问题，这种方法可以分为局部特征、时空轨迹以及时空体模型等几个方面。为了学习具备一定语义信息的动作特征，卷积神经网络被广泛应用。通过使用三维卷积操作，在图像序列中准确地捕捉目标动作。同时，从多个渠道获取图像特征，并将它们合并为最终的动作表示。双路卷积神经网络对于图像的识别不仅支持静态帧，还能在多帧图像上加以处理。静态帧利用单帧信息对动作信息进行提取，并获取时间信息，通过捕捉特征，并经过支持向量机（SVM）分类器识别图像动作。

8.2　基于 YOLO 的交通标志检测与识别

近年来，无人驾驶发展规模快速增大，驾驶辅助中的交通标志检测技术成为一大研究热点，从复杂的交通场景中准确辨识交通标志是其中一个重要研究方向，对维持交通秩序，减少交通事故具有重大的意义。本节将应用深度学习中的 YOLO（You Only Look Once）模型实现对交通标志的检测与识别。

8.2.1　交通标志识别

交通标志检测与识别系统的基本流程如图 8-7 所示，整个流程被划分为了三个环节：首先进行图像预处理，主要对图像进行角度变化、压缩等处理；然后进行交通标志检测，主要完成候选区域的提取工作；最后进行交通标志分类，主要对交通标志的类型进行分类标注。

图 8-7　交通标志检测与识别系统的基本流程

本节主要将交通标志分为三类：警告类、禁令类、指示类，基本示例如图 8-8 所示。

图 8-8　交通标志基本示例

交通标志主要由符号、文字以及图案三部分组成，为了便于司机识别与理解，通常情况下，交通标志的符号和图案都比较规则，颜色比较鲜艳。中国的主要交通标志可以分为以下三类。

（1）禁令：主要对车辆的车速、车身高度以及行驶路径进行禁止或限制，如禁止停车、限制速度、禁止通行等路标。禁令标志通常以白色为底色，图案为黑色，带有红圈。

（2）警告：主要用于警告车辆前方路况危险，需谨慎驾驶。还有的是警告司机前方是学校路段，减速慢行。警告标志的形状一般是三角形，顶角向上，黄底，黑边框，黑图案。

（3）指示：主要用于指示车辆驾驶人员行道方向和行车方向。指示标志一般以蓝色为底色，白色图案，形状为圆形、正方形等。

图像拍摄模糊会导致交通标志信息不易被提取识别，从而导致精度降低、训练结果不理想等。输入图像通常伴随着复杂的噪声、不清晰等不良影响因素，所以在进行特征抽取之前，往往需要对图像进行预处理操作。该操作的目的就是增强图像中有用的信息，消除无关的信息，比如噪声的干扰，从而提高检测器对交通标志信息的辨识度和精度。

目标检测是指将目标对象从图像（或图像序列）中提取出来并标记它的位置和类别。深度学习出现之前，传统的目标检测方法分为区域选择、特征提取和分类器，一般存在以下问题：①区域选择策略没有针对性、时间复杂性高，窗口冗余；②手工设计的特征鲁棒性较差。深度学习出现以后，目标检测取得了巨大的突破。基于深度学习的目标检测算法大致分为两类：①以 R-CNN 系列算法为代表的候选区域的深度学习目标检测算法（R-CNN、SPP-NET、Fast R-CNN 等），诞生时间较早，但训练时间长；②以 YOLO 系列为代表的基于回归方法的目标检测算法，检测速度较快且召回率高。本节将采用 YOLO 算法完成交通标志检测与识别的任务。

8.2.2 YOLO 系列简介

YOLO 是在 CVPR2016 会议中提出的一种目标检测算法，意为只需要看一遍图片就可以得出结果，其核心思想是将目标检测转化为回归问题求解。YOLO 基于一个单独的端到端的网络，完成从原始图像的输入到物体位置和类别的输出。作为一种统一结构，YOLO 的运行速度非常快，相比于 Fast R-CNN 的 0.5 帧/s、Faster R-CNN 的 7 帧/s，基准的 YOLO 面模型每秒可以实时处理 45 帧图像。同时，YOLO 的泛化能力强，在训练领域外的图像上运行依然有不错的效果。在 CVPR2016 会议中提出的 YOLOv1 的检测流程和网络结构分别如图 8-9 和图 8-10 所示，使用的骨干网络是 VGG-16。

YOLOv1 所采用的 VGG-16 网络构架类似于 GoogleNet，在 GoogleNet 的基础上用 1×1 还原层和 3×3 卷积层取替了 GoogleNet 的初始模块。其网络结构由 24 个卷积层和 2 个全连接层构成。其中，卷积层完成目标特征提取工作，全连接层则完成目标位置坐标和分类类别信息的预测。

当输入一张图像后，YOLO 的检测流程：首先将图像分割成 $S×S$ 个网格，如果一个目标的中心落在这个网格中，那么这个网格就负责检测这个目标。每个网格要预测 B 个预测框，每个预测框包含 5 个预测值，即 x、y、w、h 和 confidence。其中，x、y 表示预测框的中心位置相对于当前网格的位置偏移，实际训练时被归一化为[0，1]；w、h 表示预测框相对于整幅图像的比例系数，实际训练时也被归一化为[0，1]；confidence 是置信度，反映一个预测框含有目标的可行程度和精确程度：

$$\text{confidence} = \text{Pr(Object)IOU}_{\text{pred}}^{\text{truth}} \tag{8-1}$$

式中，若预测框包含目标，则 Pr(Object)=1，否则为 0。$\text{IOU}_{\text{pred}}^{\text{truth}}$ 是交并比，即用预测框和实际框的交集除以预测框和实际框的并集，交并比越大，预测越精确。

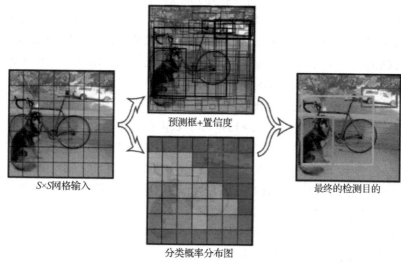

图 8-9　YOLOv1 的检测流程

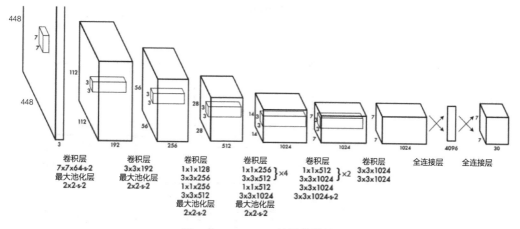

图 8-10　YOLOv1 的网络结构

每个网格在对 x、y、w、h、confidence 五个值进行预测的同时，还预测了 C 个类别条件概率 Pr（Classi|Object），这些条件概率表示该网格包含目标对象的概率，由于数据集中的数据是 C 类，所以需要预测 C 个条件概率。每个网格预测两个预测框（B=2），在得到每个格子预测的类别信息和建议框预测的置信度信息后，将二者相乘就得到了每个建议框的特定类别的得分。在得到每个建议框的特定类别的得分后，淘汰掉特定类别得分较低的建

议框。网络输出的建议框一般有许多是重叠的，这就会导致召回率较低。为了提高目标检测的召回率，需要采用非极大抑制（NMS）算法对未被淘汰的建议框进行挑选，选择出所有建议框中最优的那一个。

YOLOv1 的优点是检测速度比较快，其目标定位不准、召回率低的缺点也是不容忽视的。为了解决 YOLOv1 的缺陷，YOLOv2 在此基础上做出了一定的改进。YOLOv1 主要先在 ImageNet 分类数据集上预训练模型，这样可以获得相对优异的训练模型，在此基础上将网络输入的分辨率进行修改后再次进行网络的训练。然而如果修改的分辨率很高，会导致模型再次被训练时无法及时适应分辨率的变化。于是，为了能让训练模型适应分辨率的变化，YOLOv2 应用了高分辨率分类器，并且增加了预训练的轮数。与 Faster-RCNN 的锚框思想一样，YOLOv2 在特征图上采用了滑动窗采样。而 Faster-RCNN 的预测方式对偏移量没有进行约束，这会使得训练前期的模型变得十分不稳定。于是，YOLOv2 在此方式下加入了 sigmoid 函数，使得预测出的输出始终在 0～1，从而达到稳定输出模型的效果。YOLOv2 引入了锚框，输出特征图的大小为 13×13，每个 cell 有 5 个锚框用来预测 5 个预测框，一共有 13×13×5 个框。框的增加提高了定位的准确率。YOLOv2 采用的网络结构为 Darknet19。Darknet19 网络包含 19 个卷积层和 5 个最大池化层，相比 YOLOv1 的网络结构中采用的 24 个卷积层和 2 个全连接层，Darknet19 明显减少了卷积操作，从而减少了运算时间。YOLOv2 最后使用了平均池化层代替全连接层进行预测。

YOLOv3 主要改进了 YOLO 多目标检测框架，在保持原有速度的优势之下，精度得以提升。YOLOv3 采用了 Darknet53 网络结构，整体框架如图 8-11 所示。Darknet53 网络结构相对于 YOLOv2 的 Darknet19 而言，其网络层数更多，同时引入了 Resnet 残差网络，在相同的准确率下，Darknet53 的速度要优于 Darknet19。

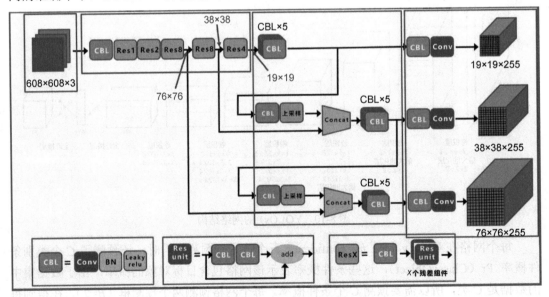

图 8-11　YOLOv3 的整体框架

基于特征金字塔网络（Feature Pyramid Network，FPN）的思想，YOLOv3 采用了多尺

度预测的方法。此外，该算法在锚框的设计方法上使用的是聚类的思想，经过聚类操作后得到 9 个锚框，最后按照锚框的大小比例分配给三种不同尺度的 YOLO 层，如图 8-11 所示。

在特征提取网络中，通过多次上采样等操作得到了三种不同尺度的预测层，这三种不同的预测层分别用来预测大、中、小三种目标。

YOLOv4 构建了一种简单且高效的目标检测模型，该算法降低了训练门槛，使得普通人员都可以使用 1080Ti 或 2080 Ti GPU 来训练一个超快且准确的目标检测器。在检测器训练期间，验证了最先进的 Bag-of Freebies 和 Bag-of-Specials 方法的影响，同时对 CBN、PAN、SAM 等最先进的方法进行了改进，使它们更有效，更适合单 GPU 训练，并对目前主流的目标检测器框架进行拆分：输入、骨干网络、颈部和头部。YOLOv4 的整体框架如图 8-12 所示。

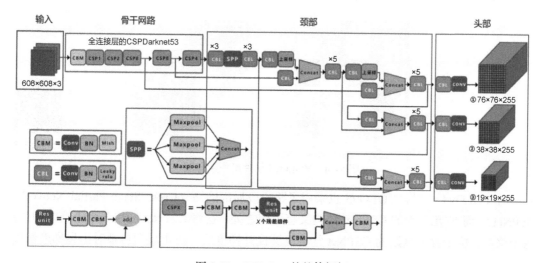

图 8-12　YOLOv4 的整体框架

YOLOv5 的整体框架如图 8-13 所示。

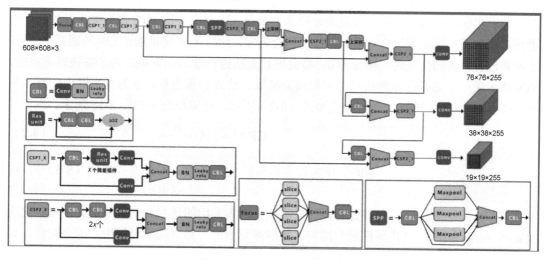

图 8-13　YOLOv5 的整体框架

YOLOv5 延续了 YOLOv4 的 Mosaic 数据增强操作，并在推理时采用了图像自适应缩放操作，该方法能够根据输入图像的大小、宽度进行自适应填充，大大提升了预测的效率。该算法还将 Focus 结构应用于网络主干 Backbone 的前端部分，该结构主要对输入图像数据进行切片操作，该操作可以有效地提升图片特征提取的质量。

YOLOv5 采用了 Mosaic 数据增强的方法对输入图像进行处理。Mosaic 数据增强的方法最先应用于 YOLOv4，它将任意 4 张图像按照随机比例进行裁剪，再通过改变亮度、对比度、翻转等操作来对图像进行处理，最后将这 4 张图像以逆时针方向依次摆放组合成一张新的图像。Mosaic 数据增强的方法可以一次性输入 4 张图像，这样可以极大地减少训练的时间，并减小占用的内存。

YOLOv5 切片操作示意图如图 8-14 所示。

扫码看彩图

图 8-14　YOLOv5 切片操作示意图

与 YOLOv4 一样，YOLOv5 也采用了跨阶段局部网络（Cross Stage Partial Network，CSPNet），而 YOLOv5 的 CSPNet 结构又有不同之处，它将 CSPNet 应用于骨干网络和颈部两个位置。位于骨干网络的 CSPNet 结构能够提升梯度值，防止反向传播时出现梯度消失。为了加强网络对特征的融合能力，在颈部加入了与骨干网络不同的 CSP 结构。

目标检测的损失函数包含了两类损失函数：一类是边界框回归损失函数；另一类是分类损失函数。其中，边界框回归损失函数的计算指标一般是交并比 IOU，交并比代表了预测框和真实框的距离，从而可以反映出检测的效果。但是交并比 IOU 作为损失函数时，如果预测框和真实框没有发生重叠，IOU 的值会为零，此时无法反映两者之间的距离。此外，当两者没有重叠的情况时，梯度为 0，将会导致无法进行学习和训练。为了解决以上问题，YOLOv5 采用了 GIOU 作为边界框回归损失函数。设 A 为预测框，B 为真实框，C 为 A 与 B 的最小闭合框，GIOU 的计算公式如式（8-2）所示，计算概念图如图 8-15 所示。

$$GIOU = IOU - \frac{|C / A \cup B|}{|C|} \qquad (8\text{-}2)$$

GIOU 作为边界框回归损失函数时的计算式如式（8-3）所示：

$$L_{GIOU} = 1 - GIOU \qquad (8\text{-}3)$$

训练阶段的分类损失函数采用的是二元交叉熵损失函数。它由边界框回归损失、置信度预测损失和类别预测损失三部分构成，如式（8-4）所示：

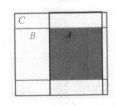

图 8-15　GIOU 的计算
概念图

$$\text{Loss(obj)} = L_{\text{GIOU}} + \sum_{i=0}^{s \times s} \sum_{j=0}^{B} 1_{ij}^{\text{obj}} [C_i \log_2(C_i) + (1-C_i) \log_2(1-C_i)] - \sum_{i=0}^{s \times s} \sum_{j=0}^{B} 1_{ij}^{\text{noobj}} [C_i \log_2(C_i) +$$

$$(1-C_i) \log_2(1-C_i)] + \sum_{i=0}^{s \times s} \sum_{j=0}^{B} 1_{ij}^{\text{obj}} \sum_{c \in \text{classes}} [p_i(c) \log_2(p_i(c))] \tag{8-4}$$

8.2.3　基于 YOLOv5 的交通标志检测与识别

本节将采用 YOLOv5 完成交通标志检测与识别任务，围绕该任务，接下来将分别从以下几个方面进行介绍。

微课视频

8.2.3.1　CCTSDB 数据集

本节采用的数据集是 CCTSDB 公开数据集，它是由长沙理工大学综合交通运输大数据智能处理湖南省重点实验室制作完成的，该数据集主要包含了 15734 张不同分辨率的图像，该数据集的作者对原始图像经过加入椒盐噪声、图像压缩等处理方法进行了数据集的扩充。数据集的图片主要收集于中国城区街道和高速公路。CCTSDB 数据集包含了三类路标：警告类（warning）、禁令类（prohibitory）、指示类（mandatory）。CCTSDB 数据集相比于德国路标数据集 GTSRB 具有更加复杂的环境背景，分辨率种类更加丰富，检测目标大小不一，这使得模型在完成检测任务时更加具有挑战性，同时也证明 CCTSDB 数据集在衡量模型优劣方面更加具有说服力，数据集的部分图片如图 8-16 所示。完整的数据集可扫描二维码下载。

下载 CCTSDB
数据集

图 8-16　CCTSDB 数据集的部分图片

CCTSDB 数据集已经进行了标注，标注文件以.txt 文件形式（"GroundTruth.txt"）保存，部分信息如图 8-17 所示。数据集数据分为三类：warning、prohibitory、mandatory，标注文件中的四个整数数值表示标注框的长、宽和中心点的坐标。

```
00000.png;527;377;555;404;warning
00001.png;738;279;815;414;prohibitory
00002.png;532;426;640;523;warning
00002.png;535;335;636;427;warning
00003.png;1175;134;1210;166;warning
00004.png;997;212;1030;244;mandatory
00005.png;276;236;311;268;mandatory
00005.png;915;217;947;248;prohibitory
00006.png;129;373;185;425;mandatory
00007.png;402;138;437;173;mandatory
00008.png;415;297;471;370;prohibitory
00009.png;343;240;375;271;mandatory
00009.png;936;220;965;249;prohibitory
00010.png;848;251;892;294;mandatory
```

图 8-17 标注文件中的部分信息

8.2.3.2 YOLOv5

1. 环境配置

这里默认 Anaconda、PyCharm 和 Python 已经安装成功，对环境的基础要求是 Python 的版本高于 3.7.0。PyTorch 严格按照表 8-1 所示的版本进行安装，也可以进入 PyTorch 官网查看对应版本信息并下载安装，PyTorch 版本选择示意图如图 8-18 所示。由于所用计算机没有独立显卡，所以此处选用 CPU 版的 PyTorch。

表 8-1 PyTorch 版本说明

CUDA 版本	可用 PyTorch 版本
7.5	0.4.1、0.3.0、0.2.0、0.1.12、0.1.6
8.0	1.0.0、0.4.1
9.0	1.1.0、1.0.1、1.0.0、0.4.1
9.2	1.4.0、1.2.0、0.4.1
10.0	1.2.0、1.1.0、1.0.1、1.0.0
10.1	1.6.0、1.5.0、1.4.0、1.3.0
10.2	1.6.0、1.5.0

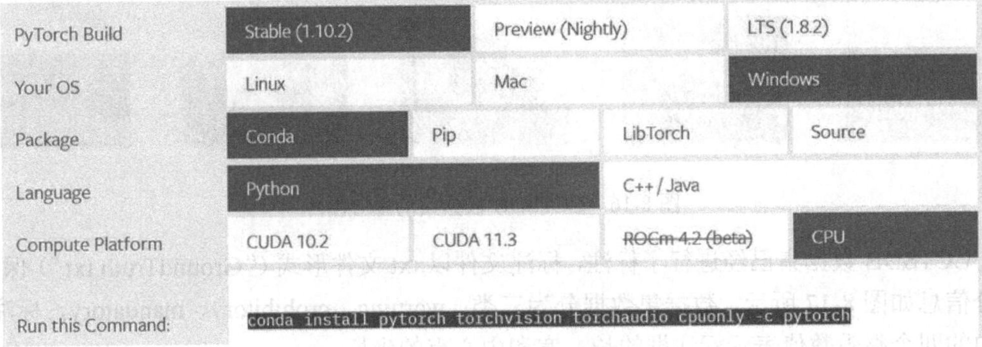

PyTorch Build	Stable (1.10.2)	Preview (Nightly)		LTS (1.8.2)
Your OS	Linux	Mac		Windows
Package	Conda	Pip	LibTorch	Source
Language	Python	C++ / Java		
Compute Platform	CUDA 10.2	CUDA 11.3	ROCm 4.2 (beta)	CPU
Run this Command:	conda install pytorch torchvision torchaudio cpuonly -c pytorch			

图 8-18 PyTorch 版本选择示意图

2. 下载、安装与测试

下载 YOLOv5（可扫描二维码下载）后解压压缩包，然后打开 PyCharm 创建新项目，PyCharm 创建新项目参考如图 8-19 所示。

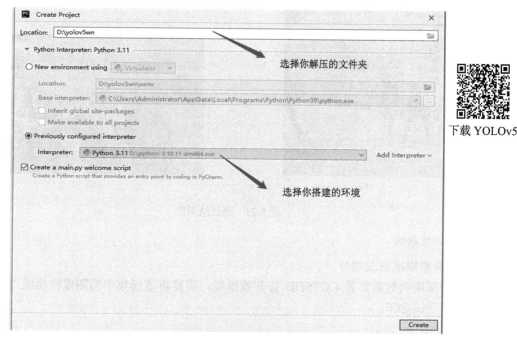

选择你解压的文件夹

选择你搭建的环境

下载 YOLOv5

图 8-19　PyCharm 创建新项目参考

创建项目完成后，打开终端，下载所需安装包，如图 8-20 所示。

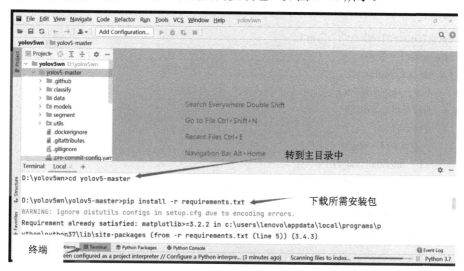

转到主目录中

下载所需安装包

终端

图 8-20　下载所需安装包

最后，运行 detect.py 程序，测试是否配置成功，测试结果默认存放在 runs/detect/exp 中。由于需要下载模型数据，第一次运行会慢一些。如果运行结束后没有报错，而且在左侧的 runs\detect\exp 目录下出现了如图 8-21 所示的测试结果图，说明安装成功。

（a）

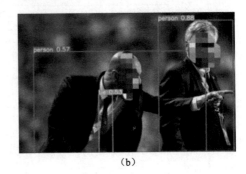
（b）

图 8-21　测试结果图

3．训练数据

1）数据集准备及划分

本节采用的数据集是 CCTSDB 公开数据集，需要将数据集中的图像转换成 YOLO 格式，参考代码如下。

```
# 0 warning
# 1 mandatory
# 2 prohibitory
import cv2

with open("GroundTruth.txt", "r") as f:
    img_name1 = None
    for line in f.readlines():
        line = line.strip('\n')
        line = line.split(';')
        # print(line)
        img_name = line[0]
        x1 = int(float(line[1]))
        y1 = int(float(line[2]))
        x2 = int(float(line[3]))
        y2 = int(float(line[4]))
        label = line[5]

        name = img_name.split('.')
        name = name[0]
        if label == "warning":
            label = 0
        elif label == "mandatory":
```

```
        label = 1
    elif label == "prohibitory":
        label = 2
    print(name, label)

    img = cv2.imread(f"Images/{name}.png")
    sp = img.shape
    h = sp[0]
    w = sp[1]

    x_ = (x1 + x2) / (2 * w)
    y_ = (y1 + y2) / (2 * h)
    w_ = (x2 - x1) / w
    h_ = (y2 - y1) / h

    strcontent = f'{label} {x_} {y_} {w_} {h_}'
    print(strcontent)

    f = open(f"labels/{name}.txt", 'a')
    f.write(strcontent)
    f.write('\n')
```

　　首先，将图像数据和标签数据划分为训练集、验证集和测试集，比例根据数据量不同而不同，一般为 7：1：2，也可以不划分验证集，直接按 7：3 或 8：2 的比例划分训练集和测试集。然后，仿照 YOLOv5 原生格式新建一个 dataset 文件夹，并创建 images、labels 两个子文件夹，分别存放待训练的图像以及标注后的 label 数据，并在两个子文件夹中分别创建数据集目录 train、val、test，参考目录示意图如图 8-22 所示。

　　同时，将相应的数据集分别存放在文件夹中，如图 8-23（a）、图 8-23（b）所示。路径列表 train_list.txt 是自己生成的一个目录文件结构，如图 8-23（c）所示。至此，数据集的准备及划分工作已经完成。

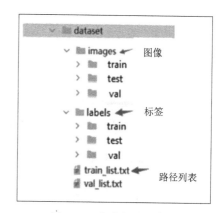

图 8-22　参考目录示意图

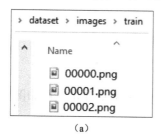

（a）

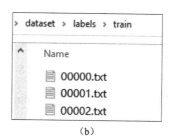

（b）

图 8-23　数据集存放位置示意图

```
D:\yolov5wn\yolov5-master\dataset\images\train\00000.png
D:\yolov5wn\yolov5-master\dataset\images\train\00001.png
D:\yolov5wn\yolov5-master\dataset\images\train\00002.png
```

(c)

图 8-23　数据集存放位置示意图（续）

2）配置更改

首先，将 dataset 下的 coco128.yaml 文件复制，粘贴在 data 目录下，改成自己的名字（如 lubiao.yaml）。然后修改文件里的内容：①修改数据集所在位置的目录数据集路径；②将 nc（number of classes）改为 3；③修改 names 为自己数据的类别名；④注释掉 download，否则会自动下载，配置更改示意图如图 8-24 所示。

图 8-24　配置更改示意图

另外，在列表中的 models 里选择自己需要的模型，并将模型中的类别数 nc 修改成 3，这里选择的模型是 yolov5s.yaml，yolov5s.yaml 模型示意图如图 8-25 所示。

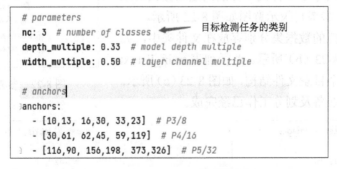

图 8-25　yolov5s.yaml 模型示意图

模型训练之前还需要更改 train.py 中的参数，训练模型参数更改示意图如图 8-26 所示。

默认为空，改为自己的模型位置　　　　训练所用的初始权重，不用改

```
parser = argparse.ArgumentParser()
parser.add_argument('--weights', type=str, default='weights/yolov5s.pt', help='initial weights path')
parser.add_argument('--cfg', type=str, default='models/yolov5s_lubiao.yaml', help='model.yaml path')
parser.add_argument('--data', type=str, default='data/lubiao.yaml', help='data.yaml path')
parser.add_argument('--hyp', type=str, default='data/hyp.scratch.yaml', help='hyperparameters path')
parser.add_argument('--epochs', type=int, default=300)
parser.add_argument('--batch-size', type=int, default=8, help='total batch size for all GPUs')
```

训练次数，根据自己内容设置　　　根据闪存大小，自行更改　　　为自己所配置的数据及参数目录

图 8-26　训练模型参数更改示意图

3）训练

做好上述准备后，直接运行 train.py 即可完成训练。

4）测试

训练好的权重会保存在 runs/train/exp 文件夹中，用训练好的权重去做任务时，需要修改 detect.py 的参数配置，测试程序更改参数配置示意图如图 8-27 所示。

待检测图像的路径　　自己所建的数据配置模型　　训练好的权重存放路径

```
parser = argparse.ArgumentParser()
parser.add_argument('--weights', nargs='+', type=str, default='runs/train/exp8/weights/best.pt', help='model
parser.add_argument('--source', type=str, default='data/images/04097.png', help='source')  # file/folder, 0
parser.add_argument('--data', type=str, default='data/lubiao.yaml', help='data.yaml path')
```

图 8-27　测试程序更改参数配置示意图

更改参数配置后，直接运行 detect.py，完成检测。部分检测结果图如图 8-28 所示。

（a）

（b）

（c）

图 8-28　部分检测结果图

8.3 基于卷积神经网络的车牌定位与识别

目前，我国汽车保有量快速增长，这极大地方便了人们的出行，但同时也带来了城市道路拥堵、交通事故频发等社会问题。为了解决这些问题，除了依靠交通法规，还希望建立一套完整的智能交通系统来合理管理交通流量，车牌识别就是其中一项关键技术。车牌定位与识别的主要任务是将图片或者视频中的车牌位置框选出来并识别出其中的车牌信息。本节内容主要基于 Python 语言和 OpenCV 库（cv2）进行车牌区域定位和车牌字符识别。本节将对车牌定位与识别方法进行详细讲解。

8.3.1 车牌特征

这里使用的车牌定位和识别方法主要应用于民用汽车车牌，一些特殊车牌的汽车类型例如军车、武警车、外籍车等暂不适用此方法。这里仅选取民用汽车里的小型和大型汽车作为分析对象。并按照中华人民共和国公共安全行业标准《中华人民共和国机动车号牌》（GA36—2018）来展现出其相关的车牌机制标准。

8.3.1.1 尺寸规格

表 8-2 所示为我国部分机动车型号和车牌规格信息，根据相关标准和要求，我国对不同车牌型号界定的标准是不同的，这在某种概念上能够减少一定的车辆识别的难度。

表 8-2 我国部分机动车型号和车牌规格信息

类 别	外廓尺寸/mm
大型汽车车牌	前：440×140 后：440×220
挂车车牌	440×220
使馆汽车车牌	440×140
领馆汽车车牌	440×140
警用汽车车牌	440×140
新能源汽车车牌	440×140
小型汽车车牌	440×140

8.3.1.2 序号编码规则

基本来讲，我国机动车车牌号由 7 个字符固定组成，图 8-29 所示为机动车车牌规则示意图。

在图 8-29 中，车牌第 1 位都是各个省，或者是自治区、直辖市的简称，即"京""沪""津"等，有 31 个简称。第 2 位为发牌机关代号，编号是英文大写字母。后 5 位由 00001～99999 个不同排序的阿拉伯数字组成，一般序号只要是超过了 10 万，就会由 A、B、C 等 24 个大写英文字母来代替，剔除 I 和 O 不能使用。

图 8-29　机动车车牌规则示意图

（注：本图所用车牌仅用于算法实验，不具有真实性。）

8.3.1.3　颜色规则

现阶段，我国机动车的车牌颜色具体展现：小型民用车辆的为白字蓝底、大型民用车辆的为黑字黄底、新能源车辆的为黑字绿底、武警专用车辆的为红"WJ"字样白底、小型新能源车辆的为黑字绿白底渐变、外籍车辆的为白字黑底、农用车辆的为白字绿底。图 8-30 所示为部分类型车车牌效果展示图。

（a）小型民用车车牌　　　　　（b）大型民用车车牌　　　　　（c）新能源车车牌

图 8-30　部分类型车车牌效果展示图

（注：本图所用车牌仅用于算法实验，不具有真实性。）

8.3.2　车牌定位与识别方案设计

一个完整的车牌识别系统应包括车辆检测、图像采集、图像预处理、车牌定位、字符分割、字符识别等单元。当车辆触发图像采集单元时，系统采集当前的视频图像。车辆识别单元对图像进行预处理，定位出牌照位置，再将车牌中的字符分割出来进行识别，然后组成车牌号码输出。车牌识别系统原理如图 8-31 所示。

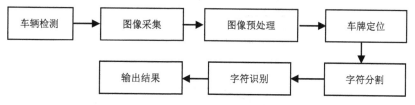

图 8-31　车牌识别系统原理

8.3.2.1　图像预处理

为了用于牌照的分割和牌照字符的识别，原始图像应具有适当的亮度、较大的对比度和清晰可辨的牌照图像。但由于该系统的摄像部分工作于开放的户外环境，加之车辆牌照的整洁度、自然光照条件、拍摄时摄像机与牌照的距离和角度、车辆行驶速度等因素的影响，牌照图像可能出现模糊、歪斜和缺损等严重缺陷，因此需要对原始图像进行识别前的预处理。因此，读入图像后，对图像进行灰度化、去噪等预处理，这些预处理方法可有效筛选出关键信息并去除影响最终效果的无关信息，参考代码如下。

```python
# 图像去噪、灰度处理
def gray_guss(image):
    # 高斯去噪
    image = cv2.GaussianBlur(image, (3, 3), 0)
    # 灰度处理
    gray_image = cv2.cvtColor(image, cv2.COLOR_RGB2GRAY)
    return gray_image
```

8.3.2.2　车牌定位

微课视频

车牌定位指从预处理后的汽车图像中分割出车牌图像，即在一幅车辆图像中找到车牌所在的位置。目前，我国所有类型汽车车牌的大小规格相差不大，基本上长宽比是固定不变的。通常情况下，车牌的边缘信息都是比较多的，它们主要用于检测目标车牌区域内的明显亮度变化，这个算法的优点在于操作难度低、容易实现检测目的，但不足的是仅仅依靠车牌边缘信息不能够解决复杂情况的问题。基于边缘信息的车牌定位算法流程如图 8-32 所示。

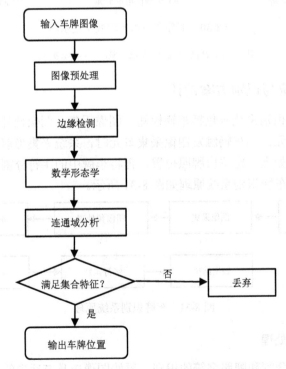

图 8-32　基于边缘信息的车牌定位算法流程

基于边缘信息的车牌定位参考代码如下。

```
def get_carLicense_img(image):
    gray_image = gray_guss(image)
    # Sobel 算子边缘检测（做了一个 y 方向的检测）
    Sobel_x = cv2.Sobel(gray_image, cv2.CV_16S, 1, 0)
    # Sobel_y = cv2.Sobel(image, cv2.CV_16S, 0, 1)
    absX = cv2.convertScaleAbs(Sobel_x) # 转回 uint8
    image = absX
    # 自适应阈值处理
    ret, image = cv2.threshold(image, 0, 255, cv2.THRESH_OTSU)
    # 闭运算
    kernelX = cv2.getStructuringElement(cv2.MORPH_RECT, (17, 5))
    image = cv2.morphologyEx(image, cv2.MORPH_CLOSE, kernelX,iterations = 3)
    # 去除一些小的白点
    kernelX = cv2.getStructuringElement(cv2.MORPH_RECT, (20, 1))
    kernelY = cv2.getStructuringElement(cv2.MORPH_RECT, (1, 19))
    # 膨胀，腐蚀
    image = cv2.dilate(image, kernelX)
    image = cv2.erode(image, kernelX)
    # 腐蚀，膨胀
    image = cv2.erode(image, kernelY)
    image = cv2.dilate(image, kernelY)
    # 中值滤波去除噪点
    image = cv2.medianBlur(image, 15)
    # 轮廓检测
    # cv2.RETR_EXTERNAL 表示只检测外轮廓
    # cv2.CHAIN_APPROX_SIMPLE 压缩水平方向、垂直方向、对角线方向的元素，只保留该方向
的终点坐标，例如，一个矩形轮廓只需 4 个点来保存轮廓信息
    contours, hierarchy = cv2.findContours(image, cv2.RETR_EXTERNAL, cv2.CHAIN_APPROX_SIMPLE)
    # 筛选出车牌位置的轮廓
    # 这里只做了一个车牌的长宽比在 2.5：1 到 5.5：1 之间的一个判断
    for item in contours:
        rect = cv2.boundingRect(item)
        x = rect[0]
        y = rect[1]
        weight = rect[2]
        height = rect[3]
        if (weight > (height * 2.5)) and (weight < (height * 5.5)):
            image = origin_image[y:y + height, x:x + weight]
            return image
        # else:print("比例不合适")
```

通常情况下，边缘检测和颜色定位两者相融合，可以提高定位的准确度，主要采用 HSV

模型进行判断和识别。HSV 模型是圆锥状的模型，它主要依靠颜色单元来实现，HSV 模型与 RGB 模型两者的不同点在于：HSV 模型的 3 个分量分别代表各自的信息，比如 H 是指色调，S 是指饱和度，V 是指亮度。

通过研究可得，当 H 处于 125～150 区间时，代表颜色是蓝色。这项结论可以用于车牌颜色为蓝色的车牌检测；当 H 处于 15～45 区间时也是一样的道理，它可以用于车牌颜色为黄色的车牌检测；当 H 处于 45～90 区间时，它可以用于车牌颜色为绿色的车牌检测。因此，在确定了 HSV 模型的阈值之后，可以根据颜色来判定车牌具体定位。需要注意的是，如果输入图像格式不是 HSV 格式，需要转换图像格式，将图像格式转换成 HSV 格式。参考代码如下。

```python
def __preTreatment(self, car_pic):
    if type(car_pic) == type(""):
        img = self.__imreadex(car_pic)
    else:
        img = car_pic
    pic_hight, pic_width = img.shape[:2]
    if pic_width > self.MAX_WIDTH:
        resize_rate = self.MAX_WIDTH / pic_width
        img = cv2.resize(img, (self.MAX_WIDTH, int(pic_hight * resize_rate)),
                         interpolation=cv2.INTER_AREA)  # 图片分辨率调整
    kernel = np.array([[0, -1, 0], [-1, 5, -1], [0, -1, 0]], np.float32)  # 定义一个核
    img = cv2.filter2D(img, -1, kernel=kernel)  # 锐化
    blur = self.cfg["blur"]
    # 高斯去噪
    if blur > 0:
        img = cv2.GaussianBlur(img, (blur, blur), 0)
    oldimg = img
    img = cv2.cvtColor(img, cv2.COLOR_BGR2GRAY)
    # cv2.imshow('GaussianBlur', img)
    kernel = np.ones((20, 20), np.uint8)
    img_opening = cv2.morphologyEx(img, cv2.MORPH_OPEN, kernel)  # 开运算
    img_opening = cv2.addWeighted(img, 1, img_opening, -1, 0);  # 与上一次开运算结果融合
    # cv2.imshow('img_opening', img_opening)
    # 找到图像边缘
    ret, img_thresh = cv2.threshold(img_opening, 0, 255, cv2.THRESH_BINARY + cv2.THRESH_OTSU)
    # 二值化
    img_edge = cv2.Canny(img_thresh, 100, 200)
    # cv2.imshow('img_edge', img_edge)
    # 使用开运算和闭运算让图像边缘成为一个整体
    kernel = np.ones((self.cfg["morphologyr"], self.cfg["morphologyc"]), np.uint8)
    img_edge1 = cv2.morphologyEx(img_edge, cv2.MORPH_CLOSE, kernel)  # 闭运算
    img_edge2 = cv2.morphologyEx(img_edge1, cv2.MORPH_OPEN, kernel)  # 开运算
```

```
# cv2.imshow('img_edge2', img_edge2)
# 查找图像边缘整体形成的矩形区域，可能有很多，车牌就在其中一个矩形区域中
try:
    image, contours, hierarchy = cv2.findContours(img_edge2, cv2.RETR_TREE,
cv2.CHAIN_APPROX_SIMPLE)
except ValueError:
    # ValueError: not enough values to unpack (expected 3, got 2)
    # cv2.findContours 方法在高版本 OpenCV 中只返回两个参数
    contours, hierarchy = cv2.findContours(img_edge2, cv2.RETR_TREE, cv2.CHAIN_APPROX_SIMPLE)
contours = [cnt for cnt in contours if cv2.contourArea(cnt) > self.Min_Area]
# 逐个排除不是车牌的矩形区域
car_contours = []
for cnt in contours:
    # 框选 生成最小外接矩形 返回值（中心(x,y), (宽,高), 旋转角度）
    rect = cv2.minAreaRect(cnt)
    # print('宽高:',rect[1])
    area_width, area_height = rect[1]
    # 选择宽大于高的区域
    if area_width < area_height:
        area_width, area_height = area_height, area_width
    wh_ratio = area_width / area_height
    # print('宽高比：',wh_ratio)
    # 要求矩形区域长宽比在 2 到 5.5 之间，2 到 5.5 是车牌的长宽比，其余的矩形排除
    if wh_ratio > 2 and wh_ratio < 5.5:
        car_contours.append(rect)
        # box = cv2.boxPoints(rect)
        # box = np.int0(box)
    # 框出所有可能的矩形
    # oldimg = cv2.drawContours(img, [box], 0, (0, 0, 255), 2)
    # cv2.imshow("Test",oldimg )
# 矩形区域可能是倾斜的矩形，需要矫正，以便使用颜色定位
card_imgs = []
for rect in car_contours:
    if rect[2] > -1 and rect[2] < 1:    # 创造角度，使得左、高、右、低拿到正确的值
        angle = 1
    else:
        angle = rect[2]
    rect = (rect[0], (rect[1][0] + 5, rect[1][1] + 5), angle)    # 扩大范围，避免车牌边缘被排除
    box = cv2.boxPoints(rect)
    heigth_point = right_point = [0, 0]
    left_point = low_point = [pic_width, pic_hight]
    for point in box:
        if left_point[0] > point[0]:
```

```
                    left_point = point
                if low_point[1] > point[1]:
                    low_point = point
                if heigth_point[1] < point[1]:
                    heigth_point = point
                if right_point[0] < point[0]:
                    right_point = point
            if left_point[1] <= right_point[1]:    # 正角度
                new_right_point = [right_point[0], heigth_point[1]]
                pts2 = np.float32([left_point, heigth_point, new_right_point])    # 字符只是高度需要改变
                pts1 = np.float32([left_point, heigth_point, right_point])
                M = cv2.getAffineTransform(pts1, pts2)
                dst = cv2.warpAffine(oldimg, M, (pic_width, pic_hight))
                self.__point_limit(new_right_point)
                self.__point_limit(heigth_point)
                self.__point_limit(left_point)
                card_img = dst[int(left_point[1]):int(heigth_point[1]), int(left_point[0]):int(new_right_point[0])]
                card_imgs.append(card_img)
            elif left_point[1] > right_point[1]:    # 负角度
                new_left_point = [left_point[0], heigth_point[1]]
                pts2 = np.float32([new_left_point, heigth_point, right_point])    # 字符只是高度需要改变
                pts1 = np.float32([left_point, heigth_point, right_point])
                M = cv2.getAffineTransform(pts1, pts2)
                dst = cv2.warpAffine(oldimg, M, (pic_width, pic_hight))
                self.__point_limit(right_point)
                self.__point_limit(heigth_point)
                self.__point_limit(new_left_point)
                card_img = dst[int(right_point[1]):int(heigth_point[1]), int(new_left_point[0]):int(right_point[0])]
                card_imgs.append(card_img)
    #cv2.imshow("card", card_imgs[0])
    ##____开始使用颜色定位，排除不是车牌的矩形，目前只识别蓝、绿、黄车牌
    colors = []
    for card_index, card_img in enumerate(card_imgs):
        green = yellow = blue = black = white = 0
        try:
            # 有转换失败的可能，原因是上面矫正矩形出错
            card_img_hsv = cv2.cvtColor(card_img, cv2.COLOR_BGR2HSV)
        except:
            card_img_hsv = None
        if card_img_hsv is None:
            continue
        row_num, col_num = card_img_hsv.shape[:2]
        card_img_count = row_num * col_num
```

```
# 确定车牌颜色
for i in range(row_num):
    for j in range(col_num):
        H = card_img_hsv.item(i, j, 0)
        S = card_img_hsv.item(i, j, 1)
        V = card_img_hsv.item(i, j, 2)
        if 15 < H <= 45and S > 34:    # 图片分辨率调整
            yellow += 1
        elif 45 < H <= 90 and S > 34:    # 图片分辨率调整
            green += 1
        elif 125 < H <= 150 and S > 34:    # 图片分辨率调整
            blue += 1
        if 0 < H < 180 and 0 < S < 255 and 0 < V < 46:
            black += 1
        elif 0 < H < 180 and 0 < S < 43 and 221 < V < 225:
            white += 1
color = "no"
# print('黄：{:<6}绿：{:<6}蓝：{:<6}'.format(yellow,green,blue))
limit1 = limit2 = 0
if yellow * 2 >= card_img_count:
    color = "yellow"
    limit1 = 15
    limit2 = 45    # 有的图片有色偏，偏绿
elif green * 2 >= card_img_count:
    color = "green"
    limit1 = 45
    limit2 = 95
elif blue * 2 >= card_img_count:
    color = "blue"
    limit1 = 125
    limit2 = 150 # 有的图片有色偏，偏紫
elif black + white >= card_img_count * 0.7:
    color = "bw"
# print(color)
colors.append(color)
# print(blue, green, yellow, black, white, card_img_count)
if limit1 == 0:
    continue
# 根据车牌颜色再定位，缩小边缘非车牌边界
xl, xr, yh, yl = self.__accurate_place(card_img_hsv, limit1, limit2, color)
if yl == yh and xl == xr:
    continue
need_accurate = False
```

```
        if yl >= yh:
            yl = 0
            yh = row_num
            need_accurate = True
        if xl >= xr:
            xl = 0
            xr = col_num
            need_accurate = True
        card_imgs[card_index] = card_img[yl:yh, xl:xr] \
            if color != "green" or yl < (yh - yl) // 4 else card_img[yl - (yh - yl) // 4:yh, xl:xr]
    if need_accurate:    # 可能 x 或 y 方向未缩小，需要再试一次
            card_img = card_imgs[card_index]
            card_img_hsv = cv2.cvtColor(card_img, cv2.COLOR_BGR2HSV)
            xl, xr, yh, yl = self.__accurate_place(card_img_hsv, limit1, limit2, color)
            if yl == yh and xl == xr:
                continue
            if yl >= yh:
                yl = 0
                yh = row_num
            if xl >= xr:
                xl = 0
                xr = col_num
        card_imgs[card_index] = card_img[yl:yh, xl:xr] \
            if color != "green" or yl < (yh - yl) // 4 else card_img[yl - (yh - yl) // 4:yh, xl:xr]
    # print('颜色识别结果：' + colors[0])
    return card_imgs, colors
```

对图 8-33 所示的含车牌图像（以下车牌最后一位已隐去）进行预处理，然后经过车牌定位并分割，所获得的车牌图像如图 8-34 所示。

图 8-33　含车牌图像

图 8-34　定位、分割后所获得的车牌图像

　　为了提高车牌定位准确率，也可以利用上述过程获取的车牌图像建立数据集，调用 OPenCV 库函数中的 SVM 构造算法，训练支持向量机分类器，决策结果为"是车牌"的候选区域位置即被预测车牌的具体位置。构造支持向量机的具体代码如下。

```
def creSVM():
svm=cv2.ml.SVM_create()
svm.setType (cv2.ml.SVM_C_SVC)
svm.setKernel (cv2.ml.SVM_LINEAR)
svm.setC（1.0）
ret=svm.train(train_data, cv2.ml.ROW_SAMPLE,train_lamble)
```

　　随着深度学习的发展，目前也有很多系统采用基于卷积神经网络的车牌定位算法。例如，采用 YOLO 算法进行车牌检测，具有响应速度快、定位精准度高的特点，而且能够比较好地解决自然场景下精准快速定位车牌的问题。

　　值得注意的是，由于 CCD 摄像和车牌之间的角度问题，时常会存在避免不了的角度倾斜，从而降低了定位的准确率，同时也容易给下一步字符分割带来麻烦，影响准确性，因此需要矫正倾斜的车牌。

8.3.2.3　字符分割

　　对车牌图像进行几何校正、去噪、二值化以及字符分割，以从车牌图像中分离出组成车牌号码的单个字符图像。投影法是目前常用的车牌字符分割算法。利用二值化图像像素的分布直方图进行分析，从而找出相邻字符的分界点进行分割，主要思路：二值图像对应方向的投影，就是在该方向上取一条直线，统计垂直于该直线（轴）的图像上黑色像素的个数，累加求和作为该轴该位置的值；基于图像投影的切割就是将图像映射成这种特征后，基于这种特征判定图像的切割位置（坐标），用这个坐标来切割原图像，垂直投影法示意图如图 8-35 所示。

微课视频

图 8-35　垂直投影法示意图

　　垂直投影法的参考代码如下。

```
img = cv2.imread('1.jpg')
cv2.imshow('card',img)
img = cv2.imread('1.jpg',0)
cv2.imshow('gary',img)
height,width = img.shape
```

```
thres,binary = cv2.threshold(img,0,255,cv2.THRESH_OTSU + cv2.THRESH_BINARY_INV)
cv2.imshow('threshold',binary)
# print(img.shape)
paint = np.zeros(img.shape,dtype=np.uint8)
# 每一列黑色像素个数
pointSum = np.zeros(width,dtype=np.uint8)
for x in range(width):
    for y in range(height):
        if binary[y][x]:
            pointSum[x] = pointSum[x] + 1
for x in range(width):
    for y in range(height)[::-1]:
        if (pointSum[x]):
            paint[y][x] = 255
            pointSum[x] = pointSum[x] - 1
cv2.imshow('paint',paint)
cv2.waitKey(0)
```

对图 8-34 所示的车牌进行二值化处理，并进行字符分割，车牌二值化结果和字符分割结果分别如图 8-36 和图 8-37 所示。

图 8-36　车牌二值化结果 　　　　　　　　　　图 8-37　字符分割结果

8.3.2.4　字符识别

由于车牌号中的字符均为打印体，故可以将车牌号信息的识别归为光电字符识别问题。识别的过程大致分为两步：首先提取车牌区域的字符；然后对截取出的每个车牌字符使用训练好的分类器进行识别，以获得车牌号信息。该部分的主要内容是分类器的设计与实现。

1. SVM 等传统分类器

用 SVM 等传统分类器进行字符分类时，需要对字符图像提取特征。对于车牌号字符分类器研究的问题，图像的边缘十分重要，因此提取特征时应重点关注图像边缘。沿着一张图片 X 轴和 Y 轴方向上的梯度是很有用的，因为在边

微课视频

缘和角点的梯度值是很大的，边缘和角点包含了很多物体的形状信息。方向梯度直方图（HOG）表示的是边缘（梯度）的结构特征，因此可以描述局部的形状信息；位置和方向空间的量化在一定程度上可以抑制平移和旋转带来的影响；在局部区域归一化直方图，可以部分抵消光照变化带来的影响。由于在一定程度上忽略了光照颜色对图像造成的影响，所以图像所需要的表征数据的维度降低了。因此，可以采用方向梯度直方图中梯度的方向作为特征。

训练 SVM 分类器，参考代码如下。

```
def train_svm(path):
    # 识别英文字母和数字
    Model = SVM(C=1, gamma=0.5)
    # 识别中文
    Modelchinese = SVM(C=1, gamma=0.5)
    # 英文字母和数字部分训练
    chars_train = []
    chars_label = []
    for root, dirs, files in os.walk(os.path.join(path,'chars')):
        if len(os.path.basename(root)) > 1:
            continue
        root_int = ord(os.path.basename(root))
        for filename in files:
            print('input：{}'.format(filename))
            filepath = os.path.join(root, filename)
            digit_img = cv2.imread(filepath)
            digit_img = cv2.cvtColor(digit_img, cv2.COLOR_BGR2GRAY)
            chars_train.append(digit_img)
            chars_label.append(root_int)
    chars_train = list(map(deskew, chars_train))
    chars_train = preprocess_hog(chars_train)
    chars_label = np.array(chars_label)
    Model.train(chars_train, chars_label)
    if not os.path.exists("svm.dat"):
        # 保存模型
        Model.save("svm.dat")
    else:
        # 更新模型
        os.remove("svm.dat")
        Model.save("svm.dat")
    # 中文部分训练
    chars_train = []
    chars_label = []
    for root, dirs, files in os.walk(os.path.join(path,'charsChinese')):
        if not os.path.basename(root).startswith("zh_"):
            continue
        pinyin = os.path.basename(root)
        index = provinces.index(pinyin) + PROVINCE_START + 1    # 1 是拼音对应的汉字
        for filename in files:
            print('input：{}'.format(filename))
            filepath = os.path.join(root, filename)
            digit_img = cv2.imread(filepath)
```

```
                digit_img = cv2.cvtColor(digit_img, cv2.COLOR_BGR2GRAY)
                chars_train.append(digit_img)
                chars_label.append(index)
    chars_train = list(map(deskew, chars_train))
    chars_train = preprocess_hog(chars_train)
    chars_label = np.array(chars_label)
    Modelchinese.train(chars_train, chars_label)
    if not os.path.exists("svmchinese.dat"):
        # 保存模型
        Modelchinese.save("svmchinese.dat")
    else:
        # 更新模型
        os.remove("svmchinese.dat")
        Modelchinese.save("svmchinese.dat")
```

2. 卷积神经网络

可以将字符图像直接作为卷积神经网络的输入，不需要提取图像特征，但需要统一每个字符图像的分辨率，这里使用的是 20×20×3 大小的字符图像，可以用 PyTorch 框架中的 CenterCrop 函数或 Resize 函数对图像进行预处理。卷积神经网络的参考代码如下所述。

微课视频

（1）搭建卷积神经网络，参考代码如下。

```
class Net(nn.Module):
    def __init__(self):
        super().__init__()
        self.conv1 = nn.Conv2d(3, 10, kernel_size=3)
        self.conv2 = nn.Conv2d(10, 20, kernel_size=3)
        self.conv3 = nn.Conv2d(20, 40, kernel_size=3)
        self.conv2_drop = nn.Dropout2d()
        self.fc1 = nn.Linear(1000, 500)
        path = "./dataset/ann"
        classes = os.listdir(path)
        self.fc2 = nn.Linear(500, len(classes))
    def forward(self, x):
        x = F.relu(F.max_pool2d(self.conv1(x), 2))
        x = F.relu(self.conv2(x))
        x = F.relu(self.conv3(x))
        x = x.view(-1, 1000)
        x = F.relu(self.fc1(x))
        #x = F.dropout(x,p=0.1, training=self.training)
        x = self.fc2(x)
        return F.log_softmax(x,dim=1)
```

卷积层写法 nn.Conv2d(3, 10, kernel_size=3)的第一个参数为输入通道数 3，第二个参数是输出通道数 10，第三个参数为卷积核大小，第四个参数为卷积步数，默认为 1，最后一个为 pading，默认为 0。Pading 的目的是保证输入、输出图片的尺寸大小一致。全连接层，最后使用 nn.Linear()全连接层进行数据的全连接。以上便是整个卷积神经网络的结构，大致为 input-卷积-Relu-pooling-卷积-Relu-pooling-linear-output，卷积神经网络建完后，使用 forward()前向传播神经网络进行输入图片的训练。

（2）训练神经网络，参考代码如下。

```
def fit(epoch, model, data_loader, phase='training', volatile=False):
    print(f'第{epoch}轮开始训练=====>')
    optimizer = optim.SGD(model.parameters(), lr=0.01)
    if phase == 'training':
        model.train()
    if phase == 'validation':
        model.eval()
        volatile = True
    running_loss = 0.0
    running_correct = 0
    for batch_idx, (data, target) in enumerate(data_loader):
        data, target = Variable(data, volatile), Variable(target)
        if phase == 'training':
            optimizer.zero_grad()
        output = model(data)
        loss = F.nll_loss(output, target)
        running_loss += loss
        preds = output.data.max(dim=1, keepdim=True)[1]
        for i in range(len(preds)):
            if preds[i] == target[i]:
                running_correct += 1
        if phase == 'training':
            loss.backward()
            optimizer.step()
    loss = running_loss / len(data_loader.dataset)
    accuracy = 100. * running_correct / len(data_loader.dataset)
    print(
        f'{phase} loss is {loss:{5}.{2}} and {phase} accuracy is
{running_correct}/{len(data_loader.dataset)}{accuracy:{10}.{4}}')
    return loss, accuracy
if __name__ == '__main__':
    #这个是将训练数据放到测试集中的操作，无须多次处理，只需要处理一次即可
    #splistTrainAndTest(0.2)
    #这里是训练单个字符的神经网络，训练完成之后就无须再进行训练了
```

```
train()

def train():
    model = Net()
    transformation = transforms.Compose([transforms.ToTensor()])
    trains = ImageFolder('./dataset/ann', transformation)
    tests = ImageFolder('./dataset/test', transformation)
    train_loader = torch.utils.data.DataLoader(trains, batch_size=5, shuffle=True)
    test_loader = torch.utils.data.DataLoader(tests, batch_size=5, shuffle=True)
    train_losses, train_accuracy = [], []
    val_losses, val_accuracy = [], []
    for epoch in range(1, 20):
        epoch_loss, epoch_accuracy = fit(epoch, model, train_loader, phase='training')
        val_epoch_loss, val_epoch_accuracy = fit(epoch, model, test_loader, phase='validation')
        train_losses.append(epoch_loss)
        train_accuracy.append(epoch_accuracy)
        val_losses.append(val_epoch_loss)
        val_accuracy.append(val_epoch_accuracy)
    torch.save(model,'charann.path')
```

　　首先我们使用 Net()函数进行神经网络的初始化，并建立一个神经网络模型，利用 optim.SGD 优化函数建立一个 optimizer 神经网络优化器。model.parameters()获取 model 网络的参数，构建好神经网络后，网络的参数都保存在 parameters()函数当中。然后建立一个损失函数，神经网络的目的就是使用损失函数使神经网络的训练损失越来越小。

　　（3）识别神经网络，参考代码如下。

```
def showcarplate(self):
model=NET( )
    model=torch.load('charann.path',  map_location='cpu')
    path = "./dataset/ann"
    classes = os.listdir(path)
    #for ii in range(len(self.segs)):

    #cv2.imwrite('pred/P/tmp'+str(ii)+'.jpg',seg)
    transformation = transforms.Compose([transforms.ToTensor()])

    trains = ImageFolder('pred',transformation)
    train_loader = torch.utils.data.DataLoader(trains, batch_size=7, shuffle=False)

    zh={'zh_jing':'京','zh_gan':'赣','zh_cuan':'川','zh_e':'鄂','zh_gui':'贵','zh_hei':'黑','zh_liao':'辽','zh_meng':'蒙'}
    carplate=[]
    for batch_idx, (data, target) in enumerate(train_loader):
        # print(f'batchsize=={len(data)}')
```

```
        data, target = Variable(data, True), Variable(target)
        output = model(data)
        preds = output.data.max(dim=1, keepdim=True)[1]
        for i in range(len(preds)):
            print(f'carplate==>{classes[preds[i]]}')
            if classes[preds[i]].find('zh') > -1:
                carplate.append(zh[classes[preds[i]]])
            else:
                carplate.append(classes[preds[i]])
        self.str.set('识别到的车号为:'+''.join(carplate))
```

首先我们要初始化神经网络,并使用 torch.load 函数加载训练完成的神经网络。map_location 可以指定为 CPU,若有 GPU,可以使用 GPU 运行代码。

微课视频

8.3.3　基于 YOLOv5 和 LPRNet 的车牌定位与识别

8.3.2 节主要介绍了传统的车牌识别方法,主要基于以下三个步骤:利用像素信息确定车牌的位置,将车牌标记从位置中分离出来,在定位的基础上进一步识别单个字符。这种方法可以处理生活中相对简单的车牌识别场景,但针对复杂的场景如矿山车辆、大部分车牌被灰尘覆盖、车牌变形等,传统车牌识别算法很难表现出很强的鲁棒性。随着深度学习的广泛发展,基于深度学习的车牌定位与识别算法不断冲击着传统算法,可以得到较好的鲁棒性。本节利用现有的 YOLOv5 和 LPRNet 实现车牌识别,分为两个子系统:YOLOv5用于车牌检测和定位,LPRNet 纠正和识别车牌的畸变,消除噪点,车牌识别流程如图 8-38 所示。

本节所使用的数据集为 CCPD2019 车牌数据集,由采集人员在合肥停车场采集、手工标注得来,采集时间在早 7:30 到晚 10:00之间,且拍摄车牌照片的环境复杂多变,包括雨天、雪天、倾斜、模糊等。CCPD2019 数据集包含将近 30 万张图像、尺寸为 720 像素×1160 像素,共包含 8 种类型的图像。完整的数据集可以扫描二维码下载。

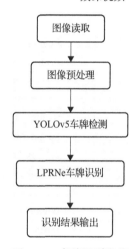

图 8-38　车牌识别流程

下载 CCPD2019 车牌
数据集

8.3.3.1　YOLOv5

YOLOv5 相关内容已经在 8.3 节做了详细介绍,这里不再赘述。这里仅对如何将CCPD2019 车牌数据转换为 YOLOv5 格式做简单说明。CCPD2019 数据集的检测和识别标签都在图像名中,可以直接从图像名上读取出来,再写入.txt 文件中即可。车牌数据转为YOLOv5 的参考代码如下。

```
def txt_translate(path, txt_path):
    for filename in os.listdir(path):
```

```
            print(filename)

            list1 = filename.split("-", 3)    # 第一次分割，以减号'-'做分割
            subname = list1[2]
            list2 = filename.split(".", 1)
            subname1 = list2[1]
            if subname1 == 'txt':
                continue
            lt, rb = subname.split("_", 1)    # 第二次分割，以下画线'_'做分割
            lx, ly = lt.split("&", 1)
            rx, ry = rb.split("&", 1)
            width = int(rx) - int(lx)
            height = int(ry) - int(ly)    # 预测框的宽和高
            cx = float(lx) + width / 2
            cy = float(ly) + height / 2    # 预测框中心点

            img = cv2.imread(path + filename)
            if img is None:    # 自动删除失效图片（下载过程有的图片会存在无法读取的情况）
                os.remove(os.path.join(path, filename))
                continue
            width = width / img.shape[1]
            height = height / img.shape[0]
            cx = cx / img.shape[1]
            cy = cy / img.shape[0]

            txtname = filename.split(".", 1)
            txtfile = txt_path + txtname[0] + ".txt"
            # 绿牌是第 0 类，蓝牌是第 1 类
            with open(txtfile, "w") as f:
                f.write(str(0) + " " + str(cx) + " " + str(cy) + " " + str(width) + " " + str(height))
if __name__ == '__main__':
    # det 图片存储地址
    trainDir = r"K:\MyProject\datasets\ccpd\new\ccpd_2019\images\train\\"
    validDir = r"K:\MyProject\datasets\ccpd\new\ccpd_2019\images\val\\"
    testDir = r"K:\MyProject\datasets\ccpd\new\ccpd_2019\images\test\\"
    # det txt 存储地址
    train_txt_path = r"K:\MyProject\datasets\ccpd\new\ccpd_2019\labels\train\\"
    val_txt_path = r"K:\MyProject\datasets\ccpd\new\ccpd_2019\labels\val\\"
    test_txt_path = r"K:\MyProject\datasets\ccpd\new\ccpd_2019\labels\test\\"
    txt_translate(trainDir, train_txt_path)
    txt_translate(validDir, val_txt_path)
    txt_translate(testDir, test_txt_path)
```

车牌定位效果图如图 8-39 所示。

（a）　　　　　　　　　　　　　　　　　　（b）

图 8-39　车牌定位效果图

（注：图片来源于 CCPD2019 数据集，车标和部分车牌已隐去。）

8.3.3.2　LPRNet

LPRNet（License Plate Recognition via Deep Neural Network）发表于 2018 年，是一种经典的车牌识别算法，没有对字符进行预分割，是一种端到端的轻量化车牌识别算法。

LPRNet 网络可以概括为 STN 网络、CNN 骨干网络 backbone、字符分类头 head、用于序列解码的字符分类概率、后过滤处理过程。LPRNet 仿照了经典的 CRNN+CTC 的思路，但是删除了 RNN，只有 CNN+CTC，通过在 backbone 的末尾使用一个 13×1 的卷积模块提取序列方向的上下文信息，同时在 backbone 外额外使用一个全连接层进行全局上下文特征提取，将提取的特征与 backbone 进行特征融合后，输入到 head 中。

8.3.3.3　STN 网络

STN 网络是一个图像预处理网络，该过程是可选的。STN 网络对输入图像进行处理，将车牌图像进行变换（如偏移、旋转等），以获得最佳的车牌识别输入图像。原始的 LocNet 结构用于估算最佳的转换参数，具体结构如表 8-3 所示。

表 8-3　LocNet 结构

各 层 类 型	参　　数
Input	94 像素×24 像素大小 RGB 图像
AvgPooling	#32 3×3　步长为 2
Convolution	#32 5×5　步长为 3　　　#32 5×5　步长为 5
Concatenation	通道
Dropout	0.5
FC	#32 with TanH 激活函数
FC	#6　TanH 激活函数

8.3.3.4 backbone 网络

LPRNet 骨干网络 backbone 结构如表 8-4 所示，CNN 骨干网络包括三个卷积层和三个自定义的 small_block，网络的输入是 94 像素×24 像素的图像，用 CNN 提取图像特征。为了避免过拟合，网络中的 Dropout 设置成 0.5，提高泛化能力。最后一层使用结合上下文的 1×13 卷积核代替基于 LSTM 的 RNN，用于提取上下文信息。backbone 网络的参考代码如下。

```
self.backbone = nn.Sequential(
    nn.Conv2d(in_channels=3, out_channels=64, kernel_size=3, stride=1),       # 0    [bs,3,24,94] -> [bs,64,22,92]
    nn.BatchNorm2d(num_features=64),                                          # 1    -> [bs,64,22,92]
    nn.ReLU(),                                                               # 2    -> [bs,64,22,92]
    nn.MaxPool3d(kernel_size=(1, 3, 3), stride=(1, 1, 1)),                    # 3    -> [bs,64,20,90]
    small_basic_block(ch_in=64, ch_out=128),                                 # 4    -> [bs,128,20,90]
    nn.BatchNorm2d(num_features=128),                                        # 5    -> [bs,128,20,90]
    nn.ReLU(),                                                               # 6    -> [bs,128,20,90]
    nn.MaxPool3d(kernel_size=(1, 3, 3), stride=(2, 1, 2)),                    # 7    -> [bs,64,18,44]
    small_basic_block(ch_in=64, ch_out=256),                                 # 8    -> [bs,256,18,44]
    nn.BatchNorm2d(num_features=256),                                        # 9    -> [bs,256,18,44]
    nn.ReLU(),                                                               # 10   -> [bs,256,18,44]
    small_basic_block(ch_in=256, ch_out=256),                                # 11   -> [bs,256,18,44]
    nn.BatchNorm2d(num_features=256),                                        # 12   -> [bs,256,18,44]
    nn.ReLU(),                                                               # 13   -> [bs,256,18,44]
    nn.MaxPool3d(kernel_size=(1, 3, 3), stride=(4, 1, 2)),                    # 14   -> [bs,64,16,21]
    nn.Dropout(dropout_rate),    # 0.5 dropout rate                          # 15   -> [bs,64,16,21]
    nn.Conv2d(in_channels=64, out_channels=256, kernel_size=(1, 4), stride=1),  # 16  -> [bs,256,16,18]
    nn.BatchNorm2d(num_features=256),                                        # 17   -> [bs,256,16,18]
    nn.ReLU(),                                                               # 18   -> [bs,256,16,18]
    nn.Dropout(dropout_rate),    # 0.5 dropout rate                          # 19   -> [bs,256,16,18]
    nn.Conv2d(in_channels=256, out_channels=class_num, kernel_size=(13, 1), stride=1),    # class_num=68
                                                                            # 20   -> [bs,68,4,18]
    nn.BatchNorm2d(num_features=class_num),                                  # 21   -> [bs,68,4,18]
    nn.ReLU(),                                                               # 22   -> [bs,68,4,18]
    )
```

表 8-4 backbone 结构

各 层 类 型	参　　　数
Input	94 像素×24 像素大小 RGB 图像
Convolution	#64 3×3 步长为 1
MaxPooling	#64 3×3 步长为 1
small_basic_block	#128 3×3 步长为 1
MaxPooling	#64 3×3 步长为 (2,1)

各 层 类 型	参　　　数
small_basic_block	#256 3×3 步长为 1
small_basic_block	#256 3×3 步长为 1
MaxPooling	#64 3×3 步长为(2,1)
Dropout	0.5
Convolution	#256 4×1 步长为 1
Dropout	0.5
Convolution	#class_number 1×13 步长为 1

small_basic_block 结构如表 8-5 所示，由四个卷积层和一个特征图输入层组成，先经过第一个 1×1 卷积进行降维，再用一个 3×1 和一个 1×3 卷积进行特征提取，最后用一个 1×1 卷积进行升维。small_basic_block 的参考代码如下。

```python
class small_basic_block(nn.Module):
    def __init__(self, ch_in, ch_out):
        super(small_basic_block, self).__init__()
        self.block = nn.Sequential(
            nn.Conv2d(ch_in, ch_out // 4, kernel_size=1),
            nn.ReLU(),
            nn.Conv2d(ch_out // 4, ch_out // 4, kernel_size=(3, 1), padding=(1, 0)),
            nn.ReLU(),
            nn.Conv2d(ch_out // 4, ch_out // 4, kernel_size=(1, 3), padding=(0, 1)),
            nn.ReLU(),
            nn.Conv2d(ch_out // 4, ch_out, kernel_size=1),
        )
    def forward(self, x):
        return self.block(x)
```

表 8-5　small_basic_block 结构

各 层 类 型	参数/维度
Input	$C_{in} \times H \times W$ 特征图
Convolution	#C_{out}/4 1×1 步长为 1
Convolution	#C_{out}/4 3×1 步长为 1，填充为 1
Convolution	#C_{out}/4 3×1 步长为 1，填充为 1
Convolution	#C_{out} 1×1 步长为 1
Output	$C_{out} \times H \times W$ 特征图

8.3.3.5　CTC 损失

骨干子网络的输出可认为是一个代表对应字符概率的序列，它的长度与输入图像的宽度相关。因为网络的输出编码与车牌字符的长度不相等，本书采用免分割的 CTC 损失进行端到端训练，CTC 将每个时间步的概率转换为输出序列的概率。CTC 损失常用于输入和输出序列未对齐且长度可变的情况。CTC 损失计算的参考代码如下。

```
ctc_loss = nn.CTCLoss(blank=len(CHARS)-1, reduction='mean')   # reduction: 'none' | 'mean' | 'sum'
# 网络输出 [bs,68,18]
# log_probs: 预测结果 [18, bs, 68]   其中 18 为序列长度   68 为字典数
# labels: [93]
# input_lengths:  tuple     example: 000=18    001=18...   每个序列长度
# target_lengths: tuple     example: 000=7      001=8 ...    每个 gt 长度
loss = ctc_loss(log_probs, labels, input_lengths=input_lengths, target_lengths=target_lengths)
```

为了进一步提高性能，本书在预解码器中间特征映射中加入了全局上下文嵌入。为了将特征图的深度调整到字符类数，应用了额外的 1×1 卷积。对于推理阶段的解码过程，本书采用两种方法：贪婪搜索和束搜索。贪婪搜索取每个位置上类概率的最大值，而束搜索使总最小值最大化。

全局上下文嵌入参考代码如下。

```
global_context = list()
        # keep_features: [bs,64,22,92]   [bs,128,20,90] [bs,256,18,44] [bs,68,4,18]
        for i, f in enumerate(keep_features):
            if i in [0, 1]:
                # [bs,64,22,92] -> [bs,64,4,18]
                # [bs,128,20,90] -> [bs,128,4,18]
                f = nn.AvgPool2d(kernel_size=5, stride=5)(f)
            if i in [2]:
                # [bs,256,18,44] -> [bs,256,4,18]
                f = nn.AvgPool2d(kernel_size=(4, 10), stride=(4, 2))(f)
            f_pow = torch.pow(f, 2)
            f_mean = torch.mean(f_pow)
            f = torch.div(f, f_mean)
            global_context.append(f)

        x = torch.cat(global_context, 1)
```

网络预测最终输出：[bs, 68, 18]，其中 68 是字典中字符的个数，也就是每个位置的分类数，18 是序列的长度。对每张图像进行后处理，先用 argmax 找到序列中每个位置的最大概率对应的类别（贪婪搜索），得到一个长度为 18 的序列，再对这个序列进行去除空白（"-"字符，表示序列的当前位置没有字符）、去除重复（序列相邻两个位置的字符不能重复）操作，得到一个最终的预测序列。网络输出实现的参考代码如下。

```
def Greedy_Decode_Eval(Net, datasets, args):
    # TestNet = Net.eval()
    epoch_size = len(datasets) // args.test_batch_size
    batch_iterator = iter(DataLoader(datasets, args.test_batch_size, shuffle=True, num_workers=args.num_workers,
collate_fn=collate_fn))

    Tp = 0
```

```
Tn_1 = 0
Tn_2 = 0
t1 = time.time()
for i in range(epoch_size):
    # load train data
    images, labels, lengths = next(batch_iterator)
    start = 0
    targets = []
    for length in lengths:
        label = labels[start:start+length]
        targets.append(label)
        start += length
    targets = np.array([el.numpy() for el in targets])
    imgs = images.numpy().copy()

    if args.cuda:
        images = Variable(images.cuda())
    else:
        images = Variable(images)


    # forward
    # images: [bs, 3, 24, 94]
    # prebs:  [bs, 68, 18]
    prebs = Net(images)
    # greedy decode
    prebs = prebs.cpu().detach().numpy()
    preb_labels = list()
    for i in range(prebs.shape[0]):
        preb = prebs[i, :, :]   # 对每张图像 [68, 18]
        preb_label = list()
        for j in range(preb.shape[1]):   # 18　返回序列中每个位置最大的概率对应的字符 idx　其
中'-'是 67
            preb_label.append(np.argmax(preb[:, j], axis=0))
        no_repeat_blank_label = list()
        pre_c = preb_label[0]
        if pre_c != len(CHARS) - 1:   # 记录重复字符
            no_repeat_blank_label.append(pre_c)
        for c in preb_label:   # 去除重复字符和空白字符'-'
            if (pre_c == c) or (c == len(CHARS) - 1):
                if c == len(CHARS) - 1:
                    pre_c = c
                continue
            no_repeat_blank_label.append(c)
            pre_c = c
```

```
                preb_labels.append(no_repeat_blank_label)   # 得到最终的无重复字符和无空白字符的序列
        for i, label in enumerate(preb_labels):   # 统计准确率
            # show image and its predict label
            if args.show:
                show(imgs[i], label, targets[i])
            if len(label) != len(targets[i]):
                Tn_1 += 1   # 错误+1
                continue
            if (np.asarray(targets[i]) == np.asarray(label)).all():
                Tp += 1   # 完全正确+1
            else:
                Tn_2 += 1
    Acc = Tp * 1.0 / (Tp + Tn_1 + Tn_2)
    print("[Info] Test Accuracy: {} [{}:{}:{}:{}]".format(Acc, Tp, Tn_1, Tn_2, (Tp+Tn_1+Tn_2)))
    t2 = time.time()
    print("[Info] Test Speed: {}s 1/{}]".format((t2 - t1) / len(datasets), len(datasets)))
```

head 部分很简单，就是一个 1×1 卷积，控制输出的 shape，参考代码如下。

```
# __init__
self.container = nn.Sequential(
            nn.Conv2d(in_channels=448+self.class_num, out_channels=self.class_num, kernel_size=(1,
1), stride=(1, 1)),
            # nn.BatchNorm2d(num_features=self.class_num),
            # nn.ReLU(),
            # nn.Conv2d(in_channels=self.class_num, out_channels=self.lpr_max_len+1, kernel_size=3,
stride=2),
            # nn.ReLU(),
        )
# __forward__
x = self.container(x)   # -> [bs, 68, 4, 18]     head 头
logits = torch.mean(x, dim=2)   # -> [bs, 68, 18]   #68 字符类别数     18 字符序列长度
return logits
```

值得注意的是，在 LPRNet 网络训练时，仍需要将 CCPD2019 数据集转化 LPRNet 格式。CCPD2019 数据集的检测和识别标签都在图像名中，因此可以直接从图像名中读取车牌位置信息和车牌字符信息，再将车牌从图像中裁剪出来，最后按车牌字符信息作为图像名保存这张车牌，参考代码如下。

```
import cv2
import os
import numpy as np

from PIL import Image
# CCPD2019 车牌有重复，应该是不同角度或者模糊程度
path = r'K:\MyProject\datasets\ccpd\new\ccpd_2019\images\test'   # 改成自己的车牌路径
```

```
    provinces = ["皖", "沪", "津", "渝", "冀", "晋", "蒙", "辽", "吉", "黑", "苏", "浙", "京", "闽", "赣", "鲁", "豫
", "鄂", "湘", "粤", "桂", "琼", "川", "贵", "云", "藏", "陕", "甘", "青", "宁", "新", "警", "学", "O"]
    alphabets = ['A', 'B', 'C', 'D', 'E', 'F', 'G', 'H', 'J', 'K', 'L', 'M', 'N', 'P', 'Q', 'R', 'S', 'T', 'U', 'V', 'W',
                'X', 'Y', 'Z', 'O']
    ads = ['A', 'B', 'C', 'D', 'E', 'F', 'G', 'H', 'J', 'K', 'L', 'M', 'N', 'P', 'Q', 'R', 'S', 'T', 'U', 'V', 'W', 'X',
           'Y', 'Z', '0', '1', '2', '3', '4', '5', '6', '7', '8', '9', 'O']
    num = 0
    for filename in os.listdir(path):
        num += 1
        result = ""
        _, _, box, points, plate, brightness, blurriness = filename.split('-')
        list_plate = plate.split('_')   # 读取车牌
        result += provinces[int(list_plate[0])]
        result += alphabets[int(list_plate[1])]
        result += ads[int(list_plate[2])] + ads[int(list_plate[3])] + ads[int(list_plate[4])] + ads[int(list_plate[5])]
+ ads[int(list_plate[6])]
        # 新能源车牌的要求，如果不是新能源车牌可以删掉这个 if
        # if result[2] != 'D' and result[2] != 'F' \
        #         and result[-1] != 'D' and result[-1] != 'F':
        #     print(filename)
        #     print("Error label, Please check!")
        #     assert 0, "Error label ^～^!!!"
        print(result)
        img_path = os.path.join(path, filename)
        img = cv2.imread(img_path)
        assert os.path.exists(img_path), "image file {} dose not exist.".format(img_path)

        box = box.split('_')   # 车牌边界
        box = [list(map(int, i.split('&'))) for i in box]

        xmin = box[0][0]
        xmax = box[1][0]
        ymin = box[0][1]
        ymax = box[1][1]

        img = Image.fromarray(img)
        img = img.crop((xmin, ymin, xmax, ymax))   # 裁剪出车牌位置
        img = img.resize((94, 24), Image.LANCZOS)
        img = np.asarray(img)   # 转成 array,变成 24×94×3

        cv2.imencode('.jpg',
img)[1].tofile(r"K:\MyProject\datasets\ccpd\new\ccpd_2019\rec_images\test\{}.jpg".format(result))
        # 图像中文名会报错
```

```
    # cv2.imwrite(r"K:\MyProject\datasets\ccpd\new\ccpd_2020\rec_images\train\{}.jpg".format(result),
img)  # 改成自己存放的路径
    print("共生成{}张".format(num))
```

车牌识别效果图如图 8-40 所示。

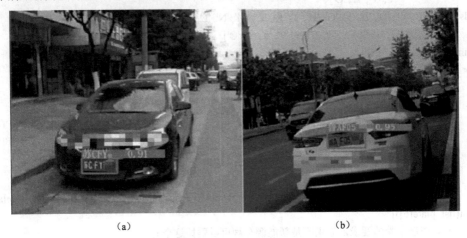

（a）   （b）

图 8-40　车牌识别效果图

（注：图片来源于 CCPD2019 数据集，车标和部分车牌已隐去。）

本章小结

本章针对深度神经网络在图像处理中的实际应用，进行了案例讲解，同时配备了程序文件，供大家参考。由于人工智能的应用非常广泛，目前处于非常强的热度开发阶段，还希望以本书作为学生的学习参考，可以引申出更多的实例应用，应用于生产和日常生活。

习题

1．简述什么是计算机视觉？

2．计算机视觉的应用领域有哪些？

3．卷积神经网路的经典结构包括哪些层？

4．交通标志检测与识别的过程主要包括哪几个环节？

5．传统的目标检测方法存在哪些问题？

6．一个完整的车牌定位与识别系统应该包括哪些单元？

7．传统的车牌定位采用什么方法？

8．车牌字符分割通常采用什么方法？其基本思想是什么？

9．LPRNet 与传统的车牌识别方法相比有什么区别？

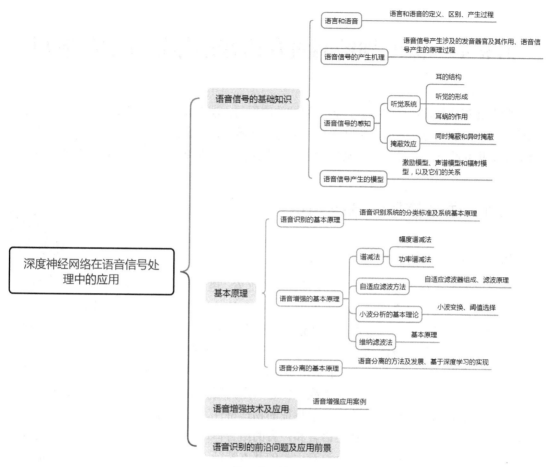

第 9 章思维导图

第9章 深度神经网络在语音信号处理中的应用

随着计算机处理速度的提升，各个领域的应用与方法的体现都有深度学习技术的身影。当然，在语音信号处理领域，深度学习技术为语音增强、语音分离及语音识别等都提供了支持。本章将介绍语音信号处理的基础知识，以及深度神经网络在语音信号处理中的应用。

9.1 语音信号的基础知识

9.1.1 语言和语音

语言是人们进行信息交流的产物。从结构方面看，语言是一种由声音和词义相结合而形成的符号系统；从功能方面看，语言是人们进行信息传达，实现人与人思维和逻辑交流的工具。我们一般所说的"语言"包含狭义语言和广义语言，狭义语言即口头语言，广义语言则包括肢体动作、表情、姿态等可以让人理解的众多信息传递形式。

语音、词汇、语法是语言的三个基本要素，这三者的有机结合构成了语言的基本内容。语音是由人类发音器官发出的，能承载并传达一定的语义信息，通过人耳接收后能够使人理解其含义的声音。它既具有称为声学特征的物理特性，又作为一种特殊的信号，充当人与人之间信息交流的媒介。语音是语言和声音的结合体，研究人类语音信号的产生过程有利于进一步认识语音本质，并分析语音信号的基本特征，从而推进语音结构分析和语音识别技术的工作进程。人的语音信号产生过程大致可认为是，当人们在思维中产生某些想法后，将这些信息转换成语言编码，即通过音素序列、韵律、响度、基音周期等众多因素表达出来。当语言编码完成后，说话人利用神经肌肉对声带的振动频率进行适当的控制，从而很好地完成发声工作。

我们对语音可以进行如下定义：语音是通过一连串的音节构成语言信号的声音。基于语音的定义，对语音的研究可分为两个主要方面：一方面是对语音中各个音的排列规则以及这些规则对语音的控制关系的研究，这属于语言学的基本内容；另一方面是对语音中各个音的物理特性和分类的研究，这属于语音学的范畴。

语言和语音是研究人类话语的一门科学。所以，研究语言和语音之前首先要了解一下人说话的过程。

人说话的过程大致可分为五个阶段，如图 9-1 所示。

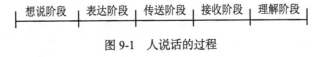

想说阶段 | 表达阶段 | 传送阶段 | 接收阶段 | 理解阶段

图 9-1 人说话的过程

1. 想说阶段

人说话的过程首先是客观现实在大脑中的反映，经过大脑的分析处理后产生决策并生成想要表达的动机，然后中枢神经系统根据想要表达的意思构建起恰当的语言结构，选择适宜的词汇，按照语法规则进行组合，最终通过声道来传达出语音信号，用来传递想要表述的内容。这个阶段是由大脑中枢神经网络来完成的。

2. 表达阶段

当通过大脑完成对客观事物的分析和语言的组织工作后，中枢神经通过脉冲信号的形式向发音器官发送出相关指令，使舌、唇、颚、声带、肺等部分的肌肉相互协调、相互配合，实现发出所需要的声音信息的目的。同时，大脑也会发出一些其他指令调动相关器官产生各种肢体动作来配合语言的表达，如面部表情、手势、姿态等。这个阶段主要与发音器官的活动有关。

3. 传送阶段

由发声器官产生的声音信号通过空气介质进行传播，并被人耳接收。在传播过程中，当遇到障碍或其他声音的干扰时，声音将会发生损耗或者失真。在这个过程中，主要由信息传送的物理特性起作用。

4. 接收阶段

人耳从外界接收到的声音信息，经过中耳时对其进行放大，之后到达内耳，并刺激内耳基底膜的振动，从而引起柯蒂氏器官内神经元做出反应，产生脉冲信号传递给大脑。这个过程中的一系列活动主要是由听觉系统完成的。

5. 理解阶段

听觉神经中枢在接收到脉冲信号后，通过某种方式分辨出说话人的声音，并从中获得有用的信息。

从这五个阶段可以看出，人的说话行为是一个相当复杂的过程，涉及众多的器官和神经网络，也包含了如心理、生理、社会、人际关系、物理特征、行为特征等诸多因素的影响。

语言是人类进行沟通交流的表达方式。它包括语素、词汇、短语和句子等不同层次和功能的众多内容，利用语法、语义等规则形成了一个完整的符号系统。其中，句子的组成单元是词汇，词法的最小单元是音节。不同的语言都有属于自己的一系列特色表达规律，加之当今世界上的语言种类繁多，这就成为当今人机交互面临的重要难题。

语音的基本构成单位是音节，这是人们在听觉上所能感受到的最小的语言片段。以汉语为例，通常一个汉字都是由一个音节构成的，汉语的音节结构非常整齐有致，每个音节之间都有非常明确的界限进行区分。对音节进行语音分析所得到的最小构成成分，就是音素。音素是最小的语音单位。同时，音素又有元音和辅音之分，这又涉及发音技巧方面的诸多问题。

9.1.2　语音信号的产生机理

人类能够发出语音自下而上所依靠的发音器官包括肺部、气管、喉管、咽道、鼻腔、口腔和嘴唇，它们相互配合构成了一个完整的发音系统。它们按照发音功能的不同可以分为声道和声门，其中位于喉部以上的部分被称为声道，声道的形状是随着发出声音的不同而变化的；喉的部分被称为声门。

肺是人体的呼吸器官，是位于胸腔内的一团富有弹性的海绵状物质。肺部可以存储人们呼吸时摄入人体的空气，当人们说话时，腹部肌肉收缩导致横膈膜向上移动，从而对肺部产生挤压，使得肺部的空气被挤出并形成气流，这股气流就是形成语音的根本原因。之后由肺部挤出的气流顺着气管向上运动至咽喉。

喉部位于气管的上端，它由甲状软骨、杓状软骨、会厌软骨、环状软骨四部分组成。甲状软骨在颈部较为突出，也就是为人所熟知的喉结。在喉结和杓状软骨之间有一个韧带褶，称为声带。声带的长度一般为 10～14nm，左右两个声带共同形成了声门，声门的开启和关闭由两个杓状软骨控制，当人们说话时，闭合的声门受到下方气流的冲击而打开，当气流结束后又自动闭合。同时，当气流通过气管和支气管经过咽喉时，收紧的声带由于气流的冲击超声振动，不断地张开和闭合，使声门不断向上传送出气流。这时候气流被声门不断截取形成具有周期性的脉冲信号，一般用非对称的三角波来表示。另外，声带也是一个振动装置，通过振动产生不同频率的声音信号。声带的振动取决于其自身质量的大小，质量越大振动的频率越小，反之则越大。而声带的振动频率也决定了声音音量的高低。声带振动产生声音，这是产生声音的基本声源，称为声带音源。它被进一步调制后经过咽喉、口腔或者鼻腔。口腔的开合、舌头的活动和软腭的升降等发音动作，形成了不同的声道构形，从而发出不同的语音。最后，由嘴唇开口处将语音辐射出去。

声带每开启和闭合一次所用的时间被称为基音周期，它的倒数就是基因频率。基音频率的高低取决于声带的大小、薄厚、褶皱程度以及声门上下之间的气压差等诸多因素。一般情况下，基音频率越高，声带就会被拉扯得越长，声门的形状也会相对变得更加细长，而且这时候的声带并不能完全闭合。不同的人的基音频率有着范围上的差异，像老人和小孩、男人和女生，我们可以很明显地感觉到声音尖锐程度上的差异。一般情况下，人类发声的基音频率在 80～500Hz。基音频率不仅是反映说话人特点的一个重要参数，而且基音频率随时间的变化模式也反映了汉语语音中的声调变化。

声道是由咽腔、口腔和鼻腔三个空气腔体所组成的，它是一根从声门延伸至口唇的非均匀截面的声管，其外形变化是时间的函数。声道是气流自声门、声带之后最重要的、对发音起决定性作用的器官，发出不同声音时其形状变化是非常复杂的。对于成年男子来说，其声道的平均长度约为17cm，声道截面积的大小则与其发音器官的位置密切相关。在发声的过程中，声道的截面积由舌头、唇、上颚、小舌的位置共同决定。咽喉是连接食道、鼻腔、口腔和喉咙的一段管子，说话的时候咽喉的形状会根据发音的不同产生不同的变化。鼻腔的长度约为101mm，当发出鼻化音时，软腭下垂，鼻腔和口腔就会发生耦合而形成鼻音。口腔的大小和形状会根据舌、唇、腭的变化而变化。舌头在整个声音产生的过程中扮演了最活跃的角色，它的尖部、边缘和中间部分都可以自由地活动，且灵活度较高。语音中元音的发音就是根据舌的位置来确定及分类的。唇在发音中一样扮演着重要的角色，很多的发音方法都对唇的形状提出了明确的要求。齿的作用是可以使得人们发出一些齿化音。众多发声器官相互协调配合形成了发音的诸多类型，成就了语音学的多种色彩。

在发音过程中，肺部与相连的肌肉组织相当于声道系统的激励源。当气流通过声门时，声带的张力刚好使声带发生较低频率的张弛振荡，形成准周期的空气脉冲，这些空气脉冲激励声道变小产生浊音；如果声道某处面积很小，气流高速冲过此处时产生湍流，当气流速度与横截面积之比大于某个门限时便产生摩擦音，即清音；如果声道某处完全闭合建立起气压，然后突然释放所产生的声音就是爆破音。

9.1.3　语音信号的感知

人们对于语音信号的感知过程与人的听觉系统是紧密相关的。在 100 多年前，从事相关研究工作的物理学家就已经提出了关于人耳是一种极为精密的频谱分析仪的假设。然而，人们对于自身听觉系统的深入研究和了解却始于 20 世纪 60 年代。听觉系统是一个极为复杂的体系，涉及众多的研究内容，至今人们对于听觉系统的认识仍然不够清晰，研究工作仍面临很多尚未解决的问题。

9.1.3.1　听觉系统

1. 耳的结构

耳朵是人类重要的听觉器官，它可以接收外部传来的声音信号并将其转换成神经冲动。语音感知的过程就是指耳朵将转换后的神经脉冲传递至大脑，经过大脑分析处理后转变为确切的信息。

人耳由外耳、中耳、内耳三部分组成，每个部分都在声音接收和处理过程中扮演着重要的角色。外耳、中耳、内耳的耳蜗部分是听觉器官，而内耳的前庭窗和半规管部分则是用于判定声音位置和实现平衡的器官。

外耳由耳翼、外耳道、鼓膜组成。耳翼的主要功能是保护耳孔，其卷曲状外形有利于发挥定向的作用。外耳道是一条比较均匀的耳管，声音可以沿外耳道传送至鼓膜。另外，外耳道同其他管道一样具有很多的共振频率。鼓膜是位于外耳道内端的韧性锥形结构，声音的振动通过鼓膜传到内耳。一般情况下认为外耳在声音感知方面主要有两个作用：一是对声源进行定位；二是对获取的声音信号进行放大。

中耳是一个充气的腔体结构，由鼓膜将其和外耳分隔开，并通过圆形窗和卵形窗两个小孔与内耳相通，中耳还通过咽鼓管与外界相连，以便使中耳和周围大气之间的气压得到平衡。中耳主要有两个作用：一是通过听小骨进行声阻抗的变换，放大声音的气压；二是保护内耳，防止声压太大给内耳带来损伤。

内耳处于耳朵的深处，由半规管、前庭窗和耳蜗三部分组成。前庭窗和半规管是一种本体感受器，它们的功能与保持机体的平衡性有关。半规管是三个半环形结构的小管，这三个小管之间相互垂直，类似于一个三维立体坐标系，它们分别被称为上半规管、外半规管和后半规管，半规管内的感受器能感受旋转变速运动的刺激。而前庭窗内的感受器能感受静止的位置和直线的变速运动。

2. 听觉的形成

声音的感受细胞在内耳的耳蜗部分，因此，外来的声波必须传到内耳才能引起听觉。外界的声波振动鼓膜，经过中耳的听小骨传到卵形窗，进而引起耳蜗的外淋巴和内淋巴的振动，这样的刺激使耳蜗中的听觉感受器的毛细胞兴奋，并将这种声音的刺激转化为神经冲动，由听神经传到大脑皮层的听觉中枢中，形成听觉。

3. 耳蜗的作用

声波引起外耳腔空气振动，由鼓膜经过三块听小骨传到内耳的前庭窗，镫骨的运动引起耳蜗内流体压强的变化，从而引起行波沿基底膜的传播。不同频率的声音产生不同的行波，其峰值出现在基底膜的不同位置上。频率较低时，基底膜的幅度峰值出现在靠近耳蜗孔处，随着声音频率的增大，该峰值向基底膜根部（靠近前庭窗的部分）移动。在每个声音频率上，随着强度的增加，基底膜运动的幅度加大，并带动更宽的部分振动。不同的声音频率沿着基底膜的分布是对数型的。

基底膜的振动引起了基底膜和耳蜗覆膜之间的剪切运动，使得基底膜和耳蜗覆膜之间的毛细胞上的绒毛发生弯曲。绒毛向一个方向的弯曲会引起毛细胞的去极化，即开启离子通道产生向内的离子流，从而增加传入神经的开放；当绒毛向另一个方向弯曲时，会引起毛细胞的超极化，增加细胞膜电位，从而导致抑制效应。基底膜上不同部位的毛细胞具有不同的电学和力学特性。在耳蜗的根部，基底膜窄而劲度强，外毛细胞及其绒毛短而有劲度；在靠近蜗孔处，基底膜宽而柔和，毛细胞及其绒毛较长而柔和。由于这种结构上的差别，使得它们具有不同的机械谐振性和电谐振性。这种差别是基底膜在频率选择方面不同的重要因素，也是声音频率沿基底膜呈对数分布的主要原因。

9.1.3.2　掩蔽效应

掩蔽现象是一种常见的心理声学现象，是由人耳对声音的频率分辨机制决定的。它指的是在一个较强的声音附近，相对较弱的声音将不被人耳觉察，即被强音所掩蔽。较强的音称为掩蔽者，弱音称为被掩蔽者。掩蔽效应分为同时掩蔽和异时掩蔽两类。

微课视频

同时掩蔽指掩蔽现象发生在掩蔽者和被掩蔽者同时存在时，也称为频域掩蔽。声音能否被听到取决于它的频率和强度。正常人听觉的频率范围为 20Hz～20kHz，强度范围为 5～130dB。人耳不能听到听觉区域以外的声音。在听觉区域内，人耳对声音的响应随频率而变化，最敏感的频率段是 2～4kHz。在这个频率段以外，人耳的听觉灵敏度逐渐降低。人耳刚好可听到的最低声压级称为听阈，它是声音频率的函数。人耳不能听到声压级低于听阈的声音，例如，把一个纯音信号作为目标，如果它的声压级低于听阈（即安静时的阈值），它是不能被人耳听见的。

异时掩蔽的掩蔽效应发生在掩蔽者和被掩蔽者不同时存在时，也称为时域掩蔽。异时掩蔽又分为前掩蔽和后掩蔽两种。若掩蔽效应发生在掩蔽者开始之前的某段时间，则称为前掩蔽；若掩蔽效应发生在掩蔽者结束之后的某段时间，则称为后掩蔽。

9.1.4　语音信号产生的模型

语音是由气流激励声道，最后从嘴唇或鼻孔，或同时从嘴唇和鼻孔辐射出来而形成的。传统的基于声道的语音信号产生模型，就是从这一角度来描述语音的产生过程的。它包括激励模型、声道模型和辐射模型，这三个模型分别与肺部的气流和声带共同作用形成的激励、声道的调音运动及嘴唇和鼻孔的辐射效应一一对应。语言信号产生的时域离散模型如图 9-2 所示。图中有一个浊音/清音"开关"，用以改变声道激励的形式。"开关"向上，由冲激序列发生器发出浊音；"开关"向下，由随机噪声发生器发出清音。A_V 和 A_N 分别为浊音和清音的幅度控制信号。

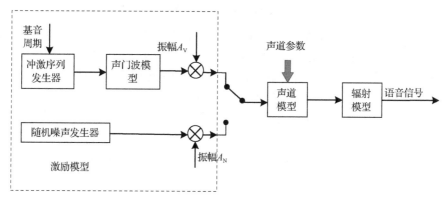

图 9-2　语音信号产生的时域离散模型

它的传递函数可表示为

$$H(z) = AU(z)V(z)R(z) \tag{9-1}$$

式中，$U(z)$ 是激励信号，浊音时，$U(z)$ 是声门脉冲即斜三角形脉冲序列的 z 变换，清音时，$U(z)$ 是一个随机噪声的 z 变换；$V(z)$ 是声道传输函数，既可用声管模型，也可用共振峰模型等来描述，实际上就是全极点模型：

$$V(z) = \frac{1}{1 - \sum_{k=1}^{N} a_k z^{-k}} \tag{9-2}$$

从声道模型输出的是速度波 $u_L(n)$，而语音信号是声压波 $p_L(n)$，二者的倒数比称为辐射阻抗 Z_L。它表征口唇的辐射效应，也包括圆形的头部的绕射效应等。当然，从理论上推导这个阻抗是有困难的。但是如果认为口唇张开的面积远小于头部的表面积，则可近似地看成平板开槽辐射的情况。此时，可推导出辐射阻抗的公式

$$Z_L(\Omega) = \frac{\mathrm{j}\Omega L_r R_r}{R_r + \mathrm{j}\Omega L_r} \tag{9-3}$$

式中，$R_r = \dfrac{129}{9\pi^2}$；$L_r = \dfrac{8a}{3\pi c}$，这里的 a 是口唇张开时的开口半径，c 是声波传播速度。

由辐射引起的能量损耗正比于辐射阻抗的实部，所以辐射模型是一阶类高通滤波器。由于除了冲激脉冲串模型 $E(z)$，斜三角波模型是二阶低通，而辐射模型是一阶高通，所以在分析实际信号时，常采用"预加重技术"，即在取样之后，插入一个一阶的高通滤波器。

这样，只剩下声道部分，就便于声道参数的分析了。而 $R(z)$ 则可由式（9-3）按照如下方法来得到，先将该式改写为拉普拉斯变换形式：

$$Z_L(s) = \frac{sL_r R_r}{R_r + sL_r} \tag{9-4}$$

然后使用数字滤波器设计的双线性变换方法将式（9-4）转换成 z 变换的形式：

$$R(z) = R_0 \frac{1 - z^{-1}}{1 - R_1 z^{-1}} \tag{9-5}$$

若略去式（9-5）的极点（R 的值很小），即得一阶高通的形式：

$$R(z) = R_0(1 - z^{-1}) \tag{9-6}$$

应该指出，上述传递函数所示模型的内部结构并不和语音产生的物理过程相一致，但这种模型和真实模型在输出处是等效的。另外，这种模型是"短时"的模型，因为一些语音信号的变化是缓慢的。这里声道传输函数 $V(z)$ 是一个参数随时间缓慢变化的模型。另外，这一模型认为语音是声门激励源激励线性系统声道所产生的，实际上，声带-声道相互作用的非线性特征还有待研究。另外，模型中用浊音和清音这种简单的划分方法是有缺陷的，对于某些音是不适用的，例如浊音当中的摩擦音，这种音要有发浊音和清音的两种激励，而且两者不是简单的叠加关系。对于这些音，可用一些修正模型或更精确的模型来模拟。

9.2 基本原理

9.2.1 语音识别的基本原理

语音识别系统可根据不同的分类标准进行不同类型的划分。

（1）根据说话人说话方式及特点的不同，可以把语音识别系统划分为孤立词语音识别系统、连接字语音识别系统和连续语音识别系统三种类型。

（2）根据对说话人语音特征的依赖程度的不同，可以把语音识别系统划分为特定人语音识别系统和非特定人语音识别系统。

（3）根据词汇量大小的不同，可以把语音识别系统划分为小词汇量语音识别系统、中词汇量语音识别系统、大词汇量语音识别系统以及无限词汇量语音识别系统。

随着科技的不断进步，语音识别技术也不断取得新的突破，其水平正向着一个新的高度迈进，同时，语音识别的实现方法也日臻成熟。对于不同的语音识别系统，其设计过程中的诸多细节各不相同，但设计的基本原理却是大同小异的。语音识别系统基本原理框图如图 9-3 所示。

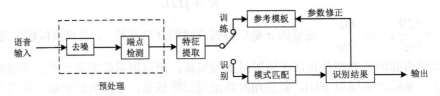

图 9-3 语音识别系统基本原理框图

（1）预处理：此过程包含对输入语音信号的采样、反混叠带通滤波、滤除关于个体发音差异和设备/环境所引起的诸多干扰噪声的影响等。

（2）特征提取：主要用于提取语音中反映说话人声音本质特征的声学参数，如声音的平均能量、共振峰、平均跨零率等特性。

（3）训练：在对输入的语音信号进行识别之前，首先需要提前要求说话人进行多次反复的语音输入，使得语音识别系统可以充分整理相关的语音信息，并从中去除冗余成分，提取出有效的特征信息作为识别的依据；然后按照一定的规则对数据加以分类和聚集，最终形成语音识别的数据库系统。

（4）识别：此环节是语音识别系统最关键的所在，也是语音识别系统所需实现的最终目的。识别是指根据一定的规则，如语法规则、语义规则、构词规则等，结合专家知识的相关内容，通过将输入的语音信息的特征与数据库存储的信息特征相比对，计算出两者之间的相似度，当相似度达到某种程度时，则认定为识别成功，从而判断出输入语音的语言信息。之后将识别的结果反馈给计算机，使其完成相关操作。

9.2.2 语音增强的基本原理

语音增强的目标是能够从含有噪声的语音信号中尽可能地提取出纯净的初始语音，抑制夹杂的噪声，并提高语音的质量和清晰度，使听者可以更好地接收到语音信息。语音增强在信息化时代发挥的作用越来越大，它在处理噪声污染、提高语音的质量等方面有着不可替代的效果。语音增强技术是语音信号处理发展到实用阶段后迫切需要解决的问题之一，近年来受到了广泛的关注。语音增强的有关方法也不断被提出并得以实践。目前，比较常见的语音增强方法有以下几种。

9.2.2.1 谱减法

谱减法是最早提出来的语音增强方法之一，相关的研究工作比较丰富，技术水平较为成熟，其原理也较为简单。假设噪声是平稳的或变化缓慢的加性噪声，并且语音信号与噪声信号不相关，那么就可以利用含有噪声的语音频谱减去噪声的频谱进而得到纯净语音的频谱估计值。

1. 幅度谱减法

幅度谱减法的基本原理如图9-4所示。

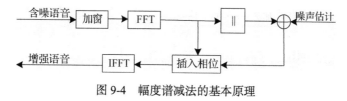

图9-4 幅度谱减法的基本原理

设含噪语音 $y(t)$ 由纯净语音 $x(t)$ 及加性噪声 $d(t)$ 组成。含噪语音 $y(t)$ 经过 FFT 变换后，可得

$$Y(\omega) = X(\omega) + D(\omega) \tag{9-7}$$

将 $Y(\omega)$ 表示为极坐标形式，则有

$$Y(\omega) = |Y(\omega)| e^{j\varphi_y(\omega)} \qquad (9\text{-}8)$$

式中，$|Y(\omega)|$ 是幅度谱；$\varphi_y(\omega)$ 是含噪语音的相位谱。噪声同样也可以表示为极坐标形式，即

$$D(\omega) = |D(\omega)| e^{j\varphi_d(\omega)} \qquad (9\text{-}9)$$

噪声谱是未知的，可以通过在非语音段得到一个估计值，噪声的相位 $\varphi_d(\omega)$ 可以用含噪语音的相位 $\varphi_y(\omega)$ 来近似。由于相位信息不会影响语音的可懂度，这样的近似是可行的。这样可以得到纯净语音的谱估计为

$$\hat{X}(\omega) = [|Y(\omega)| - |\hat{D}(\omega)|] e^{j\varphi_y(\omega)} \qquad (9\text{-}10)$$

式中，符号 ^ 表示估计值。将 $\hat{X}(\omega)$ 进行傅里叶逆变换就可以得到估计的纯净的语音信号。这种语音增强算法叫作幅度谱减法。

2. 功率谱减法

假设语音信号与噪声信号不相关，含噪语音信号的功率谱如下：

$$|Y(\omega)|^2 = |S(\omega)|^2 + |D(\omega)|^2 \qquad (9\text{-}11)$$

只要从含噪语音的功率谱 $|Y(\omega)|^2$ 中减去噪声的功率谱 $|D(\omega)|^2$，就可以恢复出纯净的语音信号的功率谱 $|S(\omega)|^2$。由于噪声是局部平稳的，如果假设在发声之前和发声期间的噪声功率谱相同，则可以利用发声前后没有语音且只有噪声时的"寂静帧"来估计噪声，但在实际的情况中，语音信号是非平稳的，故只能利用一小段加窗信号进行分析。此时，式（9-11）可改写为

$$|Y(\omega)|^2 = |S(\omega)|^2 + |D(\omega)|^2 + S_w(\omega)D_w^*(\omega) + S_w^*(\omega)D_w(\omega) \qquad (9\text{-}12)$$

式中，下标 w 表示加窗信号；上标*表示复共轭。由于噪声信号 $d(t)$ 和纯净语音信号 $s(t)$ 互不相关，则互谱的统计均值为 0，所以原始语音的功率谱估值如下所示：

$$|\hat{S}(\omega)|^2 = |Y(\omega)|^2 - |\hat{D}(\omega)|^2 \qquad (9\text{-}13)$$

式中，^ 表示估计值。由于人耳对语音信号相位不敏感，$|\hat{D}(\omega)|^2$ 可在无语音段估计得到。因为涉及估值，所以实际中有时这个差值为负，但功率谱不能为负，故可令估值为负差值时置零，得到

$$|\hat{S}(\omega)|^2 = \begin{cases} |Y(\omega)|^2 - |\hat{D}(\omega)|^2, & |Y(\omega)|^2 > |\hat{D}(\omega)|^2 \\ 0, & |Y(\omega)|^2 \leqslant |\hat{D}(\omega)|^2 \end{cases} \qquad (9\text{-}14)$$

功率谱减法的基本原理如图 9-5 所示。

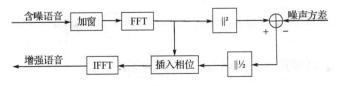

图 9-5　功率谱减法的基本原理

含噪语音的相位 $\arg Y(\omega)$ 直接与 $|\hat{S}(\omega)|$ 相乘，便可恢复出增强后的语音，即

$$\hat{S}(\omega) = \text{IFFT}\left\{|\hat{S}(\omega)| \exp[j \arg Y(\omega)]\right\} \qquad (9\text{-}15)$$

谱减法的优点在于算法简单高效，并且可以较大幅度地提高信噪比；缺点是不论是幅度谱减法还是功率谱减法，输出均伴有起伏较大且刺耳的噪声。

9.2.2.2　自适应滤波方法

自适应滤波器在统计特性未知或变化时，能够自动调整自己的参数，满足某种最佳准则的要求。当输入信号的统计特性未知时，自适应滤波器调整自身参数的过程称为"学习"过程；而当输入信号的统计特性变化时，自适应滤波器调整自身参数的过程称为"跟踪"过程。自适应滤波的基本原理如图 9-6 所示。

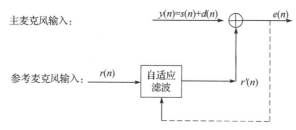

图 9-6　自适应滤波的基本原理

自适应滤波器主要由参数可调的数字滤波器和自适应算法两部分组成。数字滤波器既可以是有限长脉冲响应（FIR）滤波器，也可以是无限长脉冲响应（IIR）滤波器。FIR 滤波器的结构只包含正向通路，结构性能稳定，而且其输入、输出交互作用的机理只有一个，即输入信号通过正向通路到达滤波器输出端。也正是因为这种信号传输方式，FIR 滤波器的脉冲响应必然是有限长的。IIR 滤波器同时兼有正向通路和反馈通路。反馈通路的存在，意味着滤波器输出的一部分有可能返回到输入端。除非通过特别设计，IIR 滤波器的内部反馈可能产生不稳定信号，导致滤波器振荡。此外，当滤波器为自适应滤波器时，其本身就有不稳定的问题，如果再组合不稳定的 IIR 滤波器，滤波过程将变得更复杂、更难以处理。因此，在自适应滤波中，一般采用 FIR 滤波器。

自适应滤波器从本质上来讲，是一种能够自动调整自身参数的特殊性的维纳滤波器，其在设计的过程中不需要事先掌握输入信号和噪声的统计特性，自适应滤波器自身便可以在工作的过程中去理解和估计所需要的统计特性，并依据这些特性来调整自身的参数，从而达到最佳的滤波效果。当统计特性发生某些变化时，滤波器可以对这些变化进行跟踪，并不断进行参数调整，以期重新恢复最佳滤波状态。因此，在未知统计特性环境下处理观测信号或数据时，利用自适应滤波器可获得所期望的结果，并且其性能远远超过了利用通用方法设计出来的固定参数滤波器。

9.2.2.3　小波分析的基本理论

小波变换是近些年快速发展起来的一种时域局部情况下的分析方法，在低频部分具有较高的频率分辨率和较低的时间分辨率，在高频部分具有较高的时间分辨率和较低的频率分辨率，弥补了短时傅里叶变换固定分辨率的不足，能够将信号在多尺度多分辨率上进行小波分解，各尺度上分解得到的小波系数代表信号在不同分辨率上的信息，适合于分析非平稳信号。同时，小波变换与人耳的听觉特性非常相似，便于研究者利用人耳的听觉特性，来分析处理语音这种非平稳信号。

基于小波变换的语音增强方法本质上是一种小滤域滤波方法。滤波阈值的选择是增强方法成败的关键。从小波消噪处理的方法上说，阈值的选择一般有三种。

（1）强制消噪处理。该方法把小波分解结构中的高频系数全部变为 0，即把高频部分全部滤除掉，然后对信号进行重构处理。这种方法比较简单，重构后的消噪信号也比较平滑，但容易丢失信号的有用成分。

（2）默认阈值消噪处理。该方法首先利用 ddencmp 函数产生信号的默认阈值，然后利用 wdencmp 函数进行消噪处理。

（3）给定软（或硬）阈值消噪处理。在实际的消噪处理过程中，阈值往往可以通过经验公式获得，而且这种阈值比默认阈值更具有可信度。在进行阈值量化处理中采用 wthresh 函数。

9.2.2.4　维纳滤波法

维纳滤波法的基本原理如下所述。

设 $y(m)$ 表示含噪语音信号且满足 $y(m)=s(m)+n(m)$，其中 $s(m)$ 代表不含噪声的纯净信号，$n(m)$ 是原始信号中的加性噪声。

当 $s(m)$ 和 $n(m)$ 不相关且随机过程平稳时，对 $y(m)=s(m)+n(m)$ 进行离散傅里叶变换，可得到如下表达式：

$$Y(m,k) = S(m,k) + N(m,k) \qquad (9\text{-}16)$$

设维纳滤波的频域响应函数为 $H(m,k)$，得到信号最佳估计 $s'(m)$ 的傅里叶变换为 $S'(m,k)$，其表达式如下所示：

$$S'(m,k) = H(m,k)Y(m,k) \qquad (9\text{-}17)$$

最后按照最小均方误差的思想使输出信号 $s'(m)$ 尽可能接近原始信号。

9.2.3　语音分离的基本原理

语音分离问题的解决方法主要可以归结为两个大类，分别为基于信号变换的传统分离方法和近年来流行的深度学习方法。传统分离方法主要利用数字信号处理方式，如谱减法、维纳滤波法等，通过对混合语音信号矩阵进行数学变化，使分离后的语音信号彼此之间达到最大独立性来完成信号分离。该方法为语音信号分离领域做出了一定贡献，但是其往往需要对混合语音信号施加限制条件，如独立成分分析（ICA）施加的是弱正交约束，最终得到一个具有分布式的信号表征从而实现数据降维的目的；矢量量化模型对观测信号施加一种强约束，将数据拟合成两种彼此相互排斥的模型，最终达到语音数据聚类的目的。但是在实际生活中，这些限制条件并不容易满足，因而在实际应用过程中，使用该方法的分离效果还有待提高。

随着计算机技术的不断发展，计算机运算速度逐渐提高，运算成本逐渐下降，基于深度学习的语音信号处理方式被众多学者提出并加以研究，在语音信号处理领域取得了一定

微课视频

成果。深度神经网络（Deep Neural Network，DNN）结构是较早用于语音分离的网络，并且取得了一定进展。Wang 等人最先提出将 DNN 应用于语音分离领域，结合理想软模板和理想二值模板完成了语音分离任务，并对两种模板的分离结果做出了具体阐述分析。DNN 具有多层次结构，可以从训练数据中抽取出更加抽象的特征并具有非常强大的非线性数据处理能力，但是其训练过程中存在大量参数计算，从而导致其模型收敛所需要的时间更长。随后，有学者利用卷积神经网络（CNN）模型探究了语音信号分离问题，并取得了不错的成果。近年来，不断有新的研究内容呈现，技术手段也在不断进步和更迭。基于深度学习的语音分离方法已经成为该领域发展的重要研究课题。

针对语音分离技术不同研究方向上的差异，下面主要以基于深度学习的语音分离方法为例来分析语音分离的基本原理。

利用深度学习方法更好地对输入和输出特征进行非线性拟合，相对于浅层网络，其更加具有优势，一般来说，监督性语音分离系统流程如图 9-7 所示。

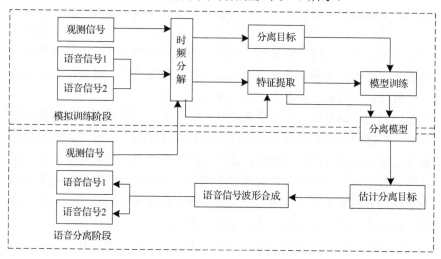

图 9-7　监督性语音分离系统流程

图 9-7 给出了监督性学习的实现步骤，主要分为 5 个子模块。首先通过时频分解模块将语音时域信号转换成二维时频信号。而后对语音信号进行特征提取操作，常用方法包括短时傅里叶变换谱、梅尔频率倒谱系数等。第 3 个模块是分离目标模块，后续分离过程中将利用此分离目标并结合观测信号分离出多路原始信号；分离目标选择和深度学习的最终任务有关，常用分离目标有目标语音幅度谱估计和时频掩蔽目标等。第 4 个模块为模型训练模块，通过对大量观测信号和纯净语音数据之间进行非线性映射，在训练过程中动态调整神经网络参数，使其达到更好的拟合效果。分离系统最后一个阶段是语音信号波形合成阶段，该阶段利用训练得到的分离模型对观测信号进行处理，而后通过傅里叶逆变换得到目标语音波形信号。

RNN 模型可以利用所有时刻的输入信息，并将其映射到不同输入单元中，对于语音信号等具有上下文关系的信息处理具有积极意义。但是 RNN 存在梯度消失问题，即某一时刻的输出无法长时间对下一时刻造成影响，随着网络传播，作用效果越来越小，导致网络中的单元只受到其附近单元的影响，因而其并不适合处理具有长期依赖性的问题。为解决 RNN 梯度消失问题，有学者提出了一种 LSTM 网络，该网络和 RNN 具有相同的组织形式，但是相较于 RNN，其神经元内部结构有所不同。LSTM 网络的一个标准神经元包括了输出门、遗忘门和输入门。3 个门之间相互配合使得信息可以长时间保存在网络中并进行上下文信息传递。当网络中的输入门关闭时，不会有新网络输入影响 LSTM 网络状态，那么可以将较为靠前的序列信息传递到序列后端，从而解决了梯度消失和梯度爆炸问题。

9.3 语音增强技术及应用

微课视频

语音增强技术始于 20 世纪 60 年代，随着技术的发展，语音增强技术队伍也开始逐渐壮大起来。语音增强方法具有多种分类方式，根据输入通道个数分为单通道语音增强方法和多通道语音增强方法。单通道语音增强方法可分为有监督的语音增强方法和无监督的语音增强方法。无监督的语音增强方法的重点在于对噪声部分的研究，实现此类语音增强方法大多需要利用先验条件。无监督的语音增强方法也可以分为统计方法、非参数法、参数法。其中，非参数法有谱减法、自适应滤波法等；参数法有维纳滤波法；统计方法包括对数谱估计的最小均方误差法、掩蔽效应等。

随着机器学习的不断发展，一些学者把目光投向了基于机器学习和深度学习的语音增强方法。其中，机器学习包括隐马尔可夫模型法和非负矩阵分解法等。隐马尔可夫模型法因为能很好地反映语音信号的时序特征，被广泛地应用于语音信号处理过程。基于隐马尔可夫模型法的语音增强方法原理：首先通过训练得到纯净语音和噪声的概率分布密度；其次混合得到含噪语音的概率密度；最后通过最小均方误差准则估计增强语音。非负矩阵分解法的原理：分别学习语音和噪声字典，通过因式分解获得干净语音。

直到深层网络的出现，语音增强技术又开始了新一轮的发展，包括端到端与非端到端的语音增强技术。端到端语音增强技术处理的是时域的语音信号，非端到端语音增强技术处理的是频域和时频域的语音信号。近年来，生成对抗网络被引入到端到端语音增强技术中，包括两个部分生成器与判别器，都是全卷积网络，其中，生成器生产干净语音，判别器鉴别该语音是原始的还是生成的。该模型为未来语音增强技术的发展提供了更多的可能，但是端到端语音增强技术拥有较多参数，因此需要计算复杂度和内存较大的设备，即性能较强大的设备。非端到端语音增强技术包括基于掩蔽法和映射法的语音增强方法。基于掩蔽法的语音增强方法通过计算纯净语音和背景噪声能量进而得到训练目标，其训练目标包括理想二值掩蔽、最优比值掩蔽、频谱幅度掩蔽、相位敏感掩蔽、理想比值掩蔽以及复数域的理想比值掩蔽等；基于映射法的语音增强方法通过训练含噪语音和纯净语音之间的非线性关系，进而估计出干净语音的特征。

本节通过 MATLAB 程序演示多分辨率耳蜗特征（Multi-Resolution Cochlea Gram，MRCG）的提取，并用 DNN 训练提取到的 MRCG，最后使用训练好的增强模型对含噪语音进行处理，得到增强后的语音，并使用 Python 程序训练 DNN 的改进网络，即含跳变连接的深度神经网络（Skip Deep Neural Network，Skip-DNN），使用最小均方误差（Minimum

Mean Square Error，MMSE）损失函数、源失真比（Source to Distortion Ratio，SDR）损失函数等训练 MRCG，以此来让读者更直观地感受深度学习在语音增强中的应用。语音增强的过程如下所述。

搭建基于掩蔽法的深度学习语音增强模型。特征参数采用多分辨率耳蜗谱，利用可以模拟人耳听觉特性的 Gammatone 滤波器组对频域语音进行子带划分，根据分帧不同获取多分辨率耳蜗特征。将理想比例掩膜作为训练目标，计算纯净语音与噪音能量的占比。建立特征参数与训练目标之间的非线性关系，构建基于 DNN 的语音增强模型，基于多分辨率耳蜗的语音增强系统如图 9-8 所示。

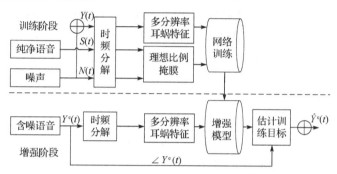

图 9-8　基于多分辨率耳蜗的语音增强系统

训练阶段，首先将含噪语音 $Y(t)$ 经 Gammatone 滤波器进行子带划分，分帧得到多分辨率耳蜗特征 $Y(t,f)$。

其次，将纯净语音、噪声经 Gammatone 滤波器和分帧操作转换到时频域，分别表示为 $S(t,f)$、$N(t,f)$，理想比例掩膜作为语音增强模型中的训练目标，计算纯净语音与噪声能量的占比，得到 $\mathrm{IRM}(t,f)$，可表达为

$$\mathrm{IRM}(t,f)=\left(\frac{S^{2}(t,f)}{S^{2}(t,f)+N^{2}(t,f)}\right)^{\frac{1}{2}}, \quad \mathrm{IRM}\in[0,1] \tag{9-18}$$

式中，$S^{2}(t,f)$ 和 $N^{2}(t,f)$ 分别表示时频域中纯净语音能量和噪声能量。

最后，通过 DNN 自主提取有用的语音信息，建立特征参数与训练目标的非线性关系，得到语音增强模型。

在增强阶段，同样将含噪语音 $Y^{e}(t)$ 转换到时频域得到 $Y^{e}(t,f)$，提取特征参数，通过训练得到的语音增强模型估计训练目标 IRM^{e}。将其与含噪语音频谱相乘可以得到目标语音频谱，随后将估计的纯净语音信号幅值与含噪语音的相位进行重构，得到估计语音，可以表示为

$$\hat{S}(t,f)=\mathrm{IRM}^{e}(t,f)\times Y^{e}(t,f) \tag{9-19}$$

$$\hat{Y}(t)=\left|\hat{S}(t)\right|\times \mathrm{e}^{\mathrm{j}\angle Y^{e}(t)}$$

式中，$\hat{S}(t,f)$ 表示时频域目标语音幅度；$\angle Y^{e}(t)$ 表示含噪语音相位；$|\hat{S}(t)|$ 表示目标语音幅度谱；$\hat{Y}(t)$ 表示重构纯净语音信号。

在 MATLAB 程序中，纯净语音选自 LibriSpeech ASR 语料库，LibriSpeech ASR 语料库

是一个约 1000 小时 16kHz 的阅读英语演讲语料库。选取 LibriSpeech ASR 语料库中的 150 条纯净语音，平均时长约为 8s，其中 105 条用作训练集，45 条用作测试集；噪声选用 NoiseX-92 噪声库，共包含 15 条噪声，选用其中 4 种噪声，分别为 m109、pink、volvo 和 leopard，将上述噪声降采样到 16kHz，且与纯净语音按信噪比-6dB、0dB 以及 6dB 混合，构成不同信噪比下的含噪语音信号，形成含噪语音的训练集与测试集，此时，训练集共有 1260 条语音，测试集共有 540 条语音。

DNN 共包含 4 层隐藏层，每层有 1024 个单元。成本函数使用均方误差（Mean Square Error，MSE），激活函数使用 sigmoid 函数，因为 sigmoid 函数取值在 0～1，符合理想比例掩膜的取值范围，最大迭代次数设置为 60 次，学习率设置为 0.08～0.001，每经过一次迭代学习率呈线性递减，要防止学习率过大造成网络不能收敛或者学习率过小收敛速度缓慢的问题；为了防止过拟合现象出现，在每层之间加入 Dropout 层，丢弃率为 0.2。

```
% 1. generate training/test mixtures
if is_gen_mix == 1
    fprintf(1, '\n\n\n#####################################\n');
    fprintf('Start to generate training/test mixtures \n\n\n\n');
    addpath(['..' filesep '..' filesep 'gen_mixture']);
        % test mixtures
    get_all_noise_test(noise_line, noise_cut, mix_db, test_list, TMP_DIR_STR);
        % training mixtures
    get_all_noise_train(noise_line, noise_cut, mix_db, repeat_time, train_list, TMP_DIR_STR);
end
```

此部分程序为混合纯净语音和噪声的部分，本书采用 LibriSpeech ASR 语料库中的纯净语音和 NoiseX-92 噪声库的噪声进行混合得到训练集和测试集的含噪语音，混合纯净语音和噪声的代码在 gen_mixture 文件夹中，可通过 load_config.m 文件中的代码更换纯净语音和噪声的列表，如果读者采用的训练集和测试集数据是含噪语音，可忽略此部分代码直接进行下一步的特征提取和掩蔽操作。

```
% 2. generate features and ideal masks
if is_gen_feat == 1
    fprintf(1, '\n\n\n#####################################\n');
    fprintf(1, 'Start to generate features and ideal masks \n\n\n\n');
    addpath(genpath(['..' filesep '..' filesep 'get_feat']));
    % test features
        total(feat_line, noise_line, -1, 1, num_mix_per_test_part, mix_db, is_ratio_mask, TMP_DIR_STR);
    % training features
    total(feat_line, noise_line, 1, 1, num_mix_per_train_part, mix_db, is_ratio_mask, TMP_DIR_STR);
end
```

此部分为提取语音特征和理想掩蔽的代码，对含噪语音进行语音特征提取，提取的语音特征为 MRCG。这里对提取语音特征说明一下，深度学习可以使用的语音特征有很多，读者并不需要完全掌握提取特征的详细过程，由于现在越来越多的人投入到语音信号处理的研究中，提取语音特征方法的开源代码库已经非常完善，常用的特征都可以在开源代码库中找到。对于本部分的提取语音特征代码，读者可以下载其他提取语音特征的开源代码来替换。可以将下载好的提取语音特征的代码放入 get_feat/feature 文件夹中，并在 load_config.m 文件中修改使用的特征。

```
% 3. dnn training/test
cd('dnn');
addpath(genpath(['..' filesep '..' filesep '..' filesep 'dnn']));
if is_dnn == 1
    fprintf(1, '\n\n\n#######################################\n');
    fprintf(1, 'Start mean variance normalization and dnn training/test \n\n\n\n');
    % mean variance normalization
    mvn_store(noise_line, feat_line, mix_db, TMP_DIR_STR, num_mix_per_test_part);
    % dnn training/test
    run_every(noise_line, feat_line, mix_db, is_ratio_mask, num_mix_per_test_part);
end
```

此部分为使用传统 DNN 对提取的 MRCG 和理想掩蔽进行训练的代码，可以通过 DNN_train.m 文件修改网络的参数，DNN 训练常用的参数包括最大迭代次数、学习率等，该部分的 DNN 可以替换为其他深度学习网络模型。

```
opts.sgd_max_epoch = 60; % maximum number of training epochs
opts.sgd_batch_size = 30720; % batch size for SGD
opts.ada_sgd_scale = 0.0015; % scaling factor for ada_grad
opts.sgd_learn_rate = linspace(0.08, 0.001, opts.sgd_max_epoch); % linearly decreasing lrate for plain sgd
opts.cost_function = 'mse';
opts.hid_struct = [1024 1024 1024 1024]; % num of hid layers and units
opts.unit_type_output = 'sigm';
opts.unit_type_hidden = 'sigm'; %sigm or relu
```

此部分为 DNN_train.m 文件中的代码，可以设置 DNN 的最大迭代次数、学习率、网络层数和单元数等参数，也可以设置成本函数、激活函数，这里最大迭代次数设置为 60 次，学习率设置为从 0.08 到 0.001 线性递减，网络层数设置为 4 层，每层有 1024 个单元，成本函数使用 MSE 函数，输出层和隐藏层的激活函数使用 sigmoid 函数。

```
[model, pre_net] = funcDeepNetTrainNoRolling(train_data, train_target, cv_data,cv_label, test_data, test_label,
test_clean_data, cv_clean_data, train_clean_data, test_noise_data, cv_noise_data, train_noise_data,opts);
    %[pre_net] = dnn(train_data, train_target, cv_data,cv_label, test_data, test_label, opts);
```

这两句代码为 DNN_train.m 文件中的代码，第一句是指使用 DNN 进行训练，当使用 DNN 进行训练时需要注释掉第二句代码；第二句是指使用 Skip-DNN 进行训练，当使用 Skip-DNN 进行训练时需要注释掉第一句代码，并在第二句代码前加一个断点，加断点是因为本部分 Skip-DNN 是在 Python 程序中实现的，先运行 run.m 文件，运行到断点处完成语音预处理、提取特征等操作，然后转到 dnn.py 文件，用 Python 代码实现 Skip-DNN 的训练。

```
model.compile(optimizer=adam, loss='mean_squared_error')
#model.compile(optimizer=adam, loss=modified_SDR_loss)
#model.compile(optimizer=adam, loss=['mean_squared_error', modified_SDR_loss], loss_weights=[0.5, 0.5])
```

此部分为 dnn.py 文件中的代码，作用是选择 Skip-DNN 的损失函数，第一种为 MMSE 损失函数，第二种为 SDR 损失函数，第三种损失函数结合了 MMSE 损失函数和 SDR 损失函数，两种损失函数权重各占 0.5。在选择一种损失函数时，需要注释掉其余两种损失函数。分别使用三种损失函数运行 dnn.py 文件，可以得到损失函数下降图如图 9-9～图 9-11 所示。

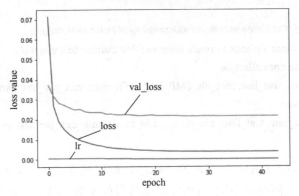

图 9-9　使用 Skip-DNN 训练 MMSE 损失函数下降图

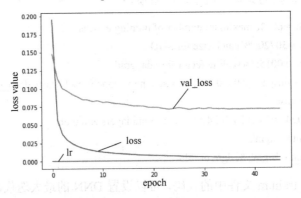

图 9-10　使用 Skip-DNN 训练 SDR 损失函数下降图

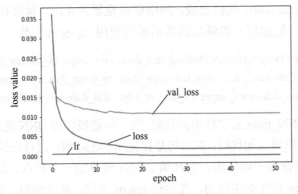

图 9-11　使用 Skip-DNN 训练 MMSE 与 SDR 混合损失函数下降图

其中 loss 为训练集整体的损失值，val_loss 为测试集整体的损失值。当 loss 下降、val_loss 下降时，训练正常；当 loss 下降、val_loss 稳定时，网络过拟合化；当 loss 稳定、val_loss 下降时，说明数据集有严重问题，可以查看标签文件是否有注释错误，或者是数据集质量太差；当 loss 稳定、val_loss 稳定时，需要减小学习率（自适应网络效果不大）或批量大小。

```
nb_epochs = 60
batch_size = 128
learning_rate = 5e-4
```

此部分是 dnn.py 文件中的代码，nb_epochs 可以设置 Skip-DNN 的最大迭代次数，batch_size 可以设置单次传递给程序用以训练的数据个数，learning_rate 可以设置 Skip-DNN 的学习率。

运行 run.m 文件可以得到训练的结果，如下所示。

```
#STOI_average#    unprocessed_stoi=0.8312    ideal_stoi=0.9381    est_stoi=0.8859
#PESQ_average#    unprocessed_pesq=2.0885    ideal_pesq=3.1419    est_pesq=2.6870
#SDR_average#     unprocessed_SDR=5.6749     ideal_SDR=11.8109    est_SDR=10.9862
#MSE#             MSE: 0.0212
```

实验采用的评价指标为语音增强最常用的几个评价指标，包含短时目标清晰度（Short-Time Objective Intelligentiability，STOI）、语音质量的感知评估（Perceptual Evaluation of Speech Quality，PESQ）与源失真比。MSE 为均方误差，这里是反映通过语音增强得到的语音信号与纯净语音信号之间差异程度的一种度量。

由此可见，本节探讨的语音增强技术对低信噪比的语音信号均有较好的增强效果。

9.4　语音识别的前沿问题及应用前景

微课视频

语音识别技术虽然已经在各个领域取得了不小的成果，但到目前为止，语音识别技术仍存在很多的问题需要解决。

（1）噪声处理。在语音识别时，麦克风肯定会接收到除目标人声以外的其他噪声，这些噪声可能是环境中的噪声，也可能是其他不是目标人物的人声，而现在的语音识别系统大多都只能在较为安静的条件下才能够保证较高的准确率，对噪声进行处理也是提高语音识别系统准确率的关键。

（2）鲁棒性。现有的语音识别系统大多在测试环境下可以有较高的准确性，而进入实际使用环境时，往往会因为其他因素影响导致系统的性能与测试时的结果相差较大。语音识别系统对使用环境的强依赖性也是目前仍需克服的问题。

（3）连续语音问题。汉语面临的一大主要问题就是连续语音问题，因为汉语的特殊性，很多时候一句话中会出现很多元音的连续，这使得语音识别系统在分析波形时没办法去判定字与字之间的断点，从而混淆了分析出来的结果，增加了语音识别的难度。汉语的这种特点也是完善语音识别系统必须解决的问题。

语音识别技术在当今时代已经被广泛地运用到很多行业之中，同时也可以看到，这项技术的前景是一片光明的。就目前来说，语音听写器已经在很多行业中得到了应用，例如会议记录听写，在进行会议时，可以实时进行语音识别，将识别文本保留下来作为会议记录。现在也有很多的输入法支持用户进行语音输入，并将识别文本发送出去。在医学行业的语音病历上也有语音识别技术的体现。相信在以后的发展中，这些功能还会更加完善，例如出现语音识别并进行实时翻译这样的功能，此功能目前也正在发展当中。在呼叫中心产业中，语音识别技术也发挥着越来越重要的作用。记录下座席与客户的对话并进行语音识别，企业的质检员会对识别文本进行质量监测，判断座席是否有按照规定进行操作。在此基础上也可以普及智能语音质检，减轻现有质检员的工作压力，同时也可以做到全量覆盖质检，取代目前的抽查式质检，降低成本的同时也为企业带来更高效的收益。

在未来，语音识别技术将会在各个行业发挥更加举足轻重的作用，如医药、军事、商业，在这个全球化和智能化的时代，人工智能已经是不可逆的趋势。

本章小结

本章主要介绍了语音信号的基础知识，语音识别、语音增强、语音分离的基本原理以及语音识别的前沿问题和应用前景。本章对语音信号中语言和语音的概念、产生机理做了详细的介绍，对语音信号的感知过程和产生模型做了较为全面的分析。本章对语音识别的过程做了较为详细的说明，解释了语音识别的基本原理。关于语音增强方面，本章介绍了谱减法、自适应滤波方法、小波分析的基本理论、维纳滤波法，从应用技术的层面阐述了语音增强的基本原理。另外，本章还着重介绍了基于深度学习的语音增强过程、程序设计及结果。

深度学习作为人工智能时代最火的算法，已经在图像、语音领域取得了巨大的成功，语音作为人机交互的最主要方式之一，人们迫切需要泛化性能更好、处理速度更快的语音处理方法。所以将深度学习和语音有机地结合在一起，是当今语音信号处理领域的重点发展方向。

习题

1. 什么是语言和语音？
2. 人说话的过程可分为几个阶段？
3. 人体的发声器官包括哪些？

4．语音信号产生的机理是什么？

5．什么是掩蔽效应？

6．语音信号产生的模型包括哪几部分？

7．语音识别系统分为哪几类？

8．语音识别系统包含哪几部分？

9．常见的语音增强方法有哪些？

附录 A Python 安装及简单函数的使用

A.1 Python 概述

Python 是一种面向对象的解释型高级动态编程语言，它因简洁的语法、出色的开发效率及强大的功能，迅速在多个领域得以应用，成为当今最为热门的编程语言之一。在使用 Python 进行开发工作前，有必要先了解一下这门语言。本附录将对其基本概念、安装配置与使用及几个简单函数进行介绍。

A.1.1 Python 的基本概念

Python 是一种跨平台、开源、免费的解释型高级动态编程语言，开源意味着可以免费获取它的源码并且自由阅读、改动；跨平台是指它可以被多个平台开发使用。Python 支持命令式编程、函数式编程及面向对象的程序设计，拥有大量扩展库。Python 也是一种胶水语言，可以把多种不同语言编写的程序无缝拼接在一起，可以发挥不同语言的优势，满足不同领域的需求。

A.1.2 Python 的应用领域

Python 的应用领域主要有以下几个方面。

1. Web 开发

Python 是 Web 开发的主要语言之一，与 JS、PHP 相比，它的类库更丰富、使用起来更方便、提供的选项更多。Python 为 Web 开发提供的框架有 Django、Tornado 等。

2. 网络爬虫

爬虫可以在网上获得一些后台数据方便进行进一步的数据分析处理，从而节省了时间。Python 自带的 Scrapy 框架和 Pyspider 框架让爬虫变得更加简单。

3. 数据分析

Python 不仅支持各种数学运算，还支持绘制高质量的 3D 图像，与流行的数据分析处理软件 MATLAB 相比，Python 的应用范围更广，可以处理的数据类型也更多。

4. 人工智能

Python 是人工智能领域里的常用语言，神经网络方向流行的框架常采用 Python 语言。

A.1.3　Python 开发环境的安装与配置

Python 有着大量的开发环境，比较常用的有 Python 官方安装包自带的 IDLE、Anaconda、PyCharm、Eclipse 等，IDLE 相对来说比较简陋，而其他的 Python 开发环境则对 Python 解释器主程序进行了不同的封装和集成。这里主要介绍 Python 和 PyCharm 的安装，所给的示例程序都是在 PyCharm 上演示和运行的。

1. Python 的安装（Windows 版本）

（1）进入 Python 官网，其界面如图 A-1 所示。

图 A-1　Python 官网界面

（2）单击"Downloads"按钮，选择"Windows"选项，如图 A-2 所示。

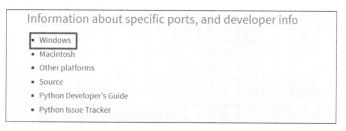

图 A-2　选择"Windows"选项

（3）选择一个稳定版本，根据自己的计算机为 32 位或 64 位进行选择，如图 A-3 所示。

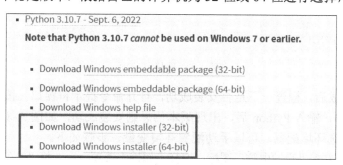

图 A-3　选择一个稳定版本

（4）下载完成后，运行安装程序，如图 A-4 所示（图片仅供参考，版本号以自己下载的为准）。

pycharm-professional-2020.3.3.exe	2021-03-02 11:00	应用程序	454,216 KB
python-3.8.8-amd64.exe	2021-03-02 12:19	应用程序	27,557 KB
python-3.10.7-amd64.exe	2022-09-08 11:35	应用程序	28,275 KB

图 A-4　安装程序

（5）选择安装路径（不要出现中文路径），选择自定义安装，如图 A-5~图 A-7 所示。

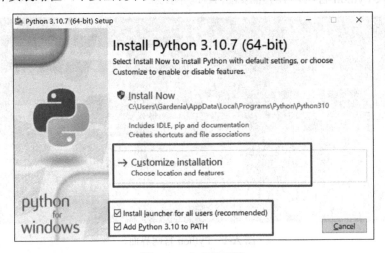

图 A-5　自定义安装

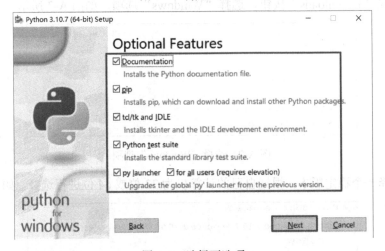

图 A-6　选择可选项

（6）安装完成后，检查一下是否安装成功，打开命令提示符窗口（按 Win+R 键，输入 cmd 后按回车键），输入 Python 后，出现版本信息则安装成功，如图 A-8 所示。

如果忘记勾选环境配置，可以手动配置环境变量，步骤如下。

① 在桌面上右击"我的电脑"图标，选择"属性"选项，再选择"高级系统设置"选项，单击右下角的"环境变量"按钮，如图 A-9 所示。

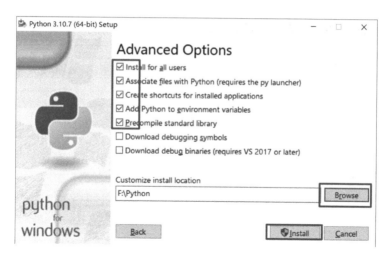

图 A-7　高级选项

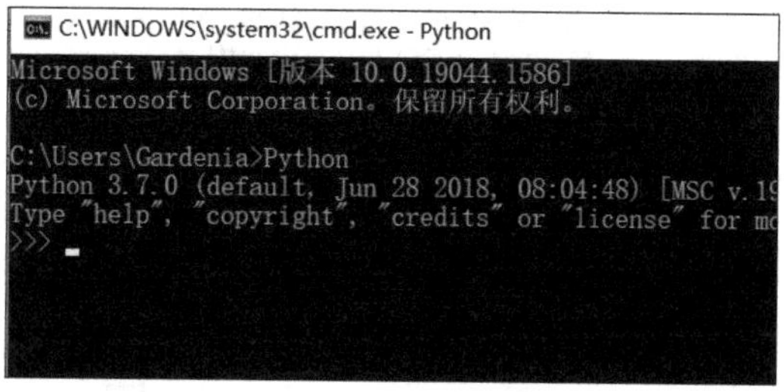

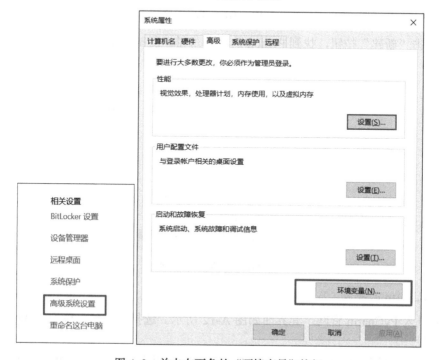

图 A-8　出现版本信息

图 A-9　单击右下角的"环境变量"按钮

② 选择"Path"选项，单击"编辑"按钮，如图 A-10 所示。

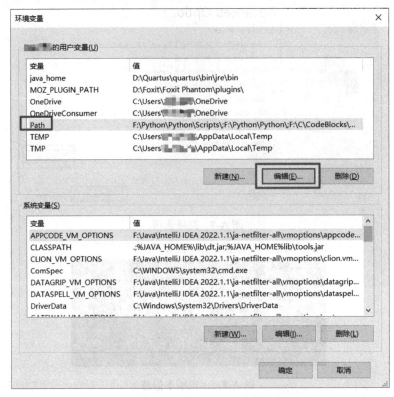

图 A-10　选择"Path"选项

③ 单击"新建"按钮，找到 Python 的安装路径，复制到图 A-11 所示的方框中即可。

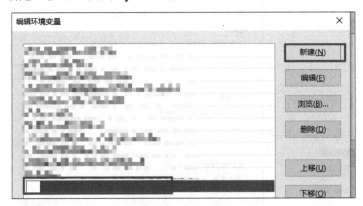

图 A-11　复制安装路径

2. PyCharm 的安装（Windows 版本）

（1）进入 PyCharm 官网，其界面如图 A-12 所示。选择安装包，单击"Download"按钮进行下载。

（2）双击安装包打开安装窗口，选择安装路径，如图 A-13 所示，单击"Next"按钮。

图 A-12　PyCharm 官网界面

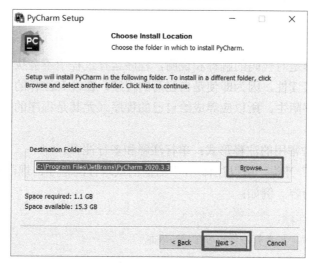

图 A-13　选择安装路径

（3）在出现的新界面中选择全部选项，再次单击"Next"按钮，最后单击"安装"按钮。

A.1.4　Python 编程规范

1. 语句书写规范

在通常情况下，Python 语句没有结束符，并且一行写一条语句，例如：

```
print("Hello World!")
print("Hello Python!")
```

当需要一行写多条 Python 语句时，可以使用";"作为前一条语句的结束符，来将多条语句隔开，例如：

```
print("Hello World!"); print("Hello Python!")
```

若一条语句需要多行，可以使用"\"来连接，例如：

```
print("Hell\
o World!")
```

2. 语句格式规范

（1）缩进。缩进是指在代码行前使用空格使程序有层次感、易读。可使用空格键或 Tab 键进行缩进，规范上通常使用 4 个空格键，不使用 Tab 键，且不要空格键和 Tab 键混用。

在 Python 中强制要求缩进，且要求平级的代码行的缩进必须相同，否则会报错。

在定义选择结构、循环结构、函数、类等时，都需要严格进行缩进。例如：

```
for i in range(10):
        for j in range(10):
                k = i + j
def sum(i, j):
        return i + j
```

（2）注释。注释是对代码的解释和说明，程序运行过程中不会执行注释内容。注释的目的是提高代码的可读性，因为即使是自己写的程序，在没有注释的情况下，经过很长的一段时间也会对程序陌生，所以应养成给自己的程序（尤其是程序的关键部分）添加注释的好习惯。

Python 中有两种常用的注释形式：单行注释和多行注释。

单行注释以"#"开头，用以注释"#"后面的或本行的程序，规范上要求在"#"后加一个空格再跟注释内容。例如：

```
# 单行注释可独占一行
print("Hello World!")   # 单行注释也可在程序后面
```

多行注释以三个单引号"'''"或三个双引号""""""开头，以相同的符号结尾。例如：

```
'''
多行注释
多行注释
多行注释
'''
print("Hello World!")
```

（3）空行与空格。在类成员函数之间，或者不同功能代码块之间常常空一行；类与类、类与函数、函数与函数之间通常空两行。

在运算符两侧、逗号后通常加一个空格。例如：

```
i = 1, j = 2
k = i + j
```

（4）模块导入。每个 import 语句只导入一个模块，尽量避免一次导入多个模块，最好按照标准库、第三方库、自定义库的顺序导入。

尽量避免导入整个库，只导入需要使用的对象。

3. 命名格式

包名：全部使用小写字母，中间可以使用点分隔开，不推荐使用下画线。

模块名：全部使用小写字母，多个单词之间用下画线分隔。

类名：使用首字母大写的驼峰命名风格，如 NewClass。私有类可用一个下画线开头。

函数名、变量名：全部使用小写字母，多个单词之间用下画线分隔。

常量名：全部使用大写字母，多个单词之间用下画线分割。

A.1.5　扩展库安装方法

Python 中每一个以.py 结尾的 Python 源代码文件都是一个库（模块），库中定义的全局变量、函数、类都可以直接提供给外界使用。Python 中的库分为两类：一类是标准库，不需要单独下载，它会随着 Python 解释器一起被安装到计算机中，需要使用库中的对象时直接使用 import 语句导入即可，常见的标准库有 math（数学模块）、random（随机数模块）、datetime（日期时间模块）、turtle（图形绘制模块）、collections（包含更多拓展性序列的模块）、functools（与函数及函数式编程有关的模块）、tkinter（标准 GUI 库）、urllib（HTTP 请求库）等；另一类是拓展库（第三方库），当需要使用拓展库时，需要开发人员自己手动安装对应的拓展库，安装完成后才可以导入并使用，常见的拓展库有 openpyxl（读写 Excel 文件）、python-docx（读写 Word 文件）、numpy（数组计算和矩阵计算）、scipy（科学计算）、pandas（数据分析）、matplotlib（数据可视化或科学计算可视化）、scrapy（爬虫框架）、shutil（系统运维）、pyopengl（计算机图形学编程）、pygame（游戏开发）、sklearn（机器学习）、tensorflow（深度学习）等。

可以使用 Python 自带的 pip 工具管理拓展库，对拓展库进行安装、升级、卸载等。在命令行输入 pip，可以查看 pip 命令，如图 A-14 所示。

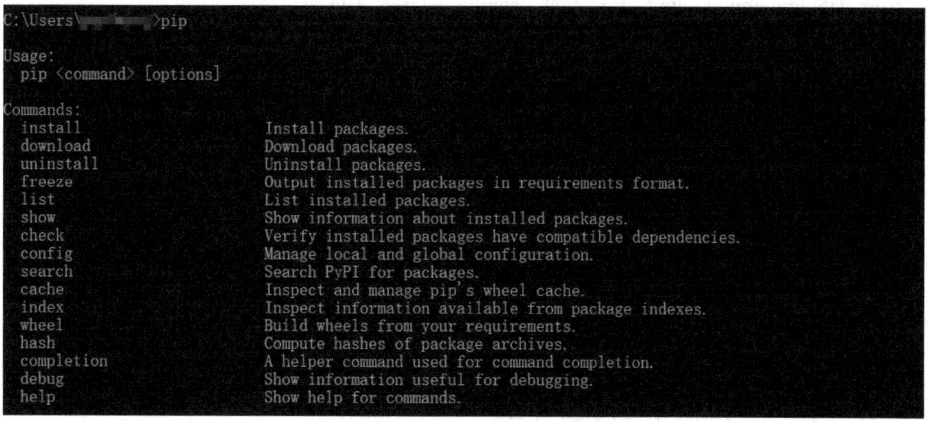

```
C:\Users\    >pip

Usage:
  pip <command> [options]

Commands:
  install       Install packages.
  download      Download packages.
  uninstall     Uninstall packages.
  freeze        Output installed packages in requirements format.
  list          List installed packages.
  show          Show information about installed packages.
  check         Verify installed packages have compatible dependencies.
  config        Manage local and global configuration.
  search        Search PyPI for packages.
  cache         Inspect and manage pip's wheel cache.
  index         Inspect information available from package indexes.
  wheel         Build wheels from your requirements.
  hash          Compute hashes of package archives.
  completion    A helper command used for command completion.
  debug         Show information useful for debugging.
  help          Show help for commands.
```

图 A-14　查看 pip 命令

常用的 pip 命令如下。

pip freeze 和 pip list：列出已安装模块及其版本号。

pip install 模块名[==version]：安装模块（默认最新版本）。

pip install –upgrade 模块名[==version]：升级模块。

pip uninstall 模块名：卸载模块。

pip show 模块名：显示已安装的模块信息。

A.1.6 标准库与扩展库中对象的导入与使用

Python 中的标准库和拓展库中的对象都需要导入才能使用，可使用 import 语句进行库的导入，按照 Python 编程规范，建议每个 import 语句只导入一个库，并且按照标准库、拓展库、自定义库的顺序导入。import 语句有如下两种使用格式。

第一种格式如下：

import 模块名 [as 别名]

这种格式可将整个模块导入，"[as 别名]"用于给模块取别名以方便调用。在使用模块中的对象时，需要在对象名前加模块名前缀，即"模块名.对象名"的格式，举例如下。

```
>>> import math        # 导入标准库 math
>>> math.sqrt(4)       # 使用 math 中的函数 sqrt()
2.0
>>> import numpy as np      # 导入拓展库 numpy
>>> np.array((1, 2, 3))
array([1, 2, 3])
```

第二种格式如下：

from 模块名 import 对象名 [as 别名]

这种格式用来导入模块中的某个对象，导入后对象可直接被使用，不必在其前面加模块名前缀，当对象名为"*"时，意为导入模块中的所有对象，举例如下。

```
>>> from datetime import date # 从标准库 datetime 中导入 date 类
>>> date.today()       # 使用 date 类中的 today()方法
datetime.date(2022, 10, 28)
>>> from random import *      # 从标准库 random 中导入所有对象
>>> choice([1, 2, 3, 4])       # 使用 random 库中的 choice 函数
1
```

A.2 内置对象、运算符、表达式

A.2.1 Python 中常用的内置对象

Python 中有三类对象：内置对象、标准库对象和扩展库对象。内置对象可以被直接使

用；标准库对象在导入标准库后才能被使用；拓展库对象则需要先安装拓展库再导入才能被使用。表 A-1 所示为 Python 中常用的内置对象。

表 A-1　Python 中常用的内置对象

对 象 类 型	类 型 名 称	示　　例
数字	int	1903020302
	float	1.2345
	complex	1+2j
字符串	str	'Hello World'
布尔类型	bool	True、False
"空"类型	NoneType	None
字节串	bytes	b'Hello World'
元组	tuple	(1,2,3)、(4,)
列表	list	[1,2,3]、['x','y','z']
集合	set	{1,2,3}
字典	dict	{1:'x',2:'y',3:'z'}
异常	IndexError	
	NameError	
	TypeError	
	…	
文件		f = open('test.dat','w')

1．变量与常量

在程序运行过程中，值能发生改变的量为变量，值不能发生改变的量为常量。

（1）声明与赋值。在 Python 中，不需要提前声明变量名及其类型，而是直接通过赋值类型赋予变量类型和值，也就是说，赋值语句不仅赋予变量值，而且赋予变量类型，变量的"变"不只是指它的值的变化，也包括了它的类型的变化。例如，下面的代码首先定义了变量 x，并赋值为整数 1，再通过赋值语句将 x 变为字符串"Hello"，最后将 x 变为列表 [1,2,3]，分别通过 type() 函数查看 x 的类型。

```
>>>　x = 1        # 声明一个变量 x，赋值为 1，整数类型
>>> type(x)       # type() 函数可以查看变量类型
<class 'int'>
>>> x = 'Hello'      # 通过赋值语句将 x 变成了字符串变量，值为 Hello
>>> type(x)
<class 'str'>
>>> x = [1, 2, 3]
>>> type(x)
<class 'list'>
```

要想真正理解这个过程，必须了解赋值语句的具体执行过程，赋值语句首先是将赋值运算符"="右边表达式的值计算出来，然后将这个值存入内存的某一位置，最后创建变量

指向这个内存地址。另外，Python 解释器根据赋值运算符"="右边表达式的值来自动确定变量类型。也就是说，实际上每个赋值语句都是新建一个变量指向某一内存地址，这个变量有它自己的值和类型，若前面出现过这个变量，由于这个变量指向了新的内存地址，则之前的值就丢失了，这样就达到了改变变量值和类型的效果。这个过程很重要，在后面还会进一步探究。

在 Python 中，常用全部大写的变量名表示常量，比如圆周率 PI = 3.14159265359，实际上，这里的 PI 也是一个变量，我们可以给 PI 赋其他的值，Python 中没有机制保证 PI 的值不被改变，全部大写的变量名表示常量只是一个习惯上的用法，我们常把这样的常量放在代码的最上部作为全局变量使用，并默认不去改变它的值。

（2）命名。标识符是指变量名、函数名、模块名等，标识符的命名规则如下。

① 可以由数字、字母、下画线组成，但是不能以数字开头。

② 区分大小写，即 name 和 Name 是不同的标识符。

③ 可以为任意长度。

④ 不能以 Python 中的保留字命名，可以在 Python 中查看保留字（关键字），如下：

```
>>> import keyword
>>> keyword.kwlist
['False', 'None', 'True', 'and', 'as', 'assert', 'async', 'await', 'break', 'class', 'continue', 'def', 'del', 'elif', 'else', 'except', 'finally', 'for', 'from', 'global', 'if', 'import', 'in', 'is', 'lambda', 'nonlocal', 'not', 'or', 'pass', 'raise', 'return', 'try', 'while', 'with', 'yield']
```

2. 基本数据类型

1）数值类型

Python 中包含三种内置的数值类型：整数类型、浮点类型和复数类型。

（1）整数类型。整数类型没有范围限制，Python 支持任意大的整数，整数类型包括常见的四种进制，除了我们最熟悉的十进制，还有二进制、八进制和十六进制（十六进制数中的字母 a 至 f 不区分大小写），这三种进制分别以 0b、0o、0x（0B、0O、0X）开头，例如：

```
>>> 12, -63      # 十进制 12 和-63
(12, -63)
>>> 0b1100, -0B111111      # 二进制表示十进制的 12 和-63
(12, -63)
>>> 0o14, -0O77      # 八进制表示十进制的 12 和-63
(12, -63)
>>> 0x0c, -0X3F      # 十六进制表示十进制的 12 和-63
(12, -63)
```

（2）浮点类型。浮点类型的取值范围存在限制，小数的精度也存在限制，除了正常的小数写法，还可以使用科学计数法表示，例如：

```
>>> 12.34, -5., 6e-4, 7.8E5      # 科学计数法用 e 或 E 表示 10 的幂
(12.34, -5.0, 0.0006, 780000.0)
```

由于精度问题，浮点数在计算时会产生一定的误差，所以在判断浮点数是否相等时不要直接用等于运算符"=="，而是应该用两者之差的绝对值是否小于一个很小的数来判断两个浮点数是否相等，例如：

```
>>> 0.1 + 0.2 == 0.3      # 这种判断方式要避免
False
>>> abs(0.1 + 0.2 - 0.3) < 1e-6      # 使用差值来判断
True
```

（3）复数类型。复数类型与数学中复数的概念完全一致，由实部和虚部组成，虚数单位用 j 或 J 表示，Python 还支持复数的各种运算，具体如下：

```
>>> x = 1 + 2j
>>> y = 3 + 4j
>>> x + y, x - y, x * y, x / y      # 复数的加、减、乘、除
((4+6j), (-2-2j), (-5+10j), (0.44+0.08j))
>>> y.real, y.imag      # 复数的实部和虚部
(3.0, 4.0)
>>> abs(y)      # abs()函数计算复数的模
5.0
>>>y.conjugate()      # 共轭复数
(3-4j)
```

2）字符串类型

Python 中没有字符类型，单个字符也属于字符串，字符串使用单引号、双引号、三单引号、三双引号作为定界符，而且不同的定界符之间可以相互嵌套，例如：

```
>>> x = '我是一个字符串'
>>> print(x)
我是一个字符串
>>> y = '''"Hello"也是一个字符串'''
>>> print(y)
"Hello"也是一个字符串
```

3）布尔类型

布尔类型是一种表示逻辑真假的类型，它的值有 True 和 False（注意首字母大写），具体的逻辑运算将在 Python 的运算符部分介绍。

4）"空"类型

"空"类型只有一个值 Null，表示空值。

3．组合数据类型

元组、列表、集合和字典是 Python 内置的组合数据结构，它们都由一个或多个元素组

合而成，这里展示一下它们的形式：

```
>>> x_tuple = (1, 2, 3)        # 元组
>>> x_list = [1, 2, 3]         # 列表
>>> x_set = {1, 2, 3}          # 集合
>>> x_dict = {'x':1, 'y':2, 'z':3}        # 字典
>>> x_tuple, x_list, x_set, x_dict
((1, 2, 3), [1, 2, 3], {1, 2, 3}, {'x': 1, 'y': 2, 'z': 3})
```

A.2.2 Python 运算符与表达式

Python 中有多种运算符，包括算术运算符、赋值运算符、比较运算符、逻辑运算符、位运算符、集合运算符、字符串运算符、成员运算符和身份运算符等。而运算符和操作数有意义地排列所得的组合就是 Python 表达式。Python 运算符及其功能汇总如表 A-2 所示。

表 A-2　Python 运算符及其功能汇总

运　算　符	功　　能
=	直接赋值
+	算术加法，正号，元组、列表、字符串连接
-	算术减法，负号，集合差集
*	算术乘法，序列重复
/	算术除法
%	取模
**	幂运算
//	整除
+=, -=, *=, /=, %=, **=, //=	加法赋值，减法赋值，乘法赋值，除法赋值，取模赋值，幂赋值，整除赋值
<, <=, >, >=, ==, !=	数值大小比较，集合关系比较
and，or，not	逻辑与，逻辑或，逻辑非
&	按位与，集合交集
|	按位或，集合并集
^	按位异或，集合对称差集
~, <<, >>	按位取反，左移，右移
in	判断元素是否在序列中
is	判断是否非同一对象或内存地址是否相同

1．算术运算符

算术运算符及其功能如表 A-3 所示，它们与数学中的各种运算符功能相同。

表 A-3　算术运算符及其功能

运　算　符	功　　能
+	算术加法
-	算术减法

续表

运　算　符	功　　能
*	算术乘法
/	算术除法
%	取模
**	幂运算
//	整除

下面是部分算术运算符的示例。

```
>>> a = 10
>>> b = 3
>>> a + b   # 算术加法
13
>>> a - b   # 算术减法
7
>>> a * b   # 算术乘法
30
>>> a / b   # 算术除法
3.3333333333333335
>>> a % b   # 取模
1
>>> a // b  # 整除
3
>>> a ** b  # 幂运算
1000
```

2. 赋值运算符

赋值运算符及其功能如表 A-4 所示。

表 A-4　赋值运算符及其功能

运　算　符	功　　能
=	直接赋值
+=	加法赋值，a += b 即 a = a + b
-=	减法赋值，a -= b 即 a = a - b
*=	乘法赋值，a *= b 即 a = a * b
/=	除法赋值，a /= b 即 a = a / b
%=	取模赋值，a %= b 即 a = a % b
**=	幂赋值，a **= b 即 a = a ** b
//=	整除赋值，a //= b 即 a = a // b

下面是部分赋值运算符的示例。

```
>>> a = 10; print("a =", a)          # 直接赋值，将 a 赋值为整数 10
a = 10
>>> a = 10; b = 3; a += b; print("a =", a)          # 加法赋值  a += b --> a = a + b
a = 13
>>> a = 10; b = 3; a -= b; print("a =", a)          # 减法赋值  a -= b --> a = a - b
a = 7
>>> a = 10; b = 3; a *= b; print("a =", a)          # 乘法赋值  a *= b --> a = a * b
a = 30
>>> a = 10; b = 3; a /= b; print("a =", a)          # 除法赋值  a /= b --> a = a / b
a = 3.3333333333333335
>>> a = 10; b = 3; a %= b; print("a =", a)          # 取模赋值  a %= b --> a = a % b
a = 1
>>> a = 10; b = 3; a **= b; print("a =", a)          # 幂赋值  a **= b --> a = a ** b
a = 1000
>>> a = 10; b = 3; a //= b; print("a =", a)          # 整除赋值  a //= b --> a = a // b
a = 3
```

3. 比较运算符

比较运算符返回一个布尔值，比较运算符及其功能如表 A-5 所示，它们不仅能用来比较数值的关系，还能用来比较集合的关系。

表 A-5 比较运算符及其功能

运　算　符	功　　　能
<	小于，对于 a < b，如果 a 小于 b（或者集合 a 真包含于集合 b），则返回 True，否则返回 False
<=	小于等于，对于 a <= b，如果 a 小于等于 b（或者集合 a 包含于集合 b），则返回 True，否则返回 False
>	大于，对于 a > b，如果 a 大于 b（或者集合 b 真包含于集合 a），则返回 True，否则返回 False
>=	大于等于，对于 a >= b，如果 a 大于等于 b（或者集合 b 包含于集合 a），则返回 True，否则返回 False
==	等于，对于 a == b，如果 a 等于 b（或者集合 a 与集合 b 相等），则返回 True，否则返回 False
!=	不等于，对于 a != b，如果 a 不等于 b（或者集合 a 与集合 b 不相等），则返回 True，否则返回 False

另外，与 C 语言不同，Python 中的比较运算符可以连用，相当于多个表达式用 and 连接，运算符两端除了数字、集合，还可以是字符串、列表等结构，按元素从前往后的顺序一一进行比较。

下面是部分比较运算符的示例。

```
>>> 1 < 2 < 3          # 相当于 1 < 2 and 2 < 3
True
>>> 1 < 3 > 2          # 相当于 1 < 3 and 3 > 2
True
>>> {1, 2, 3} > {2, 3}          # 运算符>，判断右侧集合是否为左侧集合的真子集
True
>>> 'abc' > 'aBc'          # 比较字符串
```

```
True
>>> ['a', 'b', 'c'] > ['a', 'B', 'c']        # 比较列表
True
```

4. 逻辑运算符

逻辑运算符用来连接多个关系表达式，返回一个布尔值，逻辑运算符及其功能如表 A-6 所示。

表 A-6　逻辑运算符及其功能

运　算　符	功　　能
and	逻辑与，对于 a and b，如果 a 和 b 都为 True，则返回 True，否则返回 False
or	逻辑或，对于 a or b，如果 a 和 b 至少有一个为 True，则返回 True，否则返回 False
not	逻辑非，对于 not a，a 为 True 则返回 False，a 为 False 则返回 True

5. 位运算符

位运算符对数值的二进制位进行操作，位运算符及其功能如表 A-7 所示。

表 A-7　位运算符及其功能

运　算　符	功　　能
&	按位与，二进制数对应位都为 1 时，返回值的相应位为 1，否则为 0
|	按位或，二进制数对应位至少有一个为 1 时，返回值的相应位为 1，否则为 0
^	按位异或，二进制数对应位不同时，返回值的相应位为 1，否则为 0
~	按位取反，返回值为原二进制数相应位取反
<<	左移运算，二进制数所有位左移
>>	右移运算，二进制数所有位右移

下面是部分位运算符的示例。

```
>>> bin(0b0011 ^ 0b0101)
'0b110'
>>> bin(0b0011 | 0b0101)
'0b111'
>>> bin(~0b0101)
'-0b110'
>>> bin(0b1011101 << 2)
'0b101110100'
>>> bin(0b1011101 >> 2)
'0b10111'
```

6. 集合运算符

集合运算符包括集合的交、并、差、对称差这几种运算符，集合运算符及其功能如表 A-8 所示。

表 A-8　集合运算符及其功能

运　算　符	功　　能
&	交集运算符，结果包含两个集合的公共元素
|	并集运算符，结果包含两个集合的所有元素
-	差集运算符，a-b 的结果包含集合 a 中有而集合 b 中没有的元素
^	对称差集运算符，a^b 的结果包含集合 a 中有而集合 b 中没有的元素和集合 b 中有而集合 a 中没有的元素

下面是部分集合运算符的示例。

```
>>> a = {1, 2, 3, 4}
>>>b = {3, 4, 5, 6}
>>> a & b     # 交集
{3, 4}
>>> a | b     # 并集
{1, 2, 3, 4, 5, 6}
>>> a - b     # 差集
{1, 2}
>>> a ^ b     # 对称差集
{1, 2, 5, 6}
```

7．字符串运算符

字符串运算符对字符串进行操作，字符串运算符及其功能如表 A-9 所示。

表 A-9　字符串运算符及其功能

运　算　符	功　　能
[index]	通过索引获取字符串指定位置的字符，索引从 0 开始
[start:end]	通过索引截取字符串指定位置的部分字符串，包括 start 位置，不包括 end 位置
+	字符串拼接
*	字符串重复
r 或 R	原始字符串，使字符串中的所有特殊字符都按照字面意思使用

下面是部分字符串运算符的示例。

```
>>> s1 = 'hello'
>>> s2 = 'world'
>>> print(s1[1])     # 获取 s1 的索引位置 1(即第二个)的字符
e
>>> print(s1[1:4])      # 截取 s1 的索引位置从 1 到 4(不包括 4)的字符串片段
ell
>> print(s1 + ' ' + s2)     # 字符串拼接
hello world
>>> print(s1 * 3)     # 字符串 s1 重复 3 次
hellohellohello
```

```
>>> s3 = 'hello \n world'
>>> s4 = r'hello \n world'        #r 使字符串中的转义字符\n 按照原始字面意思使用
>>> print(s3)
hello
 world
>>> print(s4)
hello \n world
```

8. 成员运算符和身份运算符

成员运算符和身份运算符及其功能如表 A-10 所示。

表 A-10　成员运算符和身份运算符及其功能

运　算　符	功　　能
in	成员运算符，判断元素是否在序列中，是返回 True，否则返回 False
is	身份运算符，判断是否非同一对象或内存地址是否相同，是返回 True，否则返回 False

表中的两个运算符各自有它们的相反形式：not in 和 is not，返回值和它们本身相反，这里不再列举。

下面是部分成员运算符和身份运算符的示例。

```
>>> 5 in [1, 3, 5, 7, 9]
True
>>> 'Wor' in 'Hello World'
True
>>> a = 'Hello World'
>>> b = a
>>> a is b
True
>>> b = a * 2
>>> a is b
False
```

9. 运算符的优先级

当不同的运算符同时出现时，会按照运算符优先级从高到低的顺序依次执行，运算符优先级如表 A-11 所示。

表 A-11　运算符优先级（从高到低）

运　算　符	描　　述
**	幂运算
+, -, ~	正号，负号，按位取反
*, /, %, //	乘，除，取模，整除
+, -	加运算，减运算

续表

运　算　符	描　　述
<<，>>	左移，右移
&	按位与
^，|	按位异或，按位或
<，<=，>，>=	小于，小于等于，大于，大于等于
==，!=	等于，不等于
=，+=，-=，*=，/=，%=，//=，**=	赋值运算符
is，is not	身份运算符
in，not in	成员运算符
and，or，not	逻辑与，逻辑或，逻辑非

　　运算符的优先级有明确的定义，但在复杂的表达式中，尽量加上括号来保证代码的可读性，这样可以大大降低代码发生书写错误的可能。